高等学校土木建筑工程类系列教材

武汉大学规划教材建设项目资助出版

城市地下空间规划

Urban underground space planning

主编　曾亚武　吴月秀
参编　左昌群　李金兰　金　磊

图书在版编目(CIP)数据

城市地下空间规划/曾亚武,吴月秀主编 .—武汉：武汉大学出版社，2022.7

高等学校土木建筑工程类系列教材

ISBN 978-7-307-22967-9

Ⅰ.城…　Ⅱ.①曾…　②吴…　Ⅲ.地下建筑物—城市规划—高等学校—教材　Ⅳ.TU984.11

中国版本图书馆 CIP 数据核字(2022)第 041588 号

责任编辑:胡　艳　　责任校对:汪欣怡　　版式设计:马　佳

出版发行：**武汉大学出版社**　（430072　武昌　珞珈山）

（电子邮箱：cbs22@ whu.edu.cn　网址：www.wdp. com.cn）

印刷:武汉图物印刷有限公司

开本:787×1092　1/16　印张:16.25　字数:400 千字　插页:1

版次:2022 年 7 月第 1 版　2022 年 7 月第 1 次印刷

ISBN 978-7-307-22967-9　定价:50. 00 元

前　言

改革开放以后，人口大量向经济相对发达的大城市集中，使得大城市的城市规模急剧扩大，基础设施建设需求剧增，导致土地资源紧张，交通压力巨大，环境污染严重。而这与我国政府提出的建设资源节约型、环境友好型社会的战略目标不协调。

在此背景下，我国部分大城市在不断完善地面设施的同时，开始大规模开发利用城市地下空间，建设了大量的地下铁路和地下综合体。尤其是在地铁建设方面，经过20年左右的建设和发展，我国已经成为世界上拥有地铁线路和运营地铁里程最多的国家，大大改善了大城市的公共交通条件和环境质量。

由此可见，城市地下空间的开发利用是城市可持续发展的重要途径，是社会生产力和城市发展到一定阶段而产生的客观需求，对城市的可持续发展具有十分重要的意义，尤其在节约城市土地资源、缓解城市发展中的各种矛盾等方面，具有不可替代的作用。

随着我国城市化进程的快速推进，城市地下空间开发利用的规模越来越大，对专门人才的需求也越来越多。为此，我国普通高等学校普遍在土木工程专业下开设了地下建筑工程、岩土工程等专业方向，为城市地下空间开发利用培养专门人才。

"城市地下空间规划"是武汉大学土木工程专业地下建筑工程专业方向设置的主干课程之一，编者于2013开始给土木工程专业地下建筑专业方向的本科生讲授"城市地下空间规划"课程，并于2015年根据讲课内容编写成讲义。在随后的教学实践中，逐步完善了课程内容。我们联合相关高校的教师，以课程讲义内容为基础，经总结、修改、补充和完善后编成教材出版。

本教材的特点是：①土木工程专业一般不专门开设城市规划方面的课程，故将城市规划的基础知识作为教材内容之一；②目前在我国地下空间规划理论研究方面，有不同的理论观点，如"功能规划论"和"分区规划论"等，本教材力求兼顾上述两种理论观点；③参编者基本上都是从事土木工程专业教学和研究的教师，主要从土木工程的专业特点出发，使学生获得将来从事城市地下空间开发和利用工作实施、管理等方面的知识，以介绍基本原理和方法为主。

本书由武汉大学曾亚武教授和吴月秀副教授任主编，中国地质大学（武汉）左昌群讲师、湖北工业大学李金兰副教授和湖北理工学院金磊副教授参加编写，具体分工如下：第1章由曾亚武和吴月秀共同编写；第2章、第3章和第5章由吴月秀编写；第4章由左昌群编写；第6章、第8章和第10章由曾亚武编写；第7章由金磊编写；第9章由李金兰编写。全书由曾亚武和吴月秀统稿，刘泉声教授审阅。

本书在编写过程中，得到了武汉大学、武汉大学土木建筑工程学院及武汉大学出版社相关领导和老师们的大力支持和帮助，在此一并表示衷心的感谢！

由于编者水平有限，书中难免存在疏漏和不足，敬请专家、同行和读者批评指正。

编　者

2022 年 5 月

目　录

第1章 绪 论

1.1 我国地下空间开发利用简史

地下空间指在岩层或土层中形成或经人工开发形成的空间，包括天然形成的地下空间和人工开发的地下空间。人类对地下空间的开发利用经历了从自发到自觉的漫长过程。

1.1.1 石器时代

人类对地下空间的开发利用可以追溯到旧石器时代，如穴居的北京猿人、元谋猿人等，将天然洞穴用来居住，可以不受天气的影响，也可以抵御大型野兽或其他部落的袭击，且洞穴内冬暖夏凉。时至今日，虽非从原始社会就延续穴居方式，但我国还存有最后一个穴居的部落——贵州中洞苗寨。

旧石器时代晚期，冰川消退，气候变得温暖，人口增加，而且人类已经掌握了火，发明了便于携带的简单石器工具，具备了控制更广空间与更多资源的能力，人类开始逐渐走出天然洞穴，向猎物更多、水草更为丰富的地方迁移，居住模式发生了变化，转为掘土穴居，其穴居发展模式如图1.1所示。除此之外，大量考古发现，这时期对地下空间的利用还表现在墓葬和存储粮食两方面。

斜崖上的横穴

坡地上的横穴（过渡形式）

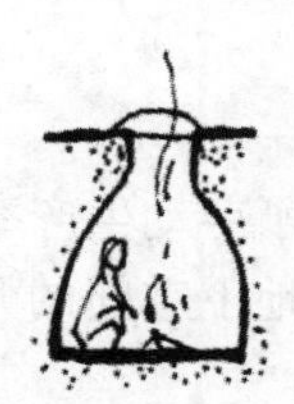
袋形竖穴

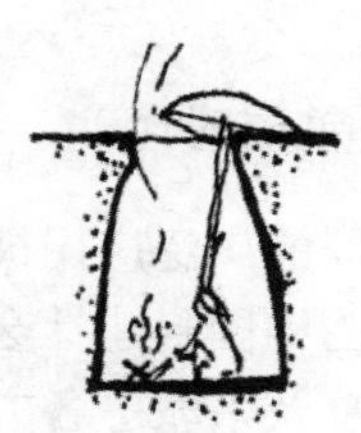
竖穴

袋形半穴居

直壁半穴居

模拟穴壁的木骨泥墙

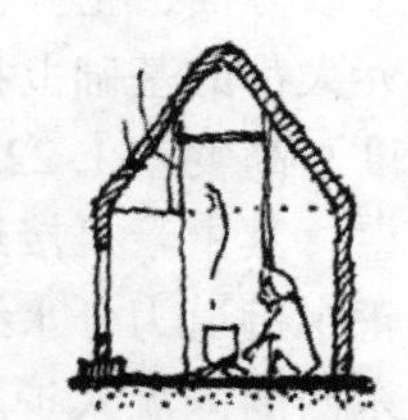
墙体和屋顶分离的地面建筑

图1.1 新石器时代穴居模式

1.1.2 青铜器时代

到了青铜器时代，奴隶制国家得以建立并得到发展，青铜冶炼技术被人们所熟练掌握，但劳动工具仍以石器为主，青铜器主要是作为兵器及礼器。与之相适应的政治、法律、科学技术、文学艺术等一系列古代文明成果集中爆发，典型代表时期为中国的商周时代。此时期，地下空间的开发利用集中到了市政、墓葬、储存、居住等诸方面，尤其是市政排水及墓葬的发展较为迅速。在龙山文化时期的古城堡中，发现了陶制的排水管道，至今仍有5m多的管道得以保存，如图1.2所示。河南偃师商城的考古发掘发现，城市排水主管道的底下沟槽从东门至王宫长约800m、宽1.3m、深1.4m，可将王宫和城内的水排到护城河，在城内还有用来排除雨水和废水的分支管道，王宫内每座宫殿都有小规模的排水系统。

图1.2　龙山文化中陶制的排水管道

1.1.3 铁器时代

铁器的广泛应用极大地提高了劳动生产率，推动了奴隶制的瓦解和封建制的产生，典型代表为中国封建社会，此时期地下空间的开发利用扩展到了市政、仓储、交通、军事、地下陵墓及宗教等各方面。

在市政方面，主要体现在各时期皇宫或都城的排水系统，如明清北京城，如图1.3所示。在元大都的基础上扩建，加建外郭，形成“凸”字形格局。整个紫禁城北高南低而形成坡度，高度差1.22m，使其自身具备自流排泄的能力。宫里院内均设有纵横交错的明沟、暗渠，其中暗渠接近中轴线的部位较浅（0.4~0.5m），反之则较深（1~2m）；以皇帝走的正中御道为分水线，分水线东西两边的地势逐渐降低，形成又一坡度，雨水可通过沟渠从东西两侧流入护城河。紫禁城外部又有三道防线可防止洪水泛滥：第一道为护城河、大明濠及太平湖，第二道为西苑太液池、后海；第三道为外金水河、筒子河。

在仓储方面，主要体现在各时期的官仓，如隋朝的六大粮仓：兴洛仓、回洛仓、黎阳仓、广通仓、河阳仓及常平仓。其中，兴洛仓（又称洛口仓，如图1.4所示）建于隋大业二年（606年），仓城周围广二十余里，“穿三千窖，每窖容八千石”，“置监官并镇兵千人守卫”，据史料记载估算，整座仓城储漕米2400万石，居隋代官仓储量之首。

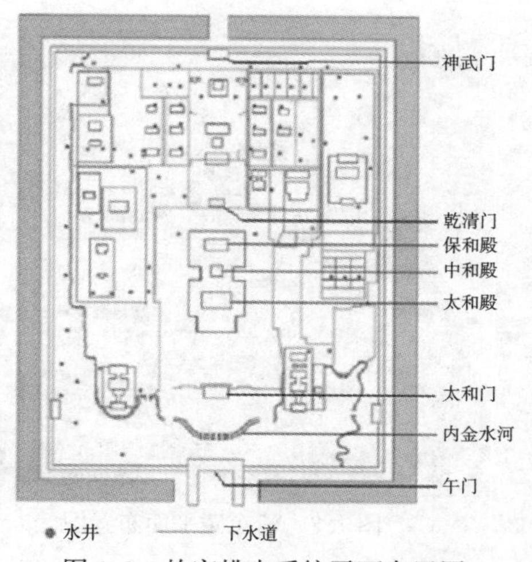

图1.3 故宫排水系统平面布置图

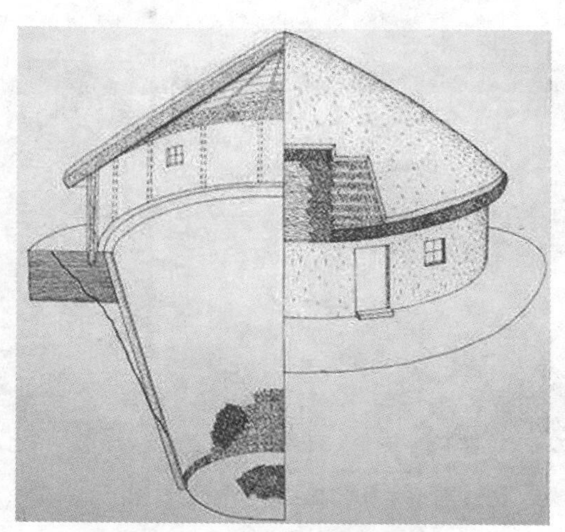
图1.4 洛口仓仓窖复原图

在交通方面，典型应用为汉中石门（图1.5）是世界上第一条人工开凿的通车山体隧道。战国时期，为修建褒斜栈道，采用火烧、水激的方法开凿，后经历代修凿，方开通。石硐呈南北向，走向与褒谷河道平行，底部高度与栈道在同一水平线上，总长15.75m、宽4.15m、高3.6m。

在军事方面，主要体现在古战道应用方面，如永清古战道、张坊古战道和亳州曹操运兵道等。其中，永清古战道（图1.6）位于京津之间的河北省永清县，曾是宋辽两国连年征战的古战场，以南关为起点，呈两条主线分别向东南和西南两个方向延伸，犹如一只展翅的凤凰，一翅直指信安镇，另一翅指向霸州镇，硐体结构呈立体分布，最浅处距离地表不足1m，深处则达5m，硐体高矮不一，宽窄不一，延伸曲折，走向不定。

图1.5 汉中石门

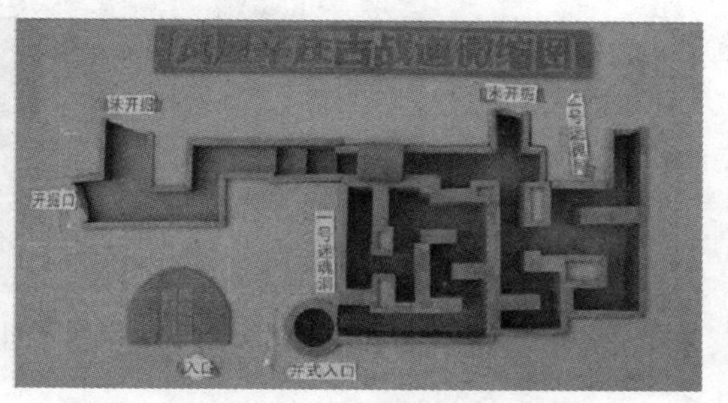
图1.6 永清县瓦屋辛庄古战道微缩图

地下陵墓是最为广泛、历史最为悠久的地下空间应用。我国帝王陵寝数量众多、历史悠久、布局严谨、建筑宏伟、工艺精湛，如著名的明十三陵（图1.7）、清东陵（图1.8）等。

在宗教方面，应用主要体现在各类佛教石窟和佛教地宫，如敦煌莫高窟、大同云冈石窟、洛阳龙门石窟、天水麦积山石窟，再如陕西扶风的法门寺地宫、山西大同的华严寺铜地宫等。

图 1.7　明十三陵平面布置图

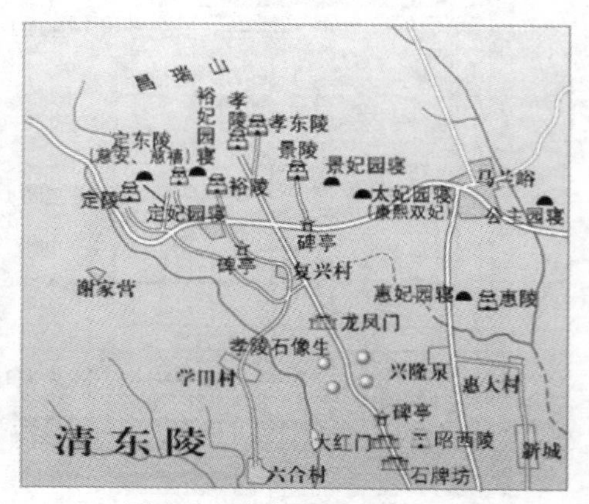

图 1.8　清东陵平面布置图

在地下居住方面，迄今为止，人类考古发现了世界上 3 个地区存在着较集中的地下住宅和村庄，其中中国中部、西北部的黄土高原地区是规模最大的地下住宅区。这里大部分地区的黄土土质疏松，易于挖掘，可以方便地用手工挖出 2~3m 宽、5~10m 长的房间，且具有土壤含水不多、湿度不大、冬暖夏凉、施工便利、无运输材料之劳等优点，使得中国至今仍有数千万人生活在黄土窑洞里，其中以豫西河南荥阳至渑池一带较为典型，如图 1.9 所示为河南陕州一处典型的地坑院。

图 1.9　河南陕州典型的地坑院

1.1.4　近代以来

近代以来，随着科学技术的发展，世界各国的地下空间开发利用得到广泛的发展，如采矿、地下交通、市政建设、工业和水工地下工程等，具体如伦敦水道、地中海比斯开湾隧道等。第二次世界大战期间，由于地下建筑物在防护方面的优越性十分明显，许多国家都将一些军事设施和工厂、仓库、油库等修建在地下；将生产尖端产品的车间设在地下，能够满足恒温、恒湿、防震等生产工艺上的严格要求。战后，随着经济的发展，对能源的需求与日俱增，从而开始了大规模的水利水电建设，如在高山峡谷中修建水电站，或由于施工场地的局限或者为了不破坏植被和生态环境，将水电站厂房建于地下。

随着经济的飞速发展和人口的不断扩大，城市问题日益突出（如土地减少、能源短缺、城市交通拥塞、环境污染等），因此城市地下空间的开发利用得到了集中发展，包括城市地下交通设施、城市地下商业服务空间、城市地下市政设施、地下能源及物资储备设施、地下人防与军事设施、地下物流设施及地下工业设施等。

在近代历史时期，我国曾处于半殖民地半封建社会状态，因政府腐败、无能，加上西方列强掠夺，综合国力羸弱，地下空间的开发利用远远落后于西方工业化国家。自1949年中华人民共和国成立后，尤其是改革开放以来，我国在地下空间开发利用方面取得了举世瞩目的成就，主要体现在公路铁路隧道、城市地下铁道、水底隧道、城市地下街以及地下综合管廊等方面。

1. 公铁路隧道

我国公铁路隧道的起步阶段为1950—1960年，期间采用钻爆法施工，以人工和小型机械凿岩、装载为主，临时支护采用原木支架和扇形支撑，施工基本无通风，技术水平比较落后，标志性工程有川黔铁路凉风垭隧道。1960—1984年，是我国铁路隧道建设的稳定发展阶段，施工机具有了较大改善，普遍采用了带风动支架的凿岩机、风动或电动装载机、混凝土搅拌机、空压机和通风机等，采用了锚杆喷射混凝土支护技术，主动控制了地层环境，较好地解决了施工安全问题，标志性工程有驿马岭隧道、青藏铁路关角隧道。1985—1995年，是新中国第三代隧道工程建设时期，科学技术水平明显加快，标志性工程有京广铁路大瑶山双线电气化铁路隧道。1995—2000年，在隧道施工中引入了TBM技术，使我国隧道修建技术达到了新的水平，标志性工程有西康铁路秦岭隧道等。进入21世纪，我国公铁路隧道发展更加快速，长大隧道修建越来越多。根据交通运输部官网数据，截至2020年年底，我国已建成铁路隧道16798座，总长19630km；在建铁路隧道2746座，总长约6083km；已纳入规划的铁路隧道6354座，总长约16225km。在建成投入运营的铁路隧道中，长度超过10km的特长隧道209座，总长2811km，长度超过20km的隧道11座，总长262km（田四明）。截至2020年年底，全国公路隧道为21316处，总长21999.3km，其中特长隧道（≥3km）1394处，总长6235.5km，长隧道（≥1km）5541处，总长9633.2km。

2. 城市地下铁道

我国第一条地铁始建于1961年，1969年修建完成，即北京地铁1号线，其线路沿长安街与北京城墙南缘自西向东贯穿北京市区，全长23.6km，设17座车站和一座车辆段（古城车辆段）。随后，我国天津、上海、广州、南京、深圳、成都、西安、武汉、沈阳、杭州等城市逐步建成并开通地铁交通，我国上海、北京、广州的地铁规模已位居世界前三位。另外，我国香港、台北等城市的地铁也已经具有一定的规模，在世界上也是有名的，尤其香港地铁，是世界上运营最成功的地铁。截至2020年年底，我国（除港澳台地区）共有45个城市开通城市轨道交通，运营线路244条，运营线路总长为7969.7km，其中地铁运营线路6280.8km，占比78.8%，当年新增运营线路长度为1233.5km（中国城市轨道交通协会）。

3. 水底隧道

自20世纪60年代初，我国开始地下工程盾构法、沉管法的研究。香港红磡海底隧道（沉管隧道）于1969年9月1日动工，1972年8月2日通车，全长1.86km，是香港最繁忙的隧道；随后于1986年和1993年分别开建第二、第三条海底隧道——东区海底隧道（沉管隧道，公路和地铁两用）和西区海底隧道（沉管隧道）。1981年5月开工的中国台湾高雄港过港隧道，海底段720m，4车道。广州珠江隧道于1990年10月开工，至1993年12月通车，全长1238.5m，是我国大陆首次采用沉管法施工的水下隧道。随后，我国建设了大量的水底隧道，如武汉长江隧道（盾构隧道）、跨越上海黄浦江的20座隧道、南昌赣江隧道、红谷隧道、杭州钱塘江隧道、南京长江隧道、南京纬三路隧道、武汉水果湖隧道、武汉东湖隧道、南京玄武湖隧道、苏州独墅湖隧道、扬州瘦西湖隧道、杭州西湖隧道、厦门翔安海底隧道、青岛胶州湾海底隧道等。

4. 城市地下街

我国内地真正开始开发利用地下街，是在2001年的“十五”规划纲要发布之后，被列为城市的发展战略。其发展历程可分为三个时期：1980年代以前，是人防工程建设为主的时期。1980年代至2001年，是地下街开发利用的摸索时期。在这个时期，由于城市地下铁道建设才开始在各大城市逐步兴起，规模不大，因此地下街的开发和利用都十分有限。2001年至今，是我国城市地下街快速发展的时期。在这个时期，随着城市的快速发展，城市人口膨胀、交通拥堵、用地紧张，使国内主要大城市全面开始地下铁道交通建设并逐步加速，为大力开发利用城市地下空间提供了条件，地下街的开发利用得到了迅速发展，如武汉汉正街地下街、广州动漫星城地下街等。近年来为解决城市综合症，部分大城市结合地下铁道、地下交通和地下街的建设，修建了一些规模较大的多功能地下综合体，如武汉光谷广场地下综合体（图1.10）等。

5. 地下综合管廊

1958年，在北京天安门广场建设了我国首条地下综合管廊，长约1076m、宽约4m、高约3m、埋深8m，收容了电力、电信、热力等管线。随后在武汉、宁波、深圳、兰州、重庆、青岛、昆明等大中城市开展建设，但总体起步较晚，发展缓慢。近年来，随着各大城市老旧地下市政管线无法满足排水泄洪的要求，导致许多城市出现了内涝现象，国务院发布了一系列的政策和文件，来重新整顿各城市的市政基础设施，大力推广地下综合管廊的建设。中投顾问发布的《2018—2022年中国城市地下综合管廊建设深度调研及投资前景预测报告》指出，2016年141个城市开工建设管廊总长度为1714.2km。51个大城市及以上等级城市开工建设管廊长度为875.1km，占建设总长度的51.1%，每个城市平均开工建设管廊长度为17.2km；90个中小城市开工建设管廊长度为839.1km，占建设总长度的48.9%，每个城市平均开工建设管廊长度为9.3km。截至2018年4月底，中国综合管廊在建里程已超过7800km，相当于日本现状结合管廊里程的3.5倍。①

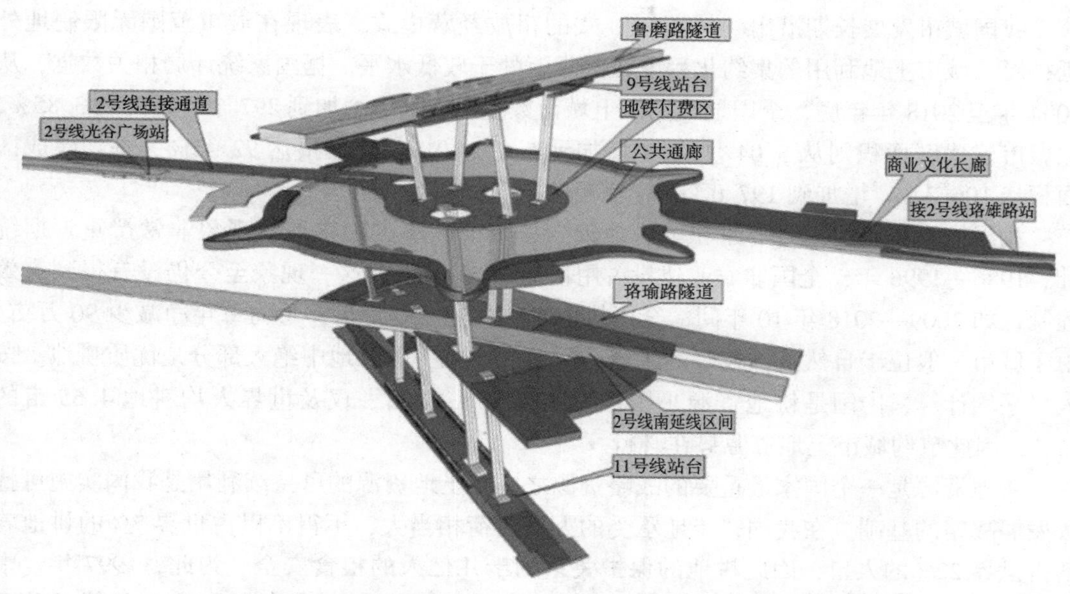

图1.10 武汉光谷广场地下综合体空间布置图

1.2 城市地下空间开发利用的意义

1992年，联合国环境与发展大会通过了著名的《关于环境与发展的里约热内卢宣言》，制定了21世纪议程，得到了世界各国的普遍认同，无论是发达国家还是发展中国家，都把可持续发展战略作为国家宏观经济发展战略的一种必然选择。我国也已编制完成并公布了《中国21世纪议程》，向世界作出了可持续发展的承诺。改革开放以来，我国经济有了很大的发展，与此相随，我国的城市化进入了加速发展阶段。根据国家统计局数据，我国城市化率从1990年的26.41%提高到2019年年底的60.60%。根据联合国的估测，到2050年，世界发达国家的城市化率将达到86%，我国的城市化率将达到72.9%。经济与城市化水平的高速发展导致我国城市规模急剧扩展，基础设施建设需求剧增，在此背景下，我国政府提出了建设资源节约型、环境友好型社会的战略目标，以实现城市经济与资源环境的协调发展。

城市地下空间的开发利用是城市可持续发展的重要途径之一，是社会生产力和城市发展到一定阶段而产生的客观需求，对城市的可持续发展具有十分重要的意义，主要体现在节约城市土地资源、节约城市能源和水资源、缓解城市发展中的各种矛盾等方面。

① 南京慧龙城市规划设计有限公司，中国岩石力学与工程学会地下空间分会，《中国城市地下空间发展蓝皮书（2019）》。

1.2.1 节约城市土地资源

我国城市发展长期沿用“摊煎饼”式的粗放经营模式，表现在城市范围无限制地外延扩展，城市土地利用的集约化程度在国际上处于较低水平。据国家统计局相关数据，从2004年至2018年年底，全国地级及以上城市数量从286个增加到297个，增加约3.85%，但城市建成区面积则从$3.04\times10^4km^2$增加到$5.85\times10^4km^2$，增幅达92.43%，平均建成区面积从106.3 km^2增加到197.0 km^2，增幅达85.32%。

我国虽幅员辽阔，但平原和可耕地较少，城市扩展占用耕地的现象非常严重。据统计，1986—1996年，全国非农业建设占用耕地2963万亩。这一现象至今仍没有得到有效控制，如2009—2018年10年间，全国耕地净减少达900万亩，平均每年净减少90万亩。由于城市一般位于自然条件较好的区域，所以这些减少的耕地中绝大部分是优质耕地。按人口平均计算，中国是耕地资源小国，人均仅有1.44亩，仅及世界人均耕地4.65亩的31%，因此节约城市土地资源势在必行。

耕地资源是一个国家最重要的战略资源之一，土地资源的可持续利用是我国实施可持续发展战略的基础。在我国，土地承受的人口负荷相当大，不得不以占世界7%的耕地养活占世界22%的人口，因此耕地的保护关系到十几亿人的粮食安全。为此，1997年，中共中央、国务院下发了《中共中央、国务院关于进一步加强土地管理切实保护耕地的通知》，实行耕地总量预警制度，确保耕地数量动态平衡，对人均耕地面积降低到临界点的地区，拟宣布为耕地资源紧急区或危急区，原则上不准再占用耕地。随着我国工业化、城市化不断推进，耕地保护面临新情况、新问题。2017年，时隔20年，中共中央、国务院再发《中共中央国务院关于加强耕地保护和改进占补平衡的意见》，再次为耕地保护划出红线，要求“坚持最严格的耕地保护制度和最严格的节约用地制度，像保护大熊猫一样保护耕地”。提出“两个绝不能”，即已经确定的耕地红线绝不能突破，已经划定的城市周边永久基本农田绝不能随便占用。由此可见，我国城市规模的急剧扩展与土地资源的匮乏已成为中国城市发展的突出矛盾，只能走土地资源集约化使用的发展模式。

纵观当今世界，很多发达国家和发展中国家已把对地下空间开发利用作为解决城市土地资源与环境危机的重要措施、实施城市土地资源集约化使用与城市可持续发展的重要途径。自1977年在瑞典召开第一次地下空间国际学术会议以来，国际上已召开了多次以地下空间为主题的国际学术会议，通过了不少呼吁开发利用地下空间的决议和文件。例如1980年在瑞典召开的Rock Store国际学术会议产生了一个致世界各国政府开发利用地下空间资源为人类造福的建议书。1983年联合国经社理事会下属的自然资源委员会通过了确定地下空间为重要自然资源的文本，并把它包括在其工作计划之中。1991年在东京召开的城市地下空间国际学术会议通过了《东京宣言》，提出了“21世纪是人类开发利用地下空间的世纪”的口号。国际隧道协会1996年年会的主题就是“隧道工程和地下空间在城市可持续发展中的地位”。1997年在蒙特利尔召开的第七届地下空间国际学术会议的主题是“明天——室内的城市”。1998年在莫斯科召开了以“地下城市”为主题的国际学术会议等。

在实践方面，瑞典、挪威、加拿大、芬兰、日本、美国和苏联等国在城市地下空间利用领域已达到相当的水平和规模。发展中国家，如印度、埃及、墨西哥等国也于20世纪80年代先后开始了城市地下空间的开发利用。向地下要土地、要空间已成为城市历史发展的必然和世界性的发展趋势，并以此作为衡量城市现代化的重要标志。城市地下空间是一个十分巨大而丰富的空间资源，如得到合理开发，使土地资源集约化使用，特别是缓解城市中心区建筑高密度的效果是十分明显的。

据2004年的相关研究，北京市中心城区可供合理开发利用的地下空间资源量达到$180.66\times10^8m^3$，其中浅层（地下30m以内）$19.56\times10^8m^3$，深层（地下30~100m）$161.10\times10^8m^3$。若以地下空间开发利用面积为城市建成区的30%（道路与绿地建设用地），再乘以0.4的可利用系数，对城市浅层地下空间资源（地下30m内）进行初步估算，则2018年部分特大城市可供开发的地下空间资源量估算结果如表1.1所示。

表1.1 **2018年部分特大城市可供开发的浅层地下空间资源量**

城 市	北京	上海	广州	武汉	郑州
2018年城市建成区（km^2）	1469	1239	1237	864	443
可供开发的地下空间资源量（10^8m^2）	17.63	14.87	14.84	10.37	5.32

日本于20世纪50年代末至70年代大规模开发利用浅层地下空间，到80年代末开始研究50~100m深层地下空间的开发利用，并于2001年出台了大深度地下空间开发利用的法律，该法对大深度地下空间开发利用的法律地位、开发用途、开发深度、土地征用等方面进行了明确的规定。因此，国际上有学者预测21世纪末，将有三分之一的世界人口工作、生活在地下空间中。

国外城市地下空间开发利用的经验是：把一切可转入地下的设施转入地下，城市发展的成功与否取决于地下空间是否得到了合理的开发利用。世界各国开发利用地下空间的实践表明，可转入地下的设施领域非常广泛，包括交通设施、市政基础设施、商业设施、文化娱乐体育设施、防灾设施、储存及生产设施、能源设施、研究实验设施、会议展览及图书馆设施等，其中大量应用的领域为交通设施，包括地铁、地下机动车道、地下步行道和地下停车场。特别是地铁，根据metrobits.org网站的统计，截至2020年6月，世界上已有228个城市建有地铁，已建成地铁线路761条，总里程16678km，车站13575个，平均站间距离1.30km，日均输送旅客1.2亿人次，其中地铁运营里程超过100km的城市有41个，且还有许多城市的地铁正在大规模建设和勘测、规划设计中。市政基础设施，包括市政管网、排水及污水处理系统，城市生活垃圾的清除、回收及处理系统，大型供水、贮水设施以及地下综合管廊。商业设施，包括地下商业中心、地下街以及以商业为主兼有文化娱乐及餐饮设施的地下综合体。贮存设施，包括粮库、食品库、冷库、水库、油料库、燃料库、药品库及放射性废弃物和有害物的储库等。

1.2.2 节约城市能源、水资源

除土地资源外，按人口平均，我国也是资源小国。我国人均能源占有量不到世界平均

水平的一半，人均水资源为世界人均水平的25%。因此，实现资源可持续利用有着重要意义。在这方面，地下空间的开发利用大有可为。在每个国家的总能耗中，建筑能耗是大户。建筑物建成后，在使用过程中，每年所需要消耗能量的总和称为建筑能耗。据统计，在欧美一些国家，建筑能耗约占全国总能耗的30% 。而建筑能耗中用于建筑物的采暖、通风空调的能耗约占全国总能耗的19.5% 。据世界能源研究所与国际环境发展研究所公布的数据表明，世界上前十名经济大国中，中国是单位能耗最高的国家。我国单位产值能耗接近法国的5倍。在建筑内部环境控制中，我国仅采暖一项，单位建筑能耗是发达国家的3倍。因此，降低建筑内部环境能耗具有迫切的重要意义。

由于岩土具有良好的隔热性，地下空间的利用可避免造成地面温度变化的诸多因素的影响，如刮风、下雨、日晒等。实际表明，地面以下1m，日温几乎没有变化，地面以下5m的室内气温常年恒定。因此，地下岩土层中的建筑物，与地面建筑相比，消耗能量会明显减少。据美国进行的地面与地下建筑对比分析的大量试验表明，堪萨斯城地下建筑相对于地上建筑能节约47%~90%的能耗，其他若干地区地下建筑相对于地上建筑的节能率在33%~58%之间，地下建筑的节能效果非常显著。此外，地下空间开发利用为自然能源的利用，特别是可再生能源的利用，开辟了一条广阔有效的途径。

地下空间为大规模的热能贮存提供了独有的有利条件。太阳能是巨大的洁净可再生能源，但其来源随季节、昼夜而变化。一般在夏季可收集大量的太阳辐射热或工业余热，贮存起来供冬季供暖用，这就需要贮存载体，而利用地下的水、岩石和土壤来贮存热量往往是最佳甚至是唯一的选择。而将冬季天然冰块贮存于地下，用于夏季环境控制的蓄冰空调，这也是一种热能贮存形式，是既经济又清洁的可再生能源，在国外如北欧一些国家都有应用实例。

由于岩、土的热稳定性与密闭性，使热量或冷量损失小，不需要保温材料，利用岩石的自承能力，构筑简单，贮热和贮冷维护保养费大为降低，这就使天然能源或工业大量余热的利用富有成效。例如，瑞典在斯德哥尔摩西北方向约150km的阿累斯达建造了一座15000m^{3}的岩石洞穴热水库，洞穴顶部低于地面25m，长45m、宽18m、高22m，蓄热温度范围为70~150 ℃，以废物焚烧的热为热源，通过换热器与区域供热系统联结。该工程于1982年建成，1984年完成试验工作，用于阿累斯达的区域供热系统。

日本、美国在开发地下超导磁贮电库的技术，该库为螺旋状排列的环形洞室。德、日等国在开发地下压缩空气贮库技术。德国已于1979年在岩盐层中建成一座地下压缩空气库，功率为29×10^{4}kW，贮气压力为8MPa。这两种技术都可有效地贮存低峰负荷时的多余电能，满足高峰供电需要，从而节省发电站功率和能耗。美国、德国等正在研究开发非枯竭性的无污染能源——深层干热岩发电。美国已于1984年6月建成世界上第一个10MW功率的干热岩电站，该电站主要由两个深度为4000m以上的钻孔及其贯通孔组成，冷水由钻孔灌注，另一钻孔产生200℃蒸汽，直接进入发电站发电。目前，地下干热岩热能的开发利用研究已受到世界各国的广泛重视。我国（除港澳台地区）3~10km深处干热岩资源总计为2.09×10^{7}EJ，合7.149×10^{14}吨标准煤，若按2%开采资源量计算，相当于中国（除港澳台地区）2010年能源消耗总量的4400倍，然而我国干热岩的开发利用还处于起步阶段。

我国水资源短缺问题日益明显。全国476个城市有300个缺水。预计到2030年，我国在中等干旱年份将缺水300多亿平方米。我国的水资源在时空分布上很不均匀。在缺水的同时，又有大量淡水因为没有足够储存设施白白流向大海。目前我国已建成或正在建设大量的调水工程，主要解决水资源空间分布不均的问题；而如果能像挪威、芬兰等国那样，利用松散岩层、断层裂隙和岩洞以及疏干了的地下含水层，或者像日本东京、横滨、名古屋以及札幌等城市那样建造地下人工河、蓄水池和地下融雪槽，储存丰水季节中多余的大气降水、降雪供缺水季节使用，就可以部分克服水资源在时空上分布不均匀的缺陷。

地下空间还可为物资贮存和产品生产提供更为适宜的环境。地下空间独具的热稳定性和封闭性对贮存某些物资极为有利。目前国内外建造最多的是地下油库、粮库和冷藏库。在地下建造冷藏库，可以少用或不用隔热材料，温度调节系统也较地面冷库简单，运行和维护费用比地面冷库低得多。据统计资料分析，地下冷库的运行费用比地面冷库低25%~50%；在地下建造油库，不仅有利于减少火灾和爆炸危险，而且由于地下温度稳定，受大气影响较小，因而油料不易挥发和变质，可比地面油库节省20%~30%的管理费用。在处理好防潮、防虫害基础上，利用地下温度稳定建造地下粮库，也具明显的经济效益，如江苏镇江市地下粮库，实测地面粮库和地下粮库的经济指标比较如表1.2所示①。

表1.2 **实测地面粮库和地下粮库的经济指标比较①**

项目	常年温度（℃）	相对湿度（℃）	仓库空间利用率（%）	保管费（元/万斤）	粮食自然损耗率（%）	虫、鼠、雀损耗
地面粮库	-10~42	35~95	60	>13	2	明显
地下粮库	12~18	70~77	90	>1	0	无

某些产品的生产对环境温湿度、清洁度、防微振、防电磁干扰提出了更高要求，如在无线电技术生产和测试中，不仅要求高精度空气环境，而且常要求工作间不受外界电磁干扰。如在地面建筑中创造此类环境条件，则必须增加复杂的空调系统，配合各种高效过滤器，并远离铁道、公路和其他工业生产振源，需要专门的电磁屏蔽装置，以切断电磁波的干扰等。而在地下空间内则可利用岩、土良好的热稳定性和密闭性，大大减少空调费用，减少粉尘来源；利用岩土层的厚度和阻尼，使地面振动的波幅大大减少，使电磁波受到极大削弱，从而能够采取简单的方法达到高技术的要求。

① 沈志敏．现代城市与地下建筑［J］．地下空间，1995，15（2）：129-133.

1.2.3 缓解城市发展中的各种矛盾

城市化的快速发展，使一些大城市形成了典型的“城市综合症”，其具体体现就是交通阻塞、环境污染、生态环境恶化等。为此，合理开发利用地下空间，将是解决“城市综合症”的有效途径。

1. 缓解城市交通矛盾

交通是城市功能中最活跃的因素，是城市可持续发展的最关键问题。交通阻塞、行车速度缓慢已成为我国许多城市发展中最突出的问题，因为发达国家的汽车工业是伴随着经济的发展和城市化进程逐步发展起来的，而我国汽车工业是在经济发展到一定程度后，尤其是进入21世纪后，呈爆发式发展起来的，仅仅用了10年左右的时间，就从一个产能落后的国家发展成为世界上汽车产销量和汽车保有量最大的国家，因此，我国城市的交通拥堵问题尤其突出。如北京的交通经历了修路、修立交桥、建轨道交通等一系列的历程，但是交通拥堵问题却一直没有得到彻底缓解，当然这与北京市近年来人口和小汽车快速增长密不可分，使交通需求的矛盾加剧。此外，北京交通拥堵经历了明显的周期性：拥堵—缓解—拥堵—再缓解……循环反复，且在不同的城市发展阶段其特点也各不相同。如2005年前后，小汽车加速进入家庭时期导致的交通拥堵，给每个人的切身感受就是北京人多车多，所以堵。据统计，截至2020年7月，北京市域面积 $1.64\times10^4\text{km}^2$，人口已达到2153.6万人，机动车达到636.5万辆，城市交通已呈现出区域化和常态化拥堵态势。

交通阻塞的关键在于城市道路面积在城市面积中的比例以及人均道路面积太低，每千米道路汽车拥有量太大。北京快速路面积居全国之首，立交桥数量也居全国城市之首，可即使是这样，北京仍然是全国乃至全世界交通拥堵最严重的城市之一。这是因为城市道路的增长永远跟不上机动车保有量的增长，尤其在中国，汽车保有量呈爆发式增长，城市道路面积的增长更加难以满足交通发展的需求，所以城市交通拥堵也就成为必然。

此外，随着汽车保有量的增加，城市除了“行车难”之外，还伴随出现了“停车难”。世界上一些大城市的发展经验表明，大力发展地下轨道交通（地铁）、地下停车场，是解决城市交通拥堵的最有效途径。

城市地下轨道交通（地铁）在地下空间中运行，一方面避免与地面各类交通的干扰和地形的起伏，因而可以最大限度地提高车速，分担地面交通量，减少交通事故；另一方面不受城市街道布局的影响，在起点与终点之间，有可能选择最短距离，从而提高运输效率。此外，地下轨道交通基本上消除了城市交通对大气的污染和噪声污染，且节省城市交通用地。当地下轨道交通形成网络后，便可与城市地下公用设施以及其他各种地下公共活动设施组织在一起，从而提高城市地下空间综合利用的程度。如果结合地下轨道交通车站修建地下停车库，不仅能发挥地下停车库用地少、布局易接近服务对象等优势，还便于乘客换乘轨道交通到达城市中心区，有助于减轻城市中心区的交通压力，这样既提高了轨道交通的利用率，又减轻了由汽车造成的城市公害。

2. 改善城市生态环境

根据《中国生态环境状况公报（2018年）》发布的数据，2018年，全国地级及以上城市中，城市空气质量达标仅占35.2%，而城市环境空气质量超标的占全部监测城市总数的64.2%，全国城市大气污染状况依然严峻。全部监测城市中，平均超标天数占比20.7%，累计发生重度污染为1899天次，严重污染为822天次。①

我国城市大气污染的主要成因主要是工业生产污染（燃煤）和交通污染（汽车尾气）。随着城市居民消费水平的提升，机动车保有量呈现持续增长的态势。据公安部公布的数据显示，2019年我国的机动车保有量为3.48亿辆，其中，汽车保有量达2.6亿辆。一方面，汽车数量的增加，会增加尾气排放；另一方面，汽车数量的增加，也会加剧城市的交通拥堵，使得增加的尾气排放比例远远大于汽车数量的增加比例。机动车尾气排放中的氮氧化物、一氧化碳、固体悬浮颗粒物等，加剧城市大气中的污染物含量，形成酸雨，危害市民健康，也会影响城市建筑物的使用寿命。

交通拥堵、水质污染、垃圾围城、噪声超标、建筑空间拥挤、城市绿化减少等都是城市生态恶化的重要原因。改善城市的生态环境，减少城市大气污染，除了发展使用电能的轨道交通减少尾气污染、改变燃料结构（以天然气等清洁燃料代替燃煤）外，还应学习国外的先进经验，尽可能把设施转入地下，腾出更多的地面来进行城市绿化。城市绿化是改善空气质量、消除有害物质的有效措施。城市绿林绿地能降低风速、滞留飘尘、吸收二氧化碳、释放氧气、净化空气等。

3. 提高城市综合防灾能力

城市的总体抗灾抗毁能力是城市可持续发展的重要内容。对于人口和经济高度集中的城市，灾害带给城市造成人员伤亡、道路和建筑被破坏、城市功能瘫痪等灾难，构成城市可持续发展的严重威胁。

地下空间具有较强的抗灾特性。对地面上难以抵御的外部灾害，如战争空袭、地震、风暴、地面火灾等，有较强的防御能力，可提供灾害时的避难空间、储备防灾物资的防灾仓库、紧急饮用水仓库以及救灾安全通道。如在日本，许多地下公共建筑都被纳到城市防灾体系之中。

4. 有效解决“城市综合症”

很多发达国家的先进城市，在治理“城市综合症”的过程中，相继对其城市中心区进行改造和再开发。城市向三维（或四维）空间发展，即实行立体化的再开发，是城市中心区改造发展的唯一现实可行途径。发达国家的大城市中心区都曾经出现过向上部畸形发展而后呈现“逆城市化”或“城市郊区化”的教训。这个现象又称为内城分散化和城市中心空心化，这是由于城市中心区经济效益高，所以房地产业集中于城市中心区投资，造成了城市中心区高层建筑大量兴建，由于人流、车流高度集中，为了解决交通问题，又兴建高架道路。高层建筑、高架道路的过度发展，使城市环境迅速恶化，城市中心区逐渐失去了吸引力，出现居民迁出、商业衰退的“逆城市化”现象。例如20世纪70年代至80年代，纽约人口年递减0.4%，巴黎人口年递减0.03%。

---

① 杨燕敏．城市大气污染现状、成因及对策研究［J］．环境与发展，2020（5）：52，54.

城市的发展历史表明，以高层建筑和高架道路为标志的城市向上部发展模式不是扩展城市空间的最合理模式。为了对大城市中心区盲目发展进行综合治理，发达国家的大城市相继进行了改造更新与再开发。对城市进行再开发的结果使这些人口下降的城市，恢复到0.1%~0.3%的年增长速度。但是城市中心区用地十分紧张，进行城市的改造与再开发十分困难。在实践中逐步形成了地面空间，上部空间和地下空间协调发展的城市空间构成新概念，即城市的立体化再开发。日本的一些大城市，如东京、名古屋、大阪、横滨、神户、京都、川崎，在20世纪60年代以来普遍进行了立体化再开发。在北美和欧洲，在20世纪六七十年代以来，也有不少大城市，如美国的费城，加拿大的蒙特利尔、多伦多，法国的巴黎，德国的汉堡、法兰克福、慕尼黑、斯图加特，以及北欧的斯德哥尔摩、奥斯陆、赫尔辛基等，进行了立体化再开发。

充分利用地下空间是城市立体化开发的主要组成部分。这样的立体化再开发的结果是扩大了空间容量，提高了集约度，消除了步车混杂现象，使交通顺畅，商业更加繁荣，增加了地面绿地，地面上环境优美且开阔，购物与休息、娱乐相互交融。这样的成功经验值得我们在城市建设中借鉴与运用。

1.3 城市地下空间基本类型

城市地下空间是指城市地表以下的空间，通常是指在城市建设过程中为满足某种需要而由人工开挖形成的地下空间，如目前已在城市运营中发挥重要作用的地下交通空间、地下市政管线系统、地下商城、地下公共空间等，以及未来在城市发展中可能发挥重要作用的地下物流系统、地下垃圾传送系统等。根据《城市地下空间规划标准》（GBT 51358—2019）将地下空间设施分为8大类、27中类，详见表1.3。

表1.3 地下空间设施分类表

一级分类	二级分类	说明
地下交通设施	轨道交通设施	铁路、城市轨道交通线路、车站、配套设施等
	道路设施	车行通道、兼有非机动车和行人通行的车行通道、配套设施
	人行通道	人行通道及其配套设施
	停车设施	公共停车库、各类用地内的配建停车库
	交通场站设施	城市轨道交通车辆基地、公路客货运站、公交站、出租车站等
	其他交通设施	除以上之外的交通设施
地下防灾设施	人民防空设施	通信指挥工程、医疗救护工程、防空专业队工程、人员掩蔽工程和人防物资储备等设施
	安全设施	消防、防洪、防震等设施
地下工业设施	一类工业设施	对居住和公共环境基本无干扰、污染和安全隐患的工业设施
	二类工业设施	对居住和公共环境有一定干扰、污染或安全隐患的工业设施
	三类工业设施	对居住和公共环境有严重干扰、污染或安全隐患的工业设施

续表

一级分类	二级分类	说 明
地下物流仓储设施	一类物流仓储设施	对公共环境基本无干扰、污染和安全隐患的物流仓储设施
	二类物流仓储设施	对公共环境有一定干扰、污染或安全隐患的物流仓储设施
	三类物流仓储设施	易燃、易爆或剧毒等危险品的专用物流仓储设施
地下商业服务业设施	商业设施	商铺、商场、超市、餐饮等服务业设施，金融、保险、证券、新闻出版、文艺团体等综合性办公设施，各类娱乐、康体设施。
	其他服务设施	殡葬、民营培训机构、私人诊所等其他服务设施
地下公共管理与公共服务设施	行政办公设施	党政机关、社会团体、事业单位等机构及其相关设施
	文化设施	图书馆、档案馆、展览馆等公共文化活动设施
	教育科研设施	研发、设计、实验室等设施
	体育设施	体育场馆和体育锻炼设施等
	医疗卫生设施	医疗、保健、卫生、防疫、急救等设施
	文物古迹	具有历史、艺术、科学价值且没有其他使用功能的构筑物、遗址、墓葬等
	宗教设施	宗教活动场所设施
地下市政公用设施	市政场站	污水处理厂、再生水厂、泵站、变电站、通信机房、垃圾转运站、雨水调蓄池等场站设施
	市政管线	电力管线、通信管线、燃气配气管线、再生水管线、给水配水管线、热力管线、燃气输气管线、原水管线、给水输水管线、污水管线、雨水管线、输油管线、输泥输渣管线等市政管线
	市政管廊	用于放置市政管线的空间和廊道，包括电缆隧道等专业管廊、综合管廊和其他市政管沟
	其他市政公用设施	除以上之外的市政公用设施
其他设施	除以上之外的设施	

（1）地下交通设施空间。交通功能是开发利用地下空间的最主要功能。地下交通空间可细分为地下动态交通空间和地下静态交通空间。动态交通空间，如地铁、公路隧道，以及车行、人行通道等；静态交通空间，如地下停车库等。开发利用地下交通空间，已成为缓解“城市综合症”的最主要手段之一。

（2）地下市政公用设施空间。城市市政设施包括给水、排水、电力、通信、燃气、热力等管线及其相应的站场设施，其中管线大部分埋设于地下，少数线路（如电力、通信等）在条件不具备时架设于空中。随着经济的发展、城市化进程的推进，各类市政管线入地已经是大趋势。传统的地下市政设施涉及两大问题：其一是缺乏统一规划，各自为政，基本上为直埋式，结果是导致地下管线重叠、浅层地下空间资源枯竭；其二是随着城市人口增长、城市规模扩大，现代化城市对市政设施的需求量也越来越大，原有的市政管线已经不能满足日益增长的需求，尤其是旧城区，其最典型的体现就是前几年出现的城市内涝，如2016年武汉市的洪涝灾害等。

为了解决城市地下市政设施存在的问题，一方面应加强统一规划，另一方面应加强统一建设，充分利用城市浅层地下空间资源。近年来，在一些大城市新区或旧城改造区已经开始建设地下综合管廊，将是未来城市地下市政设施发展的方向。

（3）地下商业服务业设施空间。地下空间可作商场、餐厅等设施，当与动态交通功能相联系时，可改善交通，繁荣商业。在气候严寒或酷热地区，因其恒温性和遮蔽性，更受欢迎。当然，这类空间因人流量大，防灾措施一定要得当，尤其是餐饮业的防火措施。

（4）地下工业设施空间。地下空间可以用于军事工业、轻工业或手工生产等功能用途，尤其当这些设施与城市居住区混杂时，将其迁至地下，改善环境、提高生活水平的意义更加突出。

（5）地下物流仓储设施空间。地下空间有恒温、防盗性好、鼠害轻等优点，使得仓储也成为城市地下空间的一项传统利用功能。地下贮库成本低、节能、安全，因此得到了广泛的利用。

（6）地下防灾设施空间。地下空间对于各种自然的和人为的灾害具有较强的综合防护能力，因而被广泛用于灾害防护。如我国和世界很多国家都在地下修建了大量的防战争灾害的人防设施。当然，地下空间在承担灾害防护功能时，并不影响其他功能的开发，平战结合，是人防工程发展的必由之路，如目前大城市在住宅区和商务区大量开发的地下停车库，就有相当一部分是作为人防工程建设的。此外，地下空间对于某些自然灾害，如地震、风灾等，也有较好的防护作用。

（7）地下公共管理与公共服务设施空间。除上述外，地下空间还可以用于办公、会议、教学、实验、医疗、文化、娱乐、体育、文物古迹、墓葬等各种社会公共服务活动。地下空间特殊的隔音优势，使得几乎所有不需天然光线的活动适合在地下进行。

1.4 城市地下空间规划与城市规划的关系

城市规划（urban plan），是处理城市及其邻近区域的工程建设、经济、社会、土地利用布局以及对未来发展预测的学科。城市规划按其内容可分为总体规划、控制性详细规划和修建性详细规划三个阶段。

城市规划研究的是城市的未来发展、城市的合理布局和综合安排城市各项工程建设的综合部署，是一定时期内城市发展的蓝图，是城市管理的重要组成部分，是城市建设和管理的依据，也是城市规划、城市建设、城市运行三个阶段管理的龙头。具体而言，城市规划的对象偏重于城市物质形态的部分，涉及城市中产业的区域布局、建筑物的区域布局、道路及运输设施的设置、城市工程的安排，主要内容有空间规划、道路交通规划、绿化植被和水体规划等内容。

与任何学科的发展运用一样，城市规划学科也经历了一个由自发到自觉，由感性认识到理性认识的过程，在历史的长河中，经历了无数次从理论到实践，又从实践到理论的发展过程，形成了一门涉及政治、经济、建筑、艺术等几乎能包含所有内容的关于城市发展与建设方面的学科，并仍然在发展中。

近百年来是城市规划理论蓬勃发展的时期，对世界范围的城市规划工作产生较大影响的理论，按其发展演绎的顺序有田园城市理论、卫星城镇理论、雅典宪章、邻里单位理论和有机疏散理论等。

城市地下空间规划是城市规划的组成部分，与城市规划相同，也分为地下空间总体规划、控制性详细规划和修建性详细规划三个阶段。城市地下空间规划是指导城市地下空间当前建设和未来发展的重要依据，具有法律效力，其编制过程应严格按照相关法律、法规的规定和要求执行，并应遵循正确的指导思想，承担指导和监督地下空间发展的主要任务，并涵盖地下空间开发利用的主要内容。

与城市规划不同的是，城市地下空间开发需要一定的物质基础、功能需求和社会认知，因此，在评估一个城市地下空间开发时机、开发规模、规划编制的主要内容与发展方向时，应考虑城市地下空间规划与城市规划之间的关系。

根据《中华人民共和国城乡规划法》和《城市地下空间开发利用管理规定》的相关规定，城市地下空间规划与城市规划之间的关系，以及地下空间开发利用的必要性和驱动力，应从以下几个方面进行理解：

（1）城市地下空间规划和城市规划的和谐与协调。城市规划为地下空间规划的上位规划，编制地下空间规划要以城市规划的规定为依据。同时，城市规划应该积极吸取地下空间规划的成果，并反映在城市规划中，最终达到二者的和谐与协调。

（2）城市地下空间开发是城市现代化和可持续发展的必然要求。城市的现代化以其"资源节约型、环境友好型"城市发展模式，必然要求城市可持续发展，而地下空间的开发利用是城市可持续发展的必然选择。

（3）城市地下空间开发利用的内在动力。经济实力、城市空间需求的增长与急剧增加的人口、不断减少的土地资源、日益拥挤的交通和持续恶化的环境是支撑城市地下空间开发利用的内在动力。

（4）城市地下空间开发利用的作用及管理要求。从功能上看，地下空间开发利用有助于提升城市功能和战略地位，科学、合理、有序地引导城市开发利用地下空间资源，就必须补充和完善现行的城市规划体系，通过编制地下空间规划将城市地下空间规划纳入城市规划管理的范围之中。

（5）城市地下空间规划在城市规划体系中的地位。城市地下空间规划应以我国宏观经济与社会发展政策为指导方针，符合当地经济与社会发展战略，并在城市总体规划框架内，结合城市各专项规划内容、控制指标进行编制，用以指导城市地下空间开发和利用，它是城市总体规划体系的重要组成部分，是指导城市地下空间开发利用的法定依据之一。

（6）地下空间开发与人防规划的关系。我国城市地下空间开发最早是源于国防需要，人防工程是因其所具备的特殊功能，在非和平时期保障城市正常运转，抵御外来打击的重要战略设施，因此，至今人防工程建设在我国大中型城市地下空间开发中仍起着主导作用。根据人防法规和政策的要求，我国城市的地下空间开发必须兼顾人防要求，人防工程也应贯彻"平战结合，平灾结合"的指导方针。人防规划是我国规划体系中有明确标准和规范的法定规划之一，人防工程规划应贯穿和融入城市地下空间规划之中，人防工程规划内容是地下空间规划主要的强制性内容。

思 考 题

(1) 何为地下空间？简述人类开发利用地下空间的历史。
(2) 城市地下空间开发利用对城市可持续发展有何意义？
(3) 地下空间开发利用如何缓解“城市综合症”？
(4) 城市地下空间有哪些基本类型？
(5) 何为城市规划？城市规划有哪几个阶段？
(6) 城市地下空间规划与城市规划之间是什么关系？应如何理解这种关系？

第 2 章　城市规划基础

2.1　城市的形成和发展

城市的形成、发展和建设受到社会、经济、文化、科技等多方面的影响。城市因人类在聚居中对防御、生产、生活等方面的要求而形成，并随着这些要求的变化而发展。城市的形成和发展，大致可分为两个时期：古代城市和近现代城市。

2.1.1　古代城市

早期，人类居无定所。随遇而栖，三五成群，渔猎而食。但是，在对付个体庞大的凶猛动物时，三五个人的力量显得单薄，只有联合其他群体，才能获得胜利。随着群体的力量强大，收获也就丰富起来，抓获的猎物不便携带，需找地方贮藏起来，久而久之，便定居下来。人类选择定居的地方，大多是些水草丰美、动物繁盛的处所。定居下来的先民，为了抵御野兽的侵扰，便在驻地周围扎上篱笆，形成了早期的村落。

随着人口的繁盛，村落规模也不断扩大，猎杀一只动物时，整个村落的人倾巢出动显得有些多了，且不便于分配，于是，村落内部便分化出若干个群体，各自为战，猎物在群体内分配。由于群体的划分是随意进行的，那些老弱病残的群体常常抓获不到动物，只好依附在力量强壮的群体周围，获得一些食物。而收获丰盈的群体，不仅消费不完猎物，还可以把多余的猎物拿来，与其他群体换取自己没有的东西，于是，早期的“城市”便形成了。这些城市都具有防御要求，最初是为了防止野兽侵袭，后来由于原始部落之间的战争，进而加强了防御的功能。防御设施有居民点外围的深沟、石墙、木栅栏及后来的城墙、护城河等。中国古代一些城市的平面也曾由一套方城发展城两套城墙，都城则有三套城墙，每层城墙外均有深而高的城壕。

欧洲中世纪时期，主要从防御要求出发，将封建主的城堡选在山顶（如英国的爱尔兰朵娜城堡）或湖边（如德国的宁芬堡）、河边（如法国卢瓦尔河香波堡），或在其外围开人工水沟、架设吊桥。从防守要求出发，在城市的平面布置中，考虑了组织多层次、多方位的射击（如帕尔马洛城）等。

2.1.2　近现代城市

通常把农业的产生称为第一次产业革命，使人类社会出现了定居的居民点。近代的工业革命也称为第二次产业革命，使城市产生了巨大的变化。一般把英国人瓦特在 1784 年发明的蒸汽机作为工业革命的标志。实际上这是一次能源和动力的革命，使人们摆脱依赖风力、水力等天然能源的局面，有了人工能源。当时，科学技术的突出发展主要表现在四个方面，即电力的广泛应用、内燃机和新交通工具的创制、新通信手段的发明和化学产业的建立。这些科学技术的发展，使得加工工业迅速地在城市发展，并随之带动商业和贸易的发展，城市在数量、人口、规模上迅速扩大。

随着工业的进一步发展，产业的积累也日益增多，工业需要大量的原料，产品要运输至外地，原料及产品均需要储运，就出现了工人住宅区、仓储用地、商务贸易活动地区、交通运输站（车站、码头等）。因此，城市的类型也在不断地增加，如港口贸易城市、矿业城市、交通枢纽城市或以某种产业为主的城市等。原来的一些大城市则发展成为工业、商业、金融、贸易等综合功能经济中心。随着城市功能的进一步复杂化、多样化，城市空间的发展也出现了巨大的变化，有点状、线状、辐射状、网络状等，从无序状态慢慢向有计划的规划转变。

第三产业在城市中的集中，产业门类的增加与分工协作，使得城市具有强大的聚集效应，使得城市的规模不断扩张，城市强大的经济实力也使其向周围的地区及城镇具有较强的辐射效应。大量相互交换的物流、人流、信息流，使城市与区域城镇的联系更为密切。大城市的原有中心向外圈层式扩张的模式，逐渐向在空间上有隔离、有便利的交通网络联系，在产业上有协作分工的城镇群，或城镇密集地区方向发展。第二次世界大战后世界经济的发展、世界经济的一体化趋势、跨国公司企业集团的发展，使一些发达的城镇密集地区的影响更大。中国的城镇密集地区有以上海为中心的长江三角洲地区，以广州为中心的珠江三角地区、京津唐地区、辽中地区和成都地区等。

城市空间范围的拓展也就意味着市民与城郊田野距离的增加，城市越大，市民接触自然环境的机会也就越小。城市拓展过程中，自然环境变为人工环境。城市中的工业在生产过程中产生的废气、污水等很多有害的物质，对居民生活环境产生不利的影响。城市居民生活水平的提高也会产生大量的生活污水及固体废弃物，致使城市物质生活提高的同时，产生了对环境的负面效应。

2.2 了解城市

要想规划好一个城市，必须了解一个城市，可以从城市性质、人口、用地、空间和容量这几个方面来入手。

2.2.1 城市性质

城市性质是指各城市在国家经济和社会发展中所处的地位和所起的作用，指各城市在全国城市网络中的分工和职能。就我国目前城市性质的划分，目前共有：工业城市、交通港口城市、中心城市、特殊职能城市等。其中，工业城市的特点是城市以工业生产为主，工业与对外交通运输用地比例大。如矿业城市、化工城市等。交通港口城市以对外交通运输为主，往往工业和仓库用地也随交通发展而占较大比例。根据交通工具和地理位置的不同特点，也可以细分为铁路枢纽城市（如郑州、哈尔滨）、海港城市（如大连、宁波）和内河港埠（如武汉、南京）。中心城市，一般规模较大，用地布局和组成复杂，城市职能综合性强。我国的直辖市一般是全国的中心城市，而各省、自治区的首府则是地区性中心城市。特殊职能城市，因某些特殊的因素而具备某种特殊职能，当这些特殊职能成为城市主要职能时，便称为特殊职能城市，如革命纪念性城市（延安、井冈山茨坪镇等）、边防城市（二连）、风景旅游城市（桂林、黄山市等）、经济特区城市（深圳、珠海等）等。

城市性质只是就城市职能、分工的主要因素而言，并不绝对排斥其他因素的存在，而从近年来世界城市建设发展来看，就某一城市而言，城市性质并不是绝对一成不变的，常会因为客观条件的变化或实际需要，而发生相应的变化。

2.2.2　城市人口

城市人口是指与城市活动密切相关的人口，一般指非农业人口，包括常住人口、暂住人口。城市人口按照人口密度、经济联系、管理条件等因素，一般可划分为市区、近郊区、远郊区人口。城市人口在规划工作中具有重要的研究意义，对城市用地的多少，公共生活设施和文化设施的内容与数量，交通运输量，交通工具的选择，道路的等级与指标，市政公用设施的组成与能力，住宅建设的规模与速度，建筑类型的选定，郊区的规模以及城市的布局等，都有着密切的关系。

通过对城市人口构成的分析，可以制定相应的发展对策。城市人口的构成包含人口的年龄构成、性别构成、家庭构成、劳动构成和职业构成。

(1) 人口年龄构成，是指城市人口各年龄组的人数占总人数的比例，常用人口百岁图来分析，研究城市人口年龄构成可以比较清楚地了解就业情况和劳动力潜力、估算人口发展规模、判断城市人口自然增长趋势，为制定托、幼及中小学等规划指标提供依据，找出已建城市人口发展中的优势和缺陷，加以利用或改造。城市人口年龄构成受计划生育工作的成效、城市不同的发展阶段、城市性质及规模等多方面的影响。

人口年龄段划分：

托儿：0~3 岁；

幼儿：4~6 岁；

小学：7~11 岁（7~12 岁）；

中学：12~16 岁（13~18 岁）；

成年：17~60 岁（女：17~55 岁）；

老年：>61 岁（女：>56 岁）。

(2) 性别构成，反映城市中男女人口之间的数量和比例关系，它直接影响城市人口的结婚率、育龄妇女生育率和就业结构。在城市规划工作中，必须考虑男女比例的基本平衡。

(3) 家庭构成，是指城市人口的家庭人口数量、性别、辈分的情况。研究目的是合理选择城市居住区形式、城市文化和生活设施配置等，另外，家庭构成的变化对城市社会生活方式、行为、心理诸方面都有很大影响，也不容忽视。

(4) 劳动构成，也被称作城市人口构成，它描述的是城市人口中工作和不工作以及不同工作性质的人口数量和比例。可以分为以下三类：

基本人口：在工业、交通运输以及其他不属于地方性的行政、财经、文教等单位中工作的人员。

服务人口：在为当地服务的企业、行政机关、文化、商业服务机构中工作的人员。

被抚养人口：未成年的、没有劳动力以及没有参加劳动的人员。它是随职工人数而变动的。

（5）职业构成，指城市人口中的社会劳动者按其从事劳动的行业性质划分，各占总人数的比例。职业类型分为第一产业、第二产业和第三产业。第一产业包括农、林、牧、渔、水利业。第二产业包括工业、地质普查和勘探业、建筑业，以及交通运输、邮电通信业。第三产业包括商业、公共饮食业、物资供销和仓储业，房地产管理、公共事业、居民服务和咨询服务业，卫生、体育和社会福利事业，教育、文化艺术和广播电视事业，科学研究和综合技术服务事业，金融、保险业，国家机关、政党机关和社会团体，其他。

研究城市产业结构和各类职业人口构成，有助于分析城市性质、经济结构、现代化水平、城市设施现代化程度、社会结构的合理协调程度，从而提出合理的产业结构和职业构成，达到生产、生活相配套平衡的目的。

2.2.3 城市用地

城市用地是城市规划区范围内赋以一定用途与功能的土地的统称，是用于城市建设和满足城市机能运转所需的空间。它们既是指已经建设利用的土地，也包括已列入城市建设规划区范围而尚待开发利用的土地及非建设用地（如农田、林地、山地、水面等）。城市土地利用规划是城市规划的重要工作内容之一，同时也是国土规划的基本内容之一。通过规划过程，具体地确定城市用地的规模与范围，划分土地的用途、功能组合以及土地的利用强度等，以致合理地利用土地，发挥土地的效用。

城市用地是城市规划中的最主要元素。可按其自身的天然条件（地质等）进行分类，并作出其对城市建设项目的适用性确定。城市用地的自然条件评定是项繁复的工作，评定的依据主要是地质条件（含地形地貌、地耐力、地震、滑坡、崩塌等自然灾害的发生可能性和一旦发生的破坏程度，水文和水文地质等）和气候条件（日照、风向、温度、降水、湿度等），按照规划与建设的需要，以及工程建设时的技术可行性、经济性，对用地环境进行质量评价，以确定用地的适用程度，为城市规划时用地的选择和组织提供科学依据。

用地评定在新建城镇或地质、气象等自然条件复杂的地区进行规划时相当重要，必须做用地条件分析和评定。根据2006年4月1日开始执行的《城市规划编制办法（中华人民共和国建设部令第146号）》第三十一条第三款规定：（中心城区规划应包括）划定禁建区、限建区、适建区和已建区，并制定空间管制措施。在划定“四区”的背后，是对城市各个系统的分析和评价。城市用地的分类方法，各个国家和地区并不一样。现在我国城市按照国标《城市用地分类与规划建设用地标准》（GB50137—2011），将城市用地划分为大、中、小类三级，大类采用英文字母表示，中类和小类采用英文字母和阿拉伯数字组合表示，共分8大类、35中类、43小类。

2.2.4 城市空间

城市空间一般是指城市建成区空间，是一定数量的人口，一定规模的设施和各种城市活动在特定的自然环境中所形成的人工空间，作为一定地域范围内的政治、经济、社会和文化中心。

城市空间的划分方式很多，一般可划分为上部空间、地面空间和地下空间三大部分。城市空间的拓展一般可分为两种方式：①外延式水平方向扩展；②内涵式立体方向扩展。前者以增加城市用地为主进行扩展，后者则在不增加城市用地的情况下，以通过向上和向下要空间为主进行拓展。当然，在城市发展的过程中，两者并不排斥，既可以独立存在，也可以两者同时出现在城市建设中。

从城市发展史来看，地面空间首先得到开发利用，其次是上部空间，最后是地下空间，这与经济技术条件和人们的生活习惯有关。

2.2.5　城市容量

城市容量又称城市空间容量或城市环境容量，是指城市空间在一定时间内，对城市人口、静态物质（建筑物和各种城市设施）和各种城市活动的综合容纳能力。城市容量包括人口容量、建筑容量、交通容量、土地容量及城市基础设施的服务能力。如将城市容量作为总系统，则其子系统（用地容量、人口容量、工业容量、环境容量、交通容量、建筑容量等）之间并不是孤立的，而是相互联系的。

用地容量是针对一些山地丘陵地区的城市用地局限而提出来的。适宜发展的用地扣除郊区农民的住宅建设和菜地等用地后，可供城市建设的用地即为城市用地容量。城市建设用地超过这一容量，城市的发展就不尽合理了。

人口容量为城市用地容量和人口平均密度的乘积。人口容量可转化为人均用地。关于我国人均城市建设用地，官方统计部门、学术界有不同的数据。我国城市人均用地面积在1981 年为 74.10m^2，1995 年增加到 101.20m^2（其中特大城市从 68.86m^2 增加到74.64m^2，大城市从 62.21m^2增加到 87.97m^2）①。陈莹（2005）计算了全国 600 多个城市人均建设用地面积为 82m^2。周建高与刘娜（2019）统计了2015 年广州、上海、北京和天津 4 个城市的人均建设用地的情况得出，大多数城市中心的行政区人均用地面积在 50m^2以下；广州市越秀区、上海市虹口区、天津市和平区人均用地都不足 30m^2；天津河东区、上海长宁区、广州荔湾区、广州珠海区等后来发展起来的市区因人口密度较低，这些区域的人均用地面积超过 50m^2。

环境容量通常是指环境的自然净化能力。当工业生产和其他污染源排泄出来的废物超过了环境自然净化能力而又不加以治理时，环境就会受到污染。与环境容量相关的是工业容量。当城市某工业区中的有污染工业过多时，排除的废物就可能超过环境容量。工业容量还会受到用水、用电、交通等条件的制约。

交通容量是指在一定道路面积上可容纳的最大的机动车辆数。机动车容量与城市道路网面积、车行道占城市道路面积比率、机动车道占车行道面积比率以及城市交通管理的效率成正比，与每辆车占用车道面积和车辆出车率成反比。

建筑容量主要指城市对各类建筑的容纳能力，与城市建设用地面积的大小和建筑密度

① 建设部城市规划司．我国设市城市建设用地基本情况［J］．城市规划，1997（2）：36-37.

有关。从景观特色、空间形态、防灾要求、环境设计等角度出发考虑，建筑密度应有一定的限制。

在这众多子系统中人口容量是最重要的，人口容量的大小制约建筑容量等的发展，同时，建筑容量等也反作用于人口容量。所以，城市容量是一个相互关联而总是处在寻找相互协调平衡状态中的系统。

城市容量随城市空间的扩展和城市聚集程度的提高而扩大，受各种自然、经济、社会因素的影响，故城市容量实际上有两个含义，即理论容量和实际容量。理论容量是指一个城市在一定发展阶段，在各种制约因素影响范围内可能达到的最大容量值；从理论上看，任何一个时期的城市容量都有一个合理的极限值，实现这一极限值，城市就能发挥功能的最佳状态，空间得到充分利用，并具有良好的发展活力。实际容量是指一个城市在形成和发展的某一个阶段，以及在特定的自然、社会、经济条件下所形成的城市容量，即实际存在的现有城市空间容量。

当城市实际容量小于理论容量时，实际容量有一定的增加余地，表现为城市发展的潜力。城市实际容量可以在人的能动作用下改变，例如改善外部制约条件和调整内部结构，在原有基础上有所增长，这就是所谓的城市再开发。在再开发的过程中，如能充分利用现有资源和开发潜在资源（例如城市地下空间），则可以在一定程度上提高城市空间的理论容量，从而使实际容量有较大的增变性，促使城市得到良性的发展。

当城市实际容量等于理论极限容量时，城市容量得到最充分的发挥，城市活力充足。当然，在这种情况下，也面临着如何开拓城市理论容量的问题。

当出现城市实际容量超过理论容量的情况时，一般是由于受到某些不利因素的限制，以及城市的盲目发展所造成。例如，当一个城市重工业过于集中，规模过大，用水量过大，废水污染水源时，不但工业本身的发展受到影响，还会由于生活用水的紧张而限制城市人口容量，使理论容量不能提高。又如，当城市发展处于盲目状态，人口和各种城市活动量均已超过理论容量的限度时，就必然使城市出现恶性的膨胀。因此，应采取措施防止城市实际容量突破理论容量。

此外，城市理论容量的极限值，除以城市效能的最佳发挥为标准外，还应考虑容量提高到一定程度后居民的心理承受能力，例如，建造高层建筑或利用地下空间可以提高城市容量，但在高层建筑的密度和层数以多少为合适，在地下空间容纳哪些城市功能等问题上，必须考虑居民的心理反应和适应程度。

城市的人口、建筑、交通容量与城市基础设施的容量和服务能力失去平衡，常常是城市理论容量无法提高的主要原因，如果采取积极措施使基础设施状况有所改善，则有助于理论容量的提高。例如，我国天津市的水资源严重不足，曾严重影响工业的发展和生活水平的提高，但是当设施条件改变，兴建引滦入津工程后，城市供水大有好转，从而提高了城市的理论容量。我国有许多缺水、缺电城市，如果在这些方面有所改变，城市容量就有可能在相当程度上取得内涵式的提高。

城市容量会因为某一种或几种因素的改变而改变，拓展城市容量的第一步是保持各种城市功能的协调发展。可是，城市容量必然地要落实到城市空间方面．所以，拓展城市容量的根本方法是开发城市空间。

2.3　城市规划理论

2.3.1　中国古代的城市规划思想

中国古代文明中有关城镇修建和房屋建造的论述，常常以阴阳五行和堪舆学的方式出现。虽然至今尚未发现有专门论述规划和建设城市的中国古代书籍，但有许多理论和学说散见于《周礼》《商君书》《管子》和《墨子》等政治、伦理和经史书中。

夏代对“国土”进行了全面的勘测，国民开始迁居到安全处定居，居民点开始集聚，向城镇方向发展。夏代留下的一些城市遗迹表明，当时已经具有了一定的工程技术水平，如陶制的排水管的使用及夯打土坯筑台技术的采用等。但总体上，在居民点的布局结构方面都还比较原始。夏代的天文学、水利学和居民点建设技术为以后中国的城市建设规划思想的形成积累了物质基础。

商代开始出现了我国的城市雏形。商代早期建设的河南偃师商城，中期建设的位于郑州的商城和位于湖北的盘龙城，以及位于安阳的殷墟等都城，都已发掘出大量的材料。商代盛行迷信占卜，崇尚鬼神，这直接影响了当时的城镇空间布局。

中国中原地区在周代已经结束了游牧生活，经济、政治、科学技术和文化艺术都得到了较大的发展。这期间兴建了丰、镐两座京城。在修复建设洛邑城时，完全按照周礼的设想规划城市布局。召公和周公曾去相土勘测定址，进行了有目的、有计划、有步骤的城市建设，这是中国历史上第一次有明确记载的城市规划事件。

成书于春秋战国之际的《周礼 · 考工记》记述了关于周代王城建设的空间布局：“匠人营国，方九里，旁三门。国中九经九纬，经涂九轨。左祖右社，面朝后市，市朝一夫”。同时，《周礼》还记述了按照封建等级、不同级别的城市，如“都”“王城”和“诸侯城”在用地面积、道路宽度、城门数目、城墙高度等方面的级别差异；还有关于城外的郊、田、林、牧地的相关关系的论述。《周礼 · 考工记》记述的周代城市建设的空间布局制度对中国古代城市规划实践活动产生了深远的影响。《周礼》反映了中国古代哲学思想开始进入都城建设规划中，这是中国古代城市规划思想最早形成的时代。

战国时代，《周礼》的城市规划思想受到各方挑战，向多种城市规划布局模式发展，丰富了中国古代城市规划布局模式。除鲁国国都曲阜完全按周制建造外，吴国国都规划时，伍子胥提出了“相土尝水，象天法地”的规划思想，他主持建造的阖闾城，充分考虑江南水乡的特点，水网密布，交通便利，排水通畅，展示了水乡城市规划的高超技巧。越国的范蠡则按照《孙子兵法》为国都规划选址。临淄城的规划锐意革新、因地制宜，根据自然地形布局，南北向取直，东西向沿河道蜿蜒曲折，防洪排涝设施精巧实用，并与防御功能完美结合。即使在鲁国，济南城也打破了严格的对称格局，与水体和谐布局，城门的分布并不对称。赵国的国都建设则充分考虑北方的特点，高台建设，壮丽的视觉效果与城市的防御功能相得益彰。而江南淹国国都淹城，城与河浑然一体，自然蜿蜒，利于防御。

战国时代丰富的城市规划布局创造，首先得益于不受一个集权帝王统治的制式规定，另外更重要的是《管子》和《孙子兵法》等论著的出现，在思想上丰富了城市规划的创造。《管子·度地篇》中，已有关于居民点选址要求的记载："高勿近阜而水用足，低勿近水而沟防省。"《管子》认为"因天材，就地利，故城郭不必中规矩，道路不必中准绳"，从思想上完全打破了《周礼》单一模式的束缚。《管子》还认为，必须将土地开垦和城市建设统一协调起来。农业生产的发展是城市发展的前提。对于城市内部的空间布局，《管子》认为应采用功能分区的制度，以发展城市的商业和手工业。《管子》是中国古代城市规划思想发展史上一本革命性的也是极为重要的著作，它的意义在于打破了城市单一的周制布局模式，从城市功能出发，理性思维和以自然环境和谐的准则确立起来了，其影响极为深远。

另一本战国时代的重要著作《商君书》则从城乡关系、区域经济和交通布局的角度对城市的发展以及城市管理制度等问题进行了阐述。《商君书》中论述了都邑道路、农田分配及山陵丘谷之间比例的合理分配问题，分析了粮食供给、人口增长与城市发展规模之间的关系，开创了我国古代区域城镇关系研究的先例。

战国时期形成了大小套城的都城布局模式，即城市居民居住在称之为"郭"的大城，统治者居住在称为"王城"的小城。列国都城基本上都采取了这种布局模式，反映了当时一筑"城以卫君，造郭以守民"的社会要求。

秦统一中国后，在城市规划思想上也曾尝试过进行统一，并发展了"相天法地"的理念，即强调方位，以天体星象坐标为依据，布局灵活具体。秦国都城咸阳虽然宏大，却无统一规划和管理，贪大求快引起国力衰竭。由于秦王朝信神，其城市规划中的神秘主义色彩对中国古代城市规划思想影响深远。同时，秦代城市的建设规划实践中出现了不少复道、甬道等多重的城市交通系统，这在中国古代城市规划史中具有开创性的意义。

汉代国都长安的遗址发掘表明，其城市布局并不规则，没有贯穿全城的对称轴线，宫殿与居民区相互穿插，说明周礼制布局在汉朝并没有在国都规划实践中得到实现。王莽篡汉取得政权后，受儒教的影响，在城市空间布局中导入祭坛、明堂、辟雍等大规模的礼制建筑，在国都洛邑的规划建设中有充分的表现。洛邑城空间规划布局为长方形，宫殿与市民居住生活区在空间上分隔，整个城市的南北中轴上分布了宫殿，强调了皇权，周礼制的规划思想理念得到全面的体现。

三国时期，魏王曹操于公元 213 年营建的邺城规划布局中，已经采用城市功能分区的布局方法。邺城的规划继承了战国时期以宫城为中心的规划思想，改进了汉长安布局松散，宫城与坊里混杂的状况。邺城功能分区明确、结构严谨，城市交通干道轴线与城门对齐，道路分级明确，邺城的规划布局对此后的隋唐长安城的规划以及对以后的中国古代城市规划思想发展产生了重要影响。

三国时期，吴国国都原位于今天的镇江，后按诸葛亮军事战略建议迁都，选址于建业。建业城用地依自然地势发展，以石头山、长江险要为界，依托玄武湖防御，皇宫位于城市南北茗婴野轴上，重要建筑以此对称布局。"形胜"是对周礼制城市空间规划思想的重要发展，金陵是周礼制城市规划思想与自然结合理念思想综合的典范。

南北朝时期，东汉传入中国的佛教和春秋时代创立的道教空前发展，开始影响中国古代城市规划思想，突破了儒教礼制城市空间规划布局理论一统天下的格局。具体有两方面的影响：一方面，城市布局中出现了大量宗庙和道观，城市的外围出现了石窟，拓展和丰富了城市空间理念；另一方面，城市的空间布局强调整体环境观念，强调形胜观念，城市人工和自然环境的整体和谐，以及城市的信仰和文化功能。

隋初建造的大兴城（长安）汲取了曹魏邺城的经验，并有所发展。除了城市空间规划的严谨外，还规划了城市建设的时序：先建城墙，后辟干道，再造居民区的坊里。

建于公元7世纪的隋唐长安城，其建造按照规划利用了两个冬闲时间，由长安地区的农民修筑完成。先测量定位，后筑城墙、埋管道、修道路、划定坊里。整个城市布局严整，分区明确，充分体现了以宫城为中心，“官民不相参”和便于管制的指导思想。城市干道系统有明确分工，设集中的东西两市。整个城市的道路系统、坊里、市肆的位置体现了中轴线对称的布局。有些方面，如旁三门、左祖右社等，也体现了周代王城的体制。里坊制在唐长安得到进一步发展，坊中巷的布局模式以及与城市道路的连接方式都相当成熟。而108个坊中都考虑了城市居民丰富的社会活动和寺庙用地。在长安城建成后不久，新建的另一都城东都洛阳，其规划思想与长安相似，但汲取了长安城建设的经验，如东都洛阳的干道宽度较长安缩小。

五代后周世宗柴荣在显德二年（955年）关于改建、扩建东京（汴梁）而发布的诏书是中国古代关于城市建设的一份杰出文件，分析了城市在发展中出现的矛盾，论述了城市改建和扩建要解决的问题：城市人口及商旅不断增加，旅店货栈出现不足，居住拥挤，道路狭窄泥泞，城市环境不卫生，易发生火灾等。提出了改建、扩建的规划措施，如扩建外城，将城市用地扩大4倍，规定道路宽度，设立消防设施，还提出规划的实施步骤等。此诏书为中国古代“城市规划和管理问题”的研究提供了代表性文献。

宋代开封城的扩建，按照五代后周世宗柴荣的诏书，进行有规划的城市扩建，为认识中国古代城市扩建问题研究提供了代表性案例。随着商品经济的发展，从宋代开始，中国城市建设中延绵了千年的里坊制度逐渐被废除。在北宋中叶的开封城中开始出现了开放的街巷制度。这种街巷制成为中国古代后期城市规划布局与前期城市规划布局区别的基本特征，反映了中国古代城市规划思想重要的新发展。

元代出现了中国历史上另一个全部按城市规划修建的都城——大都。城市布局更强调中轴线对称，在几何中心建中心阁，在很多方面体现了《周礼·考工记》上记载的王城的空间布局制度。同时，城市规划又结合了当时的经济、政治和文化发展的要求，并反映了元大都选址的地形地貌特点。

中国古代民居多以家族聚居，并多采用木结构的低层院落式住宅，这对城市的布局形态影响极大。由于院落组群要分清主次尊卑，从而产生了中轴线对称的布局手法。这种南北向中轴对称的空间布局方法由住宅组合扩大到大型的公共建筑，再扩大到整个城市，表明中国古代的城市规划思想受到占统治地位的儒家思想的深刻影响。除了以上代表中国古代城市规划的、受儒家社会等级和社会秩序而产生的严谨、中心轴线对称规划布局外，中国古代文明的城市规划和建设中，大多反映了“天人合一”思想的规划理念，体现了人与自然和谐共存的观念。大量的城市规划布局中，充分考虑当地地质、地理、地貌的特点，城墙不一定是方的，轴线不一定是一条直线，自由的外在形式下面是富于哲理的内在联系。

中国古代城市规划强调整体观念和长远发展，强调人工环境与自然环境的和谐，强调严格有序的城市等级制度，这些理念在中国古代的城市规划和建设实践中得到了充分的体现，同时也影响了日本、朝鲜等东亚国家的城市建设实践。

2.3.2　西方古代的城市规划思想

公元前500年的古希腊城邦时期，提出了城市建设的希波丹姆模式，这种城市布局模式以方格网的道路系统为骨架，以城市广场为中心，反映了古希腊时期的市民民主文化。希波丹姆模式寻求几何图像与数之间的和谐与秩序的美，如米列都城。

公元前的300年间，罗马建造了大量的营寨城，营寨城有一定的规划模式，平面呈方形或长方形，中间为十字形街道，通向东、南、西、北四个城门，南北街与东西道路的交点附近为露天剧场或斗兽场与官邸建筑群形成的中心广场。

公元前1世纪的古罗马建筑师维特鲁威的著作《建筑十书》，是西方古代保留至今唯一最完整的古典建筑典籍。该书分为十卷，在第一卷“建筑师的教育、城市规划与建筑设计的基本原理”以及第五卷“其他公共建筑物”中提出了不少关于城市规划、建筑工程、市政建设等方面的论述。

文艺复兴时期，许多城市进行了改建，改建集中在一些广场建筑群等局部地段，如威尼斯的圣马可广场（如图2.1所示），它成功地运用不同体形和大小的建筑物和场地，巧妙地配合地形，组成具有高度建筑艺术水平的建筑组群。

16—17世纪，在欧洲先后建立了君权专制的国家，出现了一些大城市——首都，如巴黎、伦敦、柏林、维也纳等。旧城的规模已不能满足当时生活的需要，使这些城市的改建扩建的规模超过以前任何时期，其中以巴黎的改建规划影响较大。路易十四在巴黎城郊建造凡尔赛宫（如图2.2所示），而且改建了附近整个地区，凡尔赛的总平面采用轴线对称放射的形式。

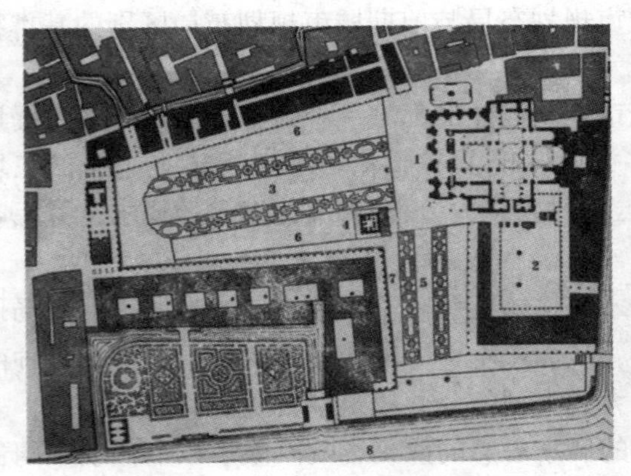

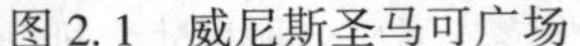

图2.1　威尼斯圣马可广场

图2.2　凡尔赛宫

1889年出版的西特的著作《按照艺术原则进行城市设计》是一本较早的城市设计论著，引起了人们对城市美学问题的兴趣，产生了较大的影响。

2.3.3　其他古代文明的城市规划思想

大约公元前3000年，城市主要分布在北纬20°~40°之间且绝大部分选址于海边或大河两岸，其分布西起今天的西班牙南部，东至中国的黄海和东海。

古代两河流域古城波尔西巴建于公元前 3500 年，空间特点是南北向布局，主要考虑当地南北向良好的通风，城市四周有城墙和护城河，城市中心有一个"神圣城区"，王宫布置在北端，三面临水，住宅庭院则杂混布置在居住区，如图 2.3 所示。

西亚古城乌尔城（现伊拉克）建城时间约在公元前2500 年到公元前2100 年，该城有城墙和城燎，面积约 88000 平方米，人口 30000～35000 人。乌尔城平面呈卵形，王宫、庙宇以及贵族僧侣的府邸位于城市北部的夯土高台上，与普通平民和奴隶的居住区间有高墙分隔，夯土高台共 7 层，中心最高处为神堂，之下有宫殿、衙署、商铺和作坊，乌尔城内有大量耕地，如图 2.4 所示。

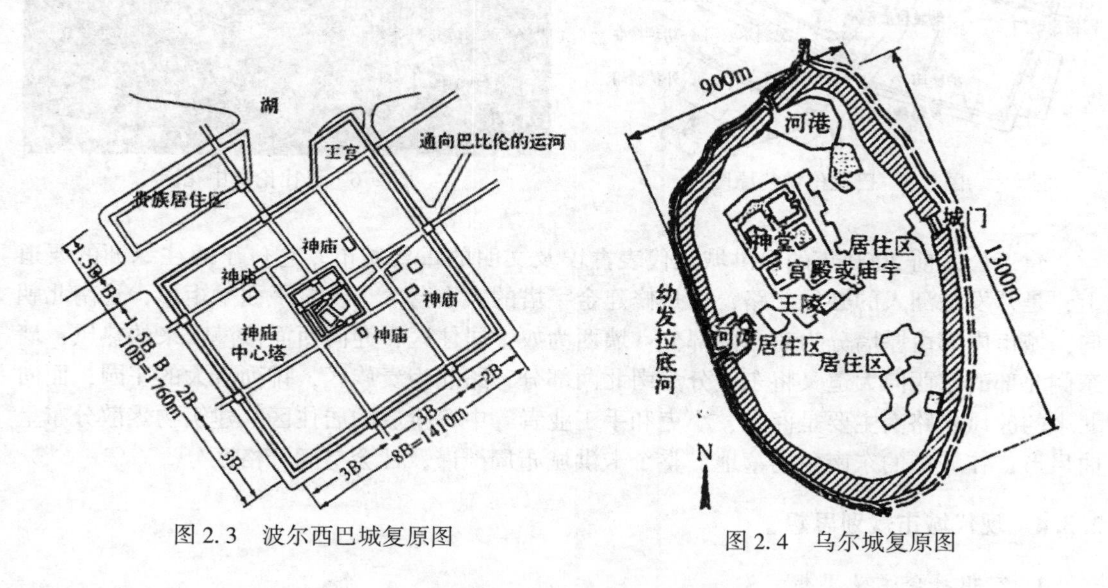

图 2.3　波尔西巴城复原图

图 2.4　乌尔城复原图

波尔西巴和乌尔具有非常相似的土地用途分类以及由于土地利用形成的道路系统，但两城市的建设时间相差近 1000 年，这期间社会经济有了很大的发展变化，波尔西巴城有独立的贵族区，而乌尔城由于农业文明的发展，城市用地出现了农田与居民点的混合分布。

巴比伦城始建于公元前 3000 年，公元前 689 年被亚述王国所毁，随后又被重建，并成为当时西亚的商业和文化中心。新巴比伦城（如图 2.5 所示）横跨幼发拉底河东西两岸，平面呈长方形，东西约 3000m，南北约 2000m，设 9 个城门，城内有均匀分布的大道，主大道为南北向，宽约 7.5m，其西侧布置了圣地。圣地位于城市的中心，筑有观象台，其门的东侧和北侧布置了朝圣者居住的方形庭院，圣地的南面是神庙，神像在中轴线的尽端，神庙面向的是夏至日的日出方向。城内的其他大道相对较窄，为 1.5～2.0m。新巴比伦城的城墙两重相套，以加强防御功能。城中为国王和王后修建的一"空中花园"（如图 2.6 所示），位于 20 多米的高处，通过特殊装置用幼发拉底河水浇灌，被后人称为世界七大奇迹之一。

公元前 2800 年，英霍特受埃及法老 Djoser 之命规划了孟菲斯城市的总图。英霍特按照古埃及文明中对于人的灵魂永生、千年后复活，而人只是短暂在世的信仰，将陵墓、庙宇以及狮身人面像等规划选址于城市的主要节点。孟菲斯内城与陵墓区的用地规模基本相等，均坐北朝南，遥相呼应。

图 2.5 巴比伦城复原图

图 2.6 巴比伦空中花园

建于公元前 2000 年的卡洪城是代表古埃及文明的重要城市。它位于通往绿洲的要道上，是开发绿洲人的必经之路，也是修建金字塔的大本营。卡洪城平面呈矩形，正南北朝向，城市内部由厚墙分为东西两部分：墙西为奴隶居住区，迎向西面沙漠吹来的热风；墙东侧北部的东西向大道又将东城分为南北两部分，路北为贵族区，排列着大的庄园，面向北来的凉风；路南主要是商人、小吏和手工业者等中等阶层的居住区，建筑物零散分布呈曲尺形；在城市的东南角为墓地。整个卡洪城布局严谨，社会空间严格区分。

2.3.4 现代城市规划思想

1. 空想社会主义思想

近代工业革命给城市带来了巨大的变化，创造了前所未有的财富，同时也给城市带来了种种日益尖锐的矛盾，诸如居住拥挤、环境质量恶化、交通拥挤等，危害了劳动人民的生活，妨碍了资产阶级自身的利益。资本主义早期的空想社会主义者、各种社会改良主义者及一些从事城市建设的实际工作者和学者提出了种种设想，其中空想社会主义的代表性思想有以下几种：

（1）乌托邦。由托马斯·莫尔在 16 世纪时提出，乌托邦中有 50 个城市，城市与城市之间最远一天能到达。城市规模受到控制，以免城市与乡村脱离，每户有一半人在乡村工作，住满两年轮换，街道宽度定为 200 英尺（比当时的街道要宽），城市通风良好，住户门不上锁，生产的东西放在公共仓库中，每户按需要领取，设公共食堂、公共医院。

（2）太阳城。由康帕内拉提出，居民从事畜牧、农业、航海、防卫等，城市空间结构由 7 个同心圆组成。

（3）新协和村。由罗伯特·欧文提出，居住人口 500～1500 人，有公用厨房及幼儿园，住房附近有用机器生产的作坊，村外有耕地及牧场。为了做到自给自足，必需品由本村生产，集中于公共仓库，统一分配。

（4）公社新村。由傅立叶提出，以法郎吉联合会为单位，由 1500～2000 人组成公社，生产与消费结合，不是家庭小生产，而是有组织的大生产。通过公共生活的组织，减少非生产性家务劳动，以提高社会生产力。公社的住所是很大的建筑物，有公共房屋也有单独房屋。

2. 田园城市理论

由英国人霍华德提出，城市人口30000人，占地404.7hm^2，城市外围有2023.4hm^2土地为永久性绿地，供农牧产业用。城市部分由一系列同心圆组成，有6条大道由圆心放射出去，中央是一个占地2hm^2的公园，沿公园也可建公共建筑物，其中包括市政厅、音乐厅兼会堂、剧院、图书馆、医院等，它们的外面是一圈占地58hm^2的公园，公园外圈是一些商店、商品展览馆，再外一圈为住宅，再外面为宽128m的林荫道，大道当中为学校、儿童游戏场及教堂，大道另一面又是一圈花园住宅。

1903年，在离伦敦56km处建起第一座田园城市——莱彻沃斯。1920年，离伦敦西北36km处建起第二座田园城市——韦林。

3. 卫星城镇

20世纪初，大城市的恶性膨胀，使如何控制及疏散大城市人口成为突出的问题。霍华德的“田园城市”理论由他的追随者昂温进一步发展成为在大城市的外围建立卫星城市，以疏散人口控制大城市规模的理论，并在1922年提出一种理论方案。同时期，美国规划建筑师惠依顿也提出在大城市周围用绿地围起来，限制其发展，在绿地之外建立卫星城镇，设有工业企业，和大城市保持一定联系。

1912—1920年，巴黎制订了郊区的居住建设规划，打算在离巴黎16km的范围内建立28座居住城市。这些城市除了居住建筑外，没有生活服务设施，居民的生产工作及文化生活上的需要尚需去巴黎解决，一般称这种城镇为“卧城”。

1918年，芬兰建筑师伊利尔·沙里宁主张在赫尔辛基附近建立一些半独立城镇，以控制赫尔辛基进一步扩张，这类卫星城镇不同于“卧城”，除了居住建筑外，还设有一定数量的工厂、企业和服务设施，使一部分居民就地工作，另一部分居民仍去母城工作。

不论是“卧城”还是半独立的卫星城镇，对疏散大城市的人口方面并无显著效果，所以不少人又进一步探讨大城市合理的发展方式。阿伯克隆比主持的大伦敦规划，主要采取在外围建设卫星城镇的方式，计划将伦敦中心区人口减少60%，这些卫星城镇独立性较强，城内有必要的生活服务设施，而且还有一定的工业，居民的工作及日常生活基本上可以就地解决，这类卫星城镇是基本独立的。第一批先建造了哈罗、斯特文内奇等8个卫星城镇，吸收了伦敦市区500多家工厂和40万居民，目前英国这样的卫星城镇已有40多个。

哈罗是1947年规划设计，1949年开始建造的，距伦敦37km，规划人口7.8万人，用地约2590hm^2，由伦敦迁出一部分工业和人口来此，生活居住区由多个邻里单位组成，每个邻里单位有小学及商业中心，几个邻里单位组成一个区，城市主要道路在区与区之间的绿地穿过，联系着市中心、车站和工业区。

在瑞典首都斯德哥尔摩附近建立的卫星城市魏林比是半独立的，对母城有较大的依赖性，距母城16km，以一条电气化铁路和一条高速干道与母城联系，人口为24000人，用地1.7km^2，车站是居民必经之处，采用地下通过，在车站上面建立商业中心，靠近中心为多层居住建筑，外围为低层住宅。

第三代的卫星城实质上是独立的新城。以英国在20世纪60年代建造的米尔顿·凯恩斯为代表，其特点是城市规模比第一、第二代卫星城更大，并进一步完善了城市公共交通及公共福利设施。该城位于伦敦西北与利物浦之间，与两城各相距80km，占地90km^2，规划人口25万人。该城于1967年开始规划，1970年开始建设，1977年年底已有居民8万人，城市平面为方形，纵横各约8km，高速干道横贯中心，方格形道路网的道路间距为1 km，邻里单位内设有与机动车道完全分开的自行车道与人行道，城市中心设大型商业中心，邻里单位设小型商业点，位于交通干道的边缘。

卫星城镇由"卧城"发展到半独立的卫星城，再到基本上完全独立的新城，其规模逐渐趋向由小到大。

4. 雅典宪章

1933年国际现代建筑协会在雅典开会，中心议题是城市规划，并制定了一个《城市规划大纲》，这个大纲后来被称为《雅典宪章》。这个大纲集中地反映了当时"现代建筑"学派的观点，提出城市要与其周围影响地区作为一个整体来研究，指出城市规划的目的是解决居住、工作、游憩与交通四大城市功能的正常进行。大纲建议：

(1) 居住区要用城市中最好的地段，规定城市中不同地段采用不同的人口密度；

(2) 有计划地确定工业与居住的关系；

(3) 新建居住区要多保留空地，旧区已坏的建筑物拆除后应辟为绿地，要降低旧区的人口密度，在市郊要保留良好的风景地带；

(4) 从整个道路系统的规划入手，街道要进行功能分类，车辆的行驶速度是道路功能分类的依据，要按照调查统计的交通资料来确定道路的宽度；

(5) 城市发展中应保留名胜古迹及历史建筑。

大纲最后指出，城市应按全市人民的意志进行规划，要以区域规划为依据，按居住、工作、游憩进行分区及平衡后，再建立三者联系的交通网；居住为城市主要因素，要多从居住者的要求出发，应以住宅为细胞组成邻里单位，应按照人的尺度（人的视域、视角、步行距离等）来估量城市各部分的大小范围，城市规划是一个三度空间的科学，不仅是长宽两个方向，还应考虑立体空间，要以国家法律形式保证规划的实现。

5. 马丘比丘宪章

1978年12月，一批建筑师在秘鲁的利马集会，对《雅典宪章》40多年的实践作了评价，肯定了《雅典宪章》中某些原则，同时也指出《雅典宪章》中因追求功能分区而牺牲了城市的有机组织、忽略城市中人与人之间多方面的联系，建议城市规划应创造一个综合的多功能的生活环境。这次集会后发表的《马丘比丘宪章》提出了城市急剧发展中如何更有效地使用人力、土地和资源，如何解决城市与周围地区的关系，提出生活环境与自然环境的和谐问题。

6. 邻里单位和小区规划

20世纪30年代，出现一种"邻里单位"的居住区规划思想，要求在较大的范围内统一规划居住区，使每一个"邻里单位"成为组成居住区的"细胞"，"邻里单位"内要设置小学、公共建筑及设施，使"邻里单位"内部和外部的道路有一定的分工，防止外部交通在"邻里单位"内部穿越。这种思想因为适应了现代城市由于机动交通发展带来的规划结构上的变化，把居住的安静、朝向、卫生、安全放在重要的地位，因此对以后居住区规划影响很大。

第二次世界大战后，在欧洲一些城市的重建和卫星城市的规划建设中，“邻里单位”思想更进一步得到应用、推广，并且在此基础上发展成为“小区规划”的理论，试图把小区作为一个居住区构成的“细胞”，将其规模扩大，不限于以一个小学的规模来控制，也不仅是由一般的城市道路来划分，而趋向于由交通干道或其他天然或人工的界线（如铁路、河流等）为界，在这个范围内把居住建筑、公共建筑、绿地等予以综合解决，使小区内部的道路系统与四周的城市干道有明显的划分，公共建筑的项目及规模也可以扩大，一般的生活服务都可以在小区内解决。

7. 有机疏散思想

伊利尔·沙里宁在 1934 年出版的《城市：它的成长、衰败与未来》中提出了有机疏散的思想。沙里宁认为，城市作为一个机体，它的内部秩序实际上是和有生命的机体内部秩序相一致的。如果机体中的部分秩序遭到破坏，将导致整个机体的瘫痪和坏死。为了挽救今天城市的衰败，必须对城市从形体上和精神上全面更新。再也不能听任城市凝聚成乱七八糟的块体，而是要按照机体的功能要求，把城市的人口和就业岗位分散到可供合理发展的离开中心的地域。有机疏散论认为没有理由把重工业布置在城市中心，轻工业也应该疏散出去。当然，许多事业和城市行政管理部门必须设置在城市的中心位置。城市中心地区由于工业外迁而腾出的大面积用地，应该用来增加绿地，而且也可以供必须在城市中心地区工作的技术人员、行政管理人员、商业人员居住，让他们就近享受家庭生活。很大一部分事业，尤其是挤在城市中心地区的日常生活供应部门，将随着城市中心的疏散，离开拥挤的中心地区。挤在城市中心地区的许多家庭疏散到新区去，将得到更适合的居住环境。中心地区的人口密度也就会降低。有机疏散的两个基本原则是：把个人日常的生活和工作即沙里宁称为“日常活动”的区域，作集中的布置；不经常的“偶然活动”的场所，不必拘泥于一定的位置，则作分散的布置。日常活动尽可能集中在一定的范围内，使活动需要的交通量减到最低程度，并且不必都使用机械化交通工具。往返于偶然活动的场所，虽路程较长亦无妨，因为在日常活动范围外缘绿地中设有通畅的交通干道，可以使用较高的车速迅速往返。有机疏散论认为个人的日常生活应以步行为主，并应充分发挥现代交通手段的作用。这种理论还认为并不是现代交通工具使城市陷于瘫痪，而是城市的机能组织不善，迫使在城市工作的人每天耗费大量时间、精力作往返旅行，且造成城市交通拥挤堵塞。

8. 理性主义规划理论及其批判

1960—1970 年的西方城市规划操作的指导理论可以用三个词来概括：系统、理性和控制论。

第二次世界大战结束以后，刘易斯·凯博 1952 年出版的《城乡规划的原则与实践》全面阐述了当时被普遍接受的规划思想。经过十几年的实践，1961 年该书再版，书中集中反映了城市规划中的理性程序，城市规划的对象还主要局限在物质方面，规划编制程序环环相扣，从现状调查、数据收集统计、方案提出与比较评价、方案选定、各工程系统的规划的编制都在理论上达到了至善至美的严密逻辑。在规划实践中，这本书成为当时城市规划编制工作的操作指导手册，其思想方法代表了理性主义的标准理论。

查尔斯·林德伯伦姆在 1959 年发表《紊乱的科学》一文，针对各国编制的几乎是清一色的越来越烦琐的城市综合规划，林德伯伦姆尖锐地指出，这类城市综合规划要求太多的数据和过高综合分析水平，都远远超出了一名规划师的领悟能力。实际上，一名规划师在实践中真的太累了，太综合了，而这些忙于细部处理的综合性总体规划却往往放弃了最重要的城市发展战略。林德伯伦姆在文中呼吁，必须冲破综合性总体规划的繁文缛节，重新定义规划自己的能力作用，去达到真正能达到的规划目的。

9. 城市设计研究

第二次世界大战之后，西方社会沉浸在一种和平恢复和社会经济高速发展的气氛之中。从总体上看，主导的社会意识是乐观的，绝大多数的规划师忙于工程，像凯博这样的规划师则在制定操作色彩很浓的理性的系统规划。在规划物质环境方面，规划师一方面忙于工程实践，另一方面急需形态设计的理论指导和一套操作性很强的分析方法。大家关心的是如何设计得更漂亮、更美观，更能让人们满足、信服。吉伯德和凯文·林奇分别在1952年和1960年出版了《市镇设计》和《城市意象》，并立刻成为市场上的畅销书和规划师、设计师的工作手册。

当时城市设计研究的重点集中于城市空间景观的形态构成要素方面。林奇在做了大量第一手的问卷调查分析后，认为城市空间景观中界面、路径、节点、场地、地标是最重要的构成要素，并有基本规律可以把握，在塑造城市空间景观时，应从对这些要素的形态把握入手。

20世纪60年代，城市设计研究的贡献就在于对城市设计进行了全面的理性分析，发现其中是有科学规律可循的，这不仅大大加强了对城市空间景观形象的理性认识，更重要的是把城市空间景观的创作过程理性化了。

20世纪80年代中期，城市设计再一次在规划理论的论坛中被提起，重新出现关于城市物质形态设计的研究成果，如布罗西等的《论新技术对城市形态的未来的影响》、格里斯的《美国景观的桂冠》和埃伦·雅各布斯与阿普亚德的《走向城市设计的宣言》。

10. 城市规划的社会学批判、决策理论和新马克思主义

简·雅各布斯于1961年发表的《美国大城市的死与生》被一些学者称作当时规划界的一次大地震。雅各布斯在书中对规划界一直奉行的最高原则进行了无情的批判。她把城市中大面积绿地与犯罪率的上升联系到一起，把现代主义和柯布西埃推崇的现代城市的大尺度指责为对城市传统文化的多样性的破坏。她批判大规模的城市更新使国家投入大量的资金让政客和房地产商获利，让建筑师得意，而平民百姓都是旧城改造的牺牲品。在市中心的贫民窟被一片片地推平时，大量的城市无产者却被驱赶到了近郊区，在那里造起了一片片新的住宅区，实际上是一片片未来的贫民窟。

无论雅各布斯的观点正确与否，这是现代城市规划几十年来第一次被赤裸裸地暴露在社会公众面前，包括现代城市规划的一条条理念及其工作方法，也包括规划师的灵魂与钱袋。从专业理论的发展角度看，规划师们过去集中讨论的是如何做好规划，而雅各布斯让规划师开始注意到是在为谁做规划。

整个1960—1970年的城市规划理论界对规划的社会学问题的关注超越了过去任何一个时期，其中影响较大的有达维多夫发表的《规划中的倡导与多元主义》及其在此之前与雷纳合著的《规划选择理论》，这两篇论文在当时的城市规划理论界获得了很高的荣誉。他对规划决策过程和文化模式的理论探讨，以及对规划中通过过程机制保证不同社会

集团的利益，尤其是弱势团体的利益的探索，都在规划理论的发展史上留下了重要的一笔。

罗尔斯在 1972 年发表了《公正理论》，在规划界第一次把规划公正的理论问题提到了论坛上。半年之后，新马克思主义地理学家的大卫·哈维写了《社会公正与城市》一书，把这个时代的规划社会学理论推向高潮，成为以后的城市规划师的必读之书。

20 世纪 70 年代后期，城市学中新马克思主义的另一位掌门人卡斯泰尔斯于 1977 年发表了《城市问题的马克思主义探索》，正面打出了马克思主义的旗号。1978 年，他又发表了专著《城市·阶级与权力》，反映出 1960 年代培养的一代马克思主义青年在规划理论界开始占据了城市学理论的制高点。

1992 年前后，国际规划界中出现了大量关于妇女在城市规划中的地位、作用和特征的讨论。约翰·弗里德曼也加入其中，发表了《女权主义与规划理论：认识论的联系》。他认为至少有两点是女权主义对规划理论的重要贡献：一是性别问题相对于社会关系中的个人职业精神，更强调社会的联系和竞争的公平；二是女权主义的方法论中强调差异性和共识性，挑战了传统规划中的客观决定论，使规划实践中的权利更加平等。

11. 全球城、全球化理论到全球城镇区域

进入 20 世纪 90 年代后，规划理论的探讨出现了全新的局面。20 世纪 80 年代讨论的现代主义之后迅速隐去，取而代之的是大量对城市发展新趋势的研讨。

约翰·弗里德曼组织了世界大都市比较，发表了《世界城的假想》。早期发表的文献还有费恩斯坦的《世界经济的变化与城市重构》和金的《全球城》、萨森的《全球城》。

全球化是 20 世纪末世界范围内最典型的，也是影响面最广的社会经济现象。所谓全球化，通常是指世界各国之间在经济上越来越相互依存，各种发展资源（如信息、技术、资金和人力）的跨国流动规模越来越扩大，而世界贸易所涉及的商品和服务越来越多，超过了历史上的任何时期。20 世纪 90 年代以来，西方国家的产业结构及全球的经济组织结构发生了巨大的变化：管理的高层次集聚，生产的低层次扩散，控制和服务的等级体系扩散方式构成了信息经济社会的总体特征。沃夫、弗里德曼、莫斯、萨森等人提出了世界城市体系假说，他们认为各种跨国经济实体正在逐步取代国家的作用，使得国家权力空心化，全球出现了新的等级体系结构，分化为世界级城市、跨国级城市、国家级城市、区域级城市、地方级城市，即形成了“世界城市体系”。在这个全球城市的网络中，决定城市地位与作用的因素将不仅是其规模和经济功能，而且是其作为复合网络节点的作用。

与全球化直接相关的研究是城市的信息化和网络化研究，国际范围中有影响的文献有卡斯泰尔斯的《信息化的城市》及他与霍尔合著的《世界技术极》。

近年的城市规划理论的发展除了全球化和信息化的高屋建瓴的研究外，规划理论也没有放弃对规划本身核心问题的研究，其中值得推荐的文献有曼德鲍姆的《规划理论的探索》、海蒂和格特尔特的《城市的行动规划：社区项目导论》、海利的《空间战略规划的编制：欧洲的革新》与《合作规划：在破碎的社会中创造空间》、格雷德和罗伯兹合著的《城市设计：调停与反映》。

经济全球化进一步以功能性分工强化不同层级都市区在全球网络中的作用，带来了全球范围全新的地域空间现象——全球城市区域。2001 年斯考特等的《全球城市区域：趋势、理论、政策》一书中提出“全球城市区域不同于普通意义的城市，也不同于仅有地

域联系的城市群或城市连绵区，而是在高度全球化下以经济联系为基础，由全球城市及其腹地内经济实力较雄厚的二级大中城市扩展联合而形成的独特空间现象”。

12. 从环境保护到永续发展的规划思想

20世纪70年代初，石油危机对西方社会意识形成了强烈的冲击。第二次世界大战后重建时期的以破坏环境为代价的乐观主义人类发展模式彻底打破，“保护环境”这一社会呼吁逐步在城市规划界成为思想共识和一种操作模式。西方各国相继在城市规划中增加了环境保护规划部分，对城市建设项目要求进行环境影响评估。

20世纪80年代，环境保护的规划思想又逐步发展成为永续发展的思想。200多年前，英国经济学家马尔萨斯的《人口原理》已经指出了人口增长、经济增长与环境资源之间的关系。100年前，当工业化引起城市环境恶化，霍华德提出了“田园城市”的概念。20世纪50年代，人居生态环境开始引起人类的重视。20世纪60年代，人们开始关注考虑长远发展的有限资源的支撑问题，罗马俱乐部《增长的极限》代表了这种思想。1972年，联合国在斯德哥尔摩召开的人类环境会议通过《人类环境宣言》，第一次提出“只有一个地球”的口号。1976年，人居大会首次在全球范围内提出了“人居环境”的概念。1978年，联合国环境与发展大会第一次在国际社会正式提出“永续的发展”的观念。1980年，由世界自然保护同盟等组织、许多国家政府和专家参与制定了《世界自然保护大纲》，认为应该将资源保护与人类发展结合起来考虑，而不是像以往那样简单对立。1981年，布朗的《建设一个永续发展的社会》，首次对永续发展观念作了系统阐述，分析了经济发展遇到的一系列人居环境问题，提出了控制人口增长、保护自然基础、开发再生资源的三大永续发展途径，他的思想在后来又得到了新的发展。1987年，世界环境与发展委员会向联合国提出了《我们共同的未来》的报告，对永续发展的内涵作了界定和详尽的立论阐述，指出我们应该致力于资源环境保护与经济社会发展兼顾的永续发展的道路。1992年，第二次环境与发展大会通过的《环境与发展宣言》和《全球21世纪议程》的中心思想是：环境应作为发展过程中不可缺少的组成部分，必须对环境和发展进行综合决策，这次会议正式地确立了永续发展是当代人类发展的主题。1996年的联合国第二次人类居住大会，又被称为城市高峰会议，总结了第二次环境与发展会议以来人居环境发展的经验，审议了大会的两大主题：“人人享有适当的住房”和“城市化进程中人类居住区的永续发展”，通过了《伊斯坦布尔人居宣言》。1998年1月，联合国永续发展署在巴西圣保罗召开地区间专家组会议，4月召开永续发展委员会第六次季会，讨论研究各国永续发展新的经验。20世纪90年代，在国际城市规划界出现了大量反映永续发展思想和理论的文献，这些文献从城市的总体空间布局、道路与工程系统规划等各个层面进行了以永续发展为目标的分析，提出了城市永续发展规划模式和操作方法。近年来，在城市规划领域，如何应对气候变化，日益凸显出其必要性和紧迫性。尤其是2009年12月哥本哈根联合国气候会议之后，在城市发展中减少温室气体排放、降低能源消耗，成为全世界城市共同关心的议题。“低碳城市”“零碳城市”“共生城市”等新的城市永续模式应运而生。

2.4 我国城市规划体制

一个国家的城乡规划体制界定了城乡规划活动运转的空间、城乡规划活动应当遵循的规则与逻辑。具体而言，城乡规划体制是通过规划法规系统、规划技术系统、规划行政系统以及规划运作系统来共同构建。规划法规体系则为规划活动提供了法定依据和法定程序，并决定了城乡规划体系的基本特征，城市规划体系的演进常常表现为规划行政、规划编制和开发控制三个方面所发生的重大变革。

2.4.1 规划法规系统

《中华人民共和国城乡规划法》（以下简称《城乡规划法》）是我国城乡规划领域的主干法，是约束城乡规划行为的准绳，是我国各级城乡规划行政主管部门行政的法律依据，也是城乡规划编制和各项建设必须遵守的行为准则。它是由全国人民代表大会及其常务委员会通过，由国家主席签署发布的城乡规划领域的基本法，在我国城乡规划法规系统中拥有最高的法律效力。该法主要包含了城乡规划的制定、城乡规划的实施、城乡规划法的修改、监督检查及法律责任五个方面的内容。城乡规划的制定，主要界定了各类法定规划的编制主体与审批主体、主要编制内容，以及各自的审批程序。城乡规划的实施，不仅强调了新区开发和建设，旧城区改建，历史文化名城、名镇、名村保护和风景名胜区周边建设中的城乡规划实施要要点，还详细界定了“一书两证”的适用条件和申请与受理程序。城乡规划法的修改，主要规定了各类法定城乡规划修改的前提和审批程序。监督检查，主要阐述了城乡规划编制、审批、实施、修改等环节的监督检查主体，以及有权采取的相应措施。法律责任，主要阐述了违反本法相关规定的组织和责任人应当承担的法律责任。

我国城乡规划法规体系的从属法规和专项法规主要围绕《城乡规划法》中的几个重要内容展开，对城乡规划法的若干重要领域进行了深入细致的界定，包括：城乡规划管理、城乡规划组织编制和审批管理、城乡规划行业管理、城乡规划实施管理，以及城乡规划实施监督检查管理。城乡规划作为政府行为，还必须符合国家行政程序法律的有关规定。

2.4.2 规划行政系统

国家城乡规划行政主管部门为中华人民共和国住房和城乡建设部（简称住房城乡建设部），具体工作由其内设机构城乡规划司负责，省、自治区城乡规划行政主管部门为省、自治区的住房和城乡建设厅（有些省、自治区为建设厅），具体工作由其内设机构城乡规划处负责，直辖市城乡规划行政主管部门为市规划局；市、县的城乡规划行政主管部门为市、县规划局（或建委、建设局）。如图2.7所示。城乡规划主管部门可能有不同的称谓，如上海的主管部门为上海市住房和城乡建设管理委员会。

2.4.3 规划技术系统

根据《城乡规划法》，城市规划、镇规划分为总体规划和详细规划两部分。其中，详细规划又分为控制性详细规划和修建性详细规划。根据战略性和实施性城乡规划二元划分的标准，各种城镇体系规划都是战略性规划；对于城市而言，城市（镇）总体规划是战略性规划，控制性详细规划和修建性详细规划是实施性规划。

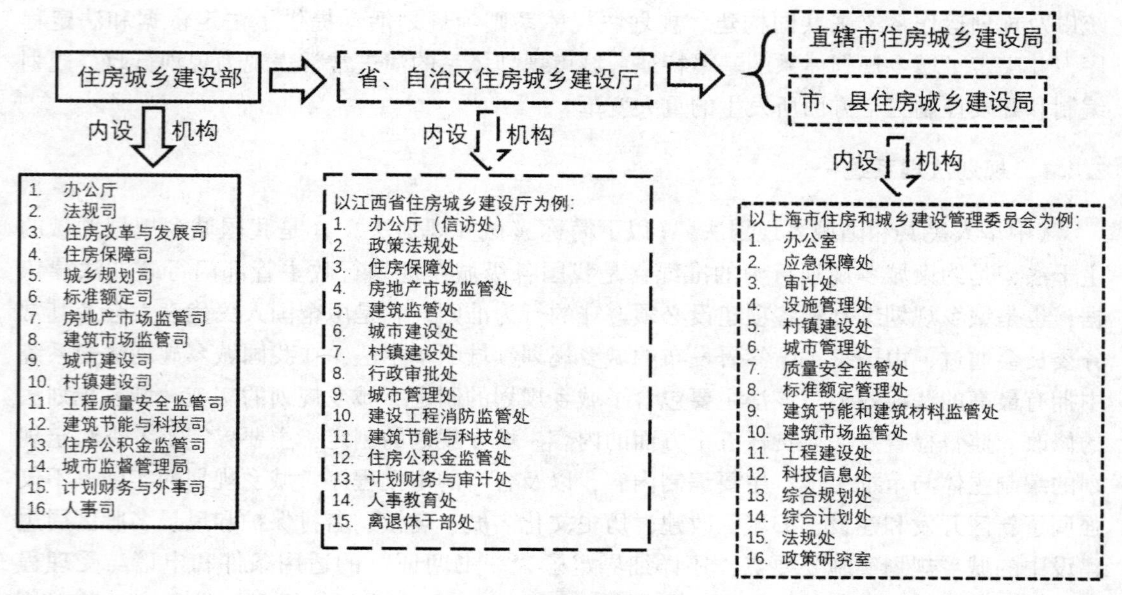

图 2.7 规划行政系统

依法制定的上一层次规划的控制力大于下一层次规划，城乡规划的制定必须以上一层次的规划为依据。

《城乡规划法》第四条规定，制定和实施城乡规划，应当遵循城乡统筹、合理布局、节约土地、集约发展和先规划后建设的原则，改善生态环境，簇集资源、能源节约和综合利用，保护耕地等自然资源和历史文化遗产，保护地方特色、民族特色和传统风貌，防止污染和其他公害，并符合区域人口发展、国防建设、防灾减灾和公共卫生、公共安全的需要。另外，《城乡规划法》第五条规定，城市总体规划、镇总体规划以及乡规划和村庄规划的编制应当依据相应的国民经济和社会发展规划。

《城市规划编制办法》第二十一条规定，编制城市总体规划，应当以全国城镇体系规划、省域城镇体系规划以及其他上层次法定规划为依据。《城市规划编制办法》第二十四条规定，编制城市控制性详细规划，应当依据已经依法批准的城市总体规划或分区规划，考虑相关专项规划的要求……编制城市修建性详细规划，应当依据已经依法批准的控制性详细规划。《城市规划编制办法》规定，城市规划编制单位应当严格依据法律、法规的规定编制规划，提交的规划成果应当符合本办法和国家有关标准；又规定，编制城市规划，应当遵守国家有关标准和技术规范，采用符合国家有关规定的基础资料。

2.4.4 规划运作系统

我国城市规划运作实施“一书两证”制度，即建设项目选址意见书、建设用地规划许可证和建设工程规划许可证。对于城市规划区，应按照相应的程序来申请一书两证。

1. 建设项目选址意见书申请阶段

按照国家规定需要有关部门批准或者核准的建设项目，以划拨方式提供国有土地使用权的，建设单位在报送有关部门批准或者核准前，应当向城乡规划主管部门申请核发选址意见书。根据 1991 年原建设部、国家计委关于印发《建设项目选址规划管理办法》的通知，建设项目选址意见书，按建设项目计划审批权限实行分级规划管理。县人民政府（地级市、县级市、直辖市、计划单列市）计划行政主管部门审批的建设项目，由该人民政府城市规划行政主管部门核发选址意见书；省、自治区人民政府计划行政主管部门审批的建设项目，由项目所在地县、市人民政府城市规划行政主管部门提出审查意见，报省、自治区人民政府城市规划行政主管部门核发选址意见书；中央各部门、各公司审批的小型和限额以下的建设项目，由项目所在地县、市人民政府城市规划行政主管部门核发选址意见书；国家审批的大中型和限额以上的建设项目，由项目所在地县、市人民政府城市规划行政主管部门提出审查意见，报省、自治区、直辖市、计划单列市人民政府城市规划行政主管部门提出审查意见，并报国务院城市规划行政主管部门备案。但是，上述项目以外的建设项目不需要申请选址意见书。

2. 建设用地规划许可证申请阶段

在城市、镇规划区内以划拨方式提供国有土地使用权的建设项目，经有关部门批准、核准、备案后，建设单位应当向城市、县人民政府城乡规划主管部门提出建设用地规划许可申请，由城市、县人民政府城乡规划主管部门依据控制性详细规划核定建设用地的位置、面积、允许建设的范围，核发建设用地规划许可证。

在城市、镇规划区内以出让方式提供国有土地使用权的，在国有土地使用权出让前，城市、县人民政府城乡规划主管部门应当依据控制性详细规划，提出出让地块的位置、使用性质、开发强度等规划条件，作为国有土地使用权出让合同的组成部分。在签订国有土地使用权出让合同后，建设单位应当持建设项目的批准、核准、备案文件和国有土地使用权出让合同，向城市、县人民政府城乡规划主管部门领取建设用地规划许可证。

3. 建设工程规划许可证申请阶段

在城市、镇规划区内进行建筑物、构筑物、道路、管线和其他工程建设的，建设单位或者个人应当向城市、县人民政府城乡规划主管部门或者省、自治区、直辖市人民政府确定的镇人民政府申请办理建设工程规划许可证。申请办理建设工程规划许可证，应当提交使用土地的有关证明文件、建设工程设计方案等材料。需要建设单位编制修建性详细规划的建设项目，还应当提交修建性详细规划。对符合控制性详细规划和规划条件的，由城市、县人民政府城乡规划主管部门或者省、自治区、直辖市人民政府确定的镇人民政府核发建设工程规划许可证。

思　考　题

（1）简述城市的形成和发展。

（2）何为城市的性质？我国目前是如何划分的？

（3）试根据全国第七次人口普查结果，分析北京市人口构成。

（4）根据最新版的城市总体规划，简述某一城市用地的“四区”划分。

（5）简述城市空间的定义，一般分成哪几类？

(6) 城市空间有哪两种拓展方式？各有何优缺点？

(7) 论述城市理论容量与实际容量之间的关系。

(8) 简述我国古代的城市规划思想。

(9) 简述西方古代的城市规划思想。

(10) 简述现代城市规划思想。

(11) 我国城市规划运作系统中的“一书两证”制度具体指什么？

第 3 章　城市地下空间规划基础

3.1　我国城市地下空间开发的形式及存在的问题

3.1.1　地下空间开发利用的主要形式

我国目前地下空间开发利用存在两种途径：一是旧有人防工程平战结合的改造和利用；二是新建城市地下空间，其具体形式如下：

（1）以地铁建设为依托的地下综合体。结合地铁建设，修建集商业、娱乐、地铁换乘等多功能为一体的地下综合体、与地面广场、汽车站、过街地道等有机结合，形成多功能、综合性的换乘枢纽，如广州黄沙地铁站地下综合体，武汉洪山广场站地下综合体等。

（2）地下过街通道与商业设施结合。在市区交通拥挤的道路交叉口，以修建过街地道为主，兼有商业和文娱设施的地下人行道系统，既缓解了地面交通的混乱状态，做到人车分流，又可获得可观的经济效益，是一种值得推广的模式，如吉林市中心的地下商场。

（3）站前广场的独立地下商场和车库商场。这是目前我国地下室开发利用的主要形式。在火车站等有良好的经济地理条件的地方建造的以方便旅客和市民购物为目的的地下商场，如沈阳站前广场地下综合体。

（4）广场、绿地下的地下联合体。在城市中心区繁华地带，结合广场、绿化、道路，修建综合性商业设施，集商业、文化娱乐、停车及公共设施于一身，并逐步创造条件，向建设地下城发展，如上海人民广场地下商场、地下车库和香港街联合体。

（5）结合历史文化保护区进行的地下空间开发。在历史名城和城市的历史地段、风景名胜地区，为保护地面传统风貌和自然景观不受破坏，常利用地下空间使问题得以圆满解决，如西安钟鼓楼地下广场。

（6）高层建筑的地下室。一般高层建筑多采用箱形基础，有较大埋深，土层介质的包围，使建筑物整体稳固性加强，箱形基础本身的内部空间为建造高层建筑中的多层地下室提供了条件。将车库、设备用房和仓库等放在高层建筑的地下室中，是常规做法。随着我国汽车工业及汽车保有量的快速发展，目前大中城市开发的住宅区和商务区将高层建筑的地下室作为地下车库，已经成为必然的选择。

（7）已建地下建筑、人防工程的改造利用。这是我国近年开发利用地下空间的一个重要方面，改造后的地下建筑和人防工程常被用作娱乐、商店、非机动车库、仓库等。

3.1.2　我国城市地下空间开发中存在的问题与挑战

国家“十三五”规划指出要加强市政管网等地下基础设施的改造与建设，提高城市建筑和基础设施的抗灾能力，推进建设用地的多功能开发、地上地下立体综合开发利用等。地下空间在飞速发展的同时，也出现了许多的问题，如地下空间的连通性不强，系统性差；地下空间的空间权属不明确；多头管理和无人管理；地下空间的安全运营不足；专业人才队伍缺乏；等等。具体可分为以下几方面：

1. 城市地下空间管理的问题与挑战

（1）法律体系建设不完善，地下空间规划滞后，技术标准不系统，致使管理依据不足。

我国目前的法律体系对地下空间所有权、经营权的界定模糊不清，法律主体不明确，管理标准不统一。在国家法律层面上，尚没有形成完整的法律体系，缺失城市地下空间资源的上位法律，《城市规划法》《人民防空法》《矿产资源法》等单行法之间存在不协调、不衔接等，致使其操作性差。

（2）缺乏统一协调的管理机构，致使地下空间管理部门割据，多头管理或无人管理现象严重。

城市地下空间的管理包括规划管理、建设管理、权属管理、运维管理、消防及灾害管理、行业人才管理等。而与之对应的政府职能部门又划分为规划与建设管理部门、民防部门、市政管理部门、交通管理部门等。在实际管理时，往往采用条块分割式的专项管理，但由于各部门之间的权责界定不明确，相互之间的协调机制缺失，信息不共享，难以形成“汇、融、通、达”的地下空间资源治理格局，常常导致管理盲区或多头管理的现象，致使管理效率低下、资源流失严重等。

（3）缺乏科学的运作模式与协调机制，缺少多元化投融资的政策引导。

从我国地下空间的建设实际来看，城市地下空间规划建设的长效性不足，地上、地面、地下一体化的立体综合空间整体规划缺失，不同地下空间的连通性缺乏统一标准，不同建设阶段的地下空间未考虑衔接性等。我国地下空间开发的投融资经历了由政府全资建设到多元化投资的局面，但就投资的系统特征来讲，投资的主体始终都有政府或政府企业参与，说明地下空间的使用权还没有与所有权互相分离，在一定程度上限制了地下空间开发利用投融资模式的进一步发展。另外，一些城市将地下空间建设作为政府的政绩工程、形象工程，不考虑本地区的实际情况而仓促上马，造成了投资的浪费和地下空间资源的流失和破坏。

（4）管理制度不系统、不协调、不全面。

目前很多城市采用专项管理的模式进行地下空间管理，导致不同部门采用的管理制度、管理规定不统一，甚至出现管理漏洞、管理盲区的现象。这进一步导致了地下空间在具体管理时的混乱，加大了管理的难度。另外，由于制度的不全面、不协调，地下空间开发建设中也常出现责任推诿、资源浪费的现象。

2. 城市地下空间开发利用的技术难题与挑战

（1）复杂地质条件的建设难题。我国城市地下空间建设面临的主要复杂地质问题，包括城市深部地下工程勘察精度不足以指导工程设计和施工、地下水的控制与保护问题、软土地区的地基处理和长期沉降控制问题、活动断层及地裂缝问题、复杂多元地质结构难题、卵砾石的开挖稳定性问题、上软下硬地层的开挖与扰动控制问题等。

（2）复杂环境的保护难题。环境保护的难题主要包括：既有重要历史建构筑物、地面结构的服役状态、安全状态不明确；既有重要历史建构筑物的保护标准不明确，缺乏相关的国家、行业技术标准；既有建构筑物的加固维护措施复杂、代价及影响大；施工工艺急需创新，以适应施工空间、施工时间的限制。

（3）既有地下空间改扩建的难题。我国前期的地下空间缺乏统一规划，缺失与未来城市发展衔接的相关考虑，致使目前部分已有的城市地下空间已经不适应城市的发展需求和定位，面临着改扩建，以实现其功能和规模的改变的需求。改扩建工程不同于地面空间的改扩建，受周边地质环境、地表环境和周边地下空间的严格约束，面临着以下问题：既有地下空间的探测与安全评估难题，缺乏既有地下结构与新结构的协同作用机理和设计方法，缺少地下空间改扩建的施工工法和施工装备，缺失相应的国家、行业技术标准和指南等。

（4）深层地下空间安全开发利用的难题。城市地下空间需根据功能的需求进行分层设计，考虑全深度的利用。当经济发展到一定程度，浅层地下空间开发到一定规模后，就会出现开发利用深层地下空间的需求。而深层地下空间开发利用面临着规划、设计、施工和运维的技术缺乏，配套的装备缺失，标准、指南体系不健全等问题。深层地下空间开发利用面临以下难题：深层地质信息缺失，持力层、隔水层等选择缺乏依据；深层地下空间的资源评估、功能分层等方法不健全；设计计算理论体系缺失，且缺乏标准手段和集成技术，深层土体的力学特性以及渗流、温度对其力学特性的影响规律尚不明确，复杂地质条件下特深综合设施结构设计、建造技术体系急需完善；深层地下工程建设的环境扰动和控制技术尚不成熟；深层地下工程建设的关键设备和施工工法缺乏；多灾害（火灾、水灾、地震等）作用下，深层地下空间的结构安全问题以及救援逃生难题。

（5）城市大规模地下空间开发利用诱发的城市区域灾害控制难题。大规模的城市地下空间开发诱发城市区域灾害，其控制方面的研究存在以下几个难题：城市地下空间开发利用现状不明确，包括建设类型、建设年代、运营期的修缮信息等；城市区域地质信息精度不够，地质资料与岩土体资料之间的衔接和关联性差；不同类型地下空间在建设、运营以及退役阶段对地质体的扰动机理不清晰，尚没有建立对应的模型；城市区域地质模型与地下空间体全寿命周期内的扰动模型尚需进一步研究，尤其是其间相互作用以及多尺度耦合问题；缺乏系统的针对特定城市的地下空间、地上空间开发限制的标准。

3. 城市地下空间安全运维的问题与挑战

（1）地下基础设施维护与更新。地下基础设施是生命线工程，其使用状态、安全状态的维护和更新是保证城市基础设施安全和城市正常运营的关键之一，目前存在以下问题急需解决：加固后的地下结构与周围岩土体、既有结构的相互作用问题，新旧结构的共同承载问题，以及对应的地下接触设施维护与更新的基础理论和设计方法；缺乏关于利用工程系统的易损性评价理论、可恢复性分析原理来指导地下基础设施维护与更新的时机选择、方法比选、加固成本的最优决策等方面的研究；缺乏相关的规范、标准、手册和指南，以及维护与更新决策的依据；地下基础设施的检测和评估手段有待进一步的研究发展，需要向智能化、可视化和自动化的方向发展；维护与更新新工艺、新设备和新材料的研发。

（2）多灾害作用下地下空间应急救援。城市地下空间由于位于地表以下，致使其具有空间封闭性强、缺少自然光照和参照物、空气难以自由流通等特点。在灾害发生时，使人产生不良的心理反应会导致丧失方向感，且地下空间出入口相对集中、数量少，极易发生人员拥挤、踩踏事件。在火灾等灾害下，有害气体或烟雾聚集，影响人员的身体健康和救援实施。在地下空间灾害发生时，应急和救援方面需要做到：探明不同事故或灾害作用下地下结构体的响应，建立结构安全性的应急预警体系；总结不同事故或灾害在地下空间中的演变规律，明确其控制的关键因子；研究事故发生时，人们在地下空间中的反应时间、反应规律，优化制定地下空间的逃生出入口和措施；健全地下空间的应急处置体系，包含监控、预警、处置措施和装备；进行全民的地下空间安全意识和逃生知识的普及。

（3）地下空间运维数据的管理和应用。城市地下空间的大规模建设运营产生了海量的数据，包括规划、建设、运营、维修等信息，如何管理和应用这些数据是目前的主要问题。目前，地下空间的信息化和数字化主要基于 GIS/BIM 技术，这些技术在应用时存在一些问题，如地质模型缺失、分析功能缺失、数据采集缺失、信息传递困难、协同工作困难、文件兼容困难、各部门数据不共享等问题，需明确地下空间信息化管理的主体和职责；制定信息化建设的标准和指南，统一不同专业的信息化技术标准；加强对城市区域地质、城市区域环境的考量，形成海量数据信息化后的应用技术体系；研发相应的新设备、新技术，实现运维信息的自动化、实时化采集。

4. 地下空间学科建设和人才队伍培养

在这方面，尚存在以下两方面问题需解决：

（1）地下空间学科定位尚不明确，培养体系有待于完善。

（2）地下空间从业人员缺乏跨学科的综合能力，且人才队伍缺口较大。

3.2 地下空间布局与形态

3.2.1 城市地下空间功能的确定

城市地下空间的总体布局是在城市性质和规模大体定位、城市总体布局形成之后，在城市地下可利用资源、城市地下空间需求量和城市地下空间合理开发量的研究基础上，结合城市总体规划中的各项方针、策略，对地面建设的功能、形态、规模等要求，对城市地下空间的各组成部分进行统一安排、合理布局，使其各得其所，将各部分有机联系后形成的。在确定城市地下空间布局时，应充分考虑城市的发展和人们对城市地下空间开发利用认识的提高，为以后的发展留有余地，即对城市地下空间资源要进行保护性开发。

城市地下空间布局的核心就是各种功能的地下空间的组织、安排。为此，在进行城市地下空间布局规划时，应首先确定城市地下空间的功能。

根据城市地下空间的特点，其功能的确定应遵循以下原则①：

（1）以人为本的原则。城市地下空间开发应遵循“人在地上，物在地下”，“人的长时间活动在地上，短时间活动在地下”，“人在地上，车在地下”等原则。

（2）适应原则。应根据地下空间的特性，将适宜进入地下的城市功能尽可能地引入地下，原来不适应的部分城市功能可以通过技术改造使之适应进入地下，进一步拓展城市

① 汤宇卿．城市地下空间规划［M］. 北京：中国建筑工业出版社，2019.

地下空间功能的范围。

（3）对应原则。城市地下空间的功能分布应与地面空间的功能分布相对应。

（4）协调原则。城市地下空间规划必须与地面空间规划相协调，在扩大城市空间容量的同时改造城市综合环境。

城市地下空间的布局可分为平面布局及竖向布局两方面，本节将详细介绍此两部分的内容。

3.2.2　城市地下空间的平面布局

城市地下空间的平面布局应根据城市的特点以及城市发展对地下空间开发利用的需求，以城市形态为发展方向，以城市地下空间功能为基础，以城市轨道交通网络为骨架，以大型地下空间为节点，进行综合考虑。

1. *以城市形态为发展方向*

城市形态有单轴式、多轴环状（如图3.1所示）、多轴放射（如图3.2所示）等，城市地下空间的发展轴应尽量与城市发展轴相一致，这样的形态易于发展和组织。

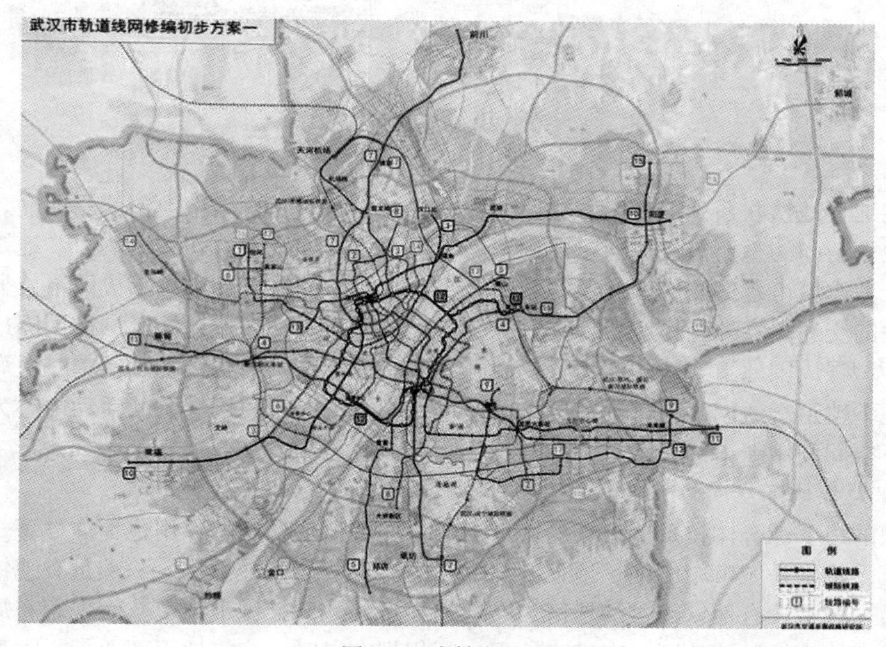

图3.1　多轴环状式

2. *以城市地下空间功能为基础*

城市地下空间的形态与功能存在相互影响、相互制约的关系，城市是一个有机的整体，上部与下部不能相互脱节，其对应的关系显示了城市空间不断演变的客观规律（如图3.3所示）。

3. *以城市轨道交通网络为骨架*

城市轨道交通对城市交通发挥作用的同时，也成为城市规划和形态演变的重要部分，

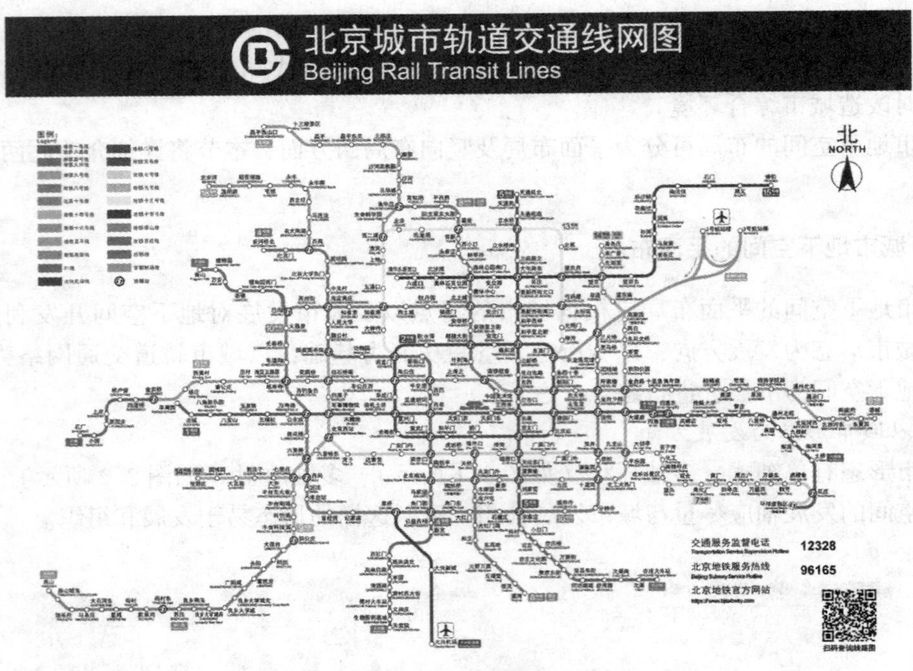

图 3.2 多轴放射式

应尽可能地将地铁联系到居住区、城市中心区、城市新区，提高土地的使用强度。地铁车站作为地下空间的重要节点，通过向周围的辐射，可扩大地下空间的影响力。地铁线路的选择充分考虑城市各方面的因素，将城市各主要人流方向连接起来，形成网络。另外，除考虑地铁的交通因素外，还应考虑车站综合开发的可能性，通过地铁车站与周围地下空间的连通，增强周围地下空间的活力，提高开发城市地下空间的积极性。例如，上海基本形成了以地下轨道交通网络为骨架，以人民广场、徐家汇、五角场等公共活动中心为重要节点的地下空间利用新格局。

4. 以大型地下空间为节点

大型的地下综合体担负着巨大的城市功能，城市地下空间的作用也更加显著。在城市局部地区，特别是城市中心区，地下空间形态的形成分为两种情况，一种是有地铁经过的地区，另一种是没有地铁经过的地区。有地铁经过的地区，城市地下空间规划布局上文已说明。没有地铁经过的地区，在城市地下空间规划布局时，应将地下商业街、大型中心广场地下空间作为节点，通过地下商业街将周围地下空间连成一体，形成脊状地下空间形态；或以大型中心广场地下空间为节点，将周围地下空间与之连成一体，形成辐射状地下空间形态。

3.2.3 城市地下空间竖向布局

通常将城市地下空间竖向层次分为浅层（地下 30m 以上）、中层（地下 30～100m）、深层（地下 100m 以下）三个层次。目前世界上地下空间开发层次多数处在地下 50m 以内的范围，我国地下空间开发利用主要研究地下 30m 以内的空间。

（a）诸暨市地下空间功能布局

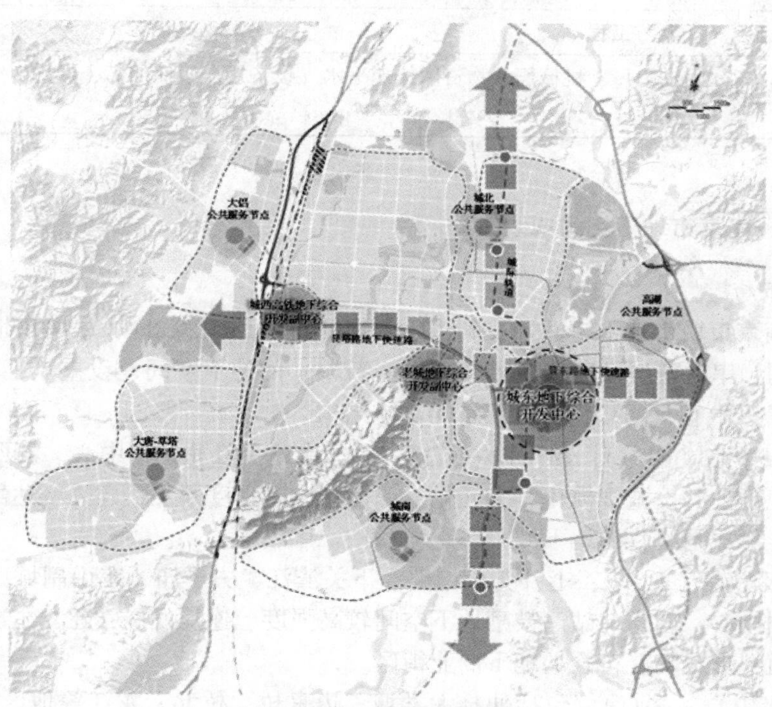

（b）诸暨市地下空间功能布局

图3.3　诸暨市地上地下空间功能布局对比图

城市地下空间总体规划阶段，城市地下空间的竖向分层的划分必须符合地下设施的性质和功能要求，分层的一般原则是：该深则深，能浅则浅；人货分离，区别功能。城市浅层地下空间适合于人类短时间活动和需要人工环境的内容，如出行、业务、购物、外事活动等。对根本不需要人或仅需要少数人员管理的一些内容，如贮存、物流、废弃物处理等，应在可能的条件下最大限度地安排在较深的地下空间。城市各类设施地下空间开发利用适宜深度见表3.1。

表3.1 各类地下空间开发利用适宜深度①

类别	设施名称	开发深度（m）
地下交通设施	地下轨道交通设施	0~-30
	地下车行通道（隧道、立体交叉口）	0~-20
	地下人行通道	0~-10
	地下机动车停车场	0~-30
	地下自行车停车场	0~-5
地下公共服务设施	地下行政办公设施、地下文化设施、地下教育科研设施、地下体育设施、地下医疗卫生设施	0~-15
地下市政设施	地下市政管线、综合管沟（廊）、地下市政场站、电缆隧道、排水隧道等	0~-10 0~-40
地下防灾设施	人防工程	0~-40
地下工业及仓储设施	动力厂、机械厂、物资库、地下水（设备用房、储油库、储能库）	0~-20 0~-30

3.2.4 示例：南京市地下空间规划布局

1. 平面布局

根据《南京市城市地下空间开发利用总体规划（2015—2030）》，南京地下空间依托轨道交通线网，串联各城镇区（主城、副城、新城）的地下空间建设重点，形成“四城、七片、多点”多中心、网络化的地下空间总体结构。

（1）一级中心（四城）：新街口—鼓楼中心、南站—红花机场中心、河西中心及江北中心。鼓励地下公共设施规模化、多元化、一体化、高强度开发，建立畅达舒适的地下公共步行系统，形成网络化的地下城。

（2）二级中心（七片）：七片为湖南路、下关滨江、夫子庙、东山副城中心、仙林副城中心、雄州中心、南京北站。鼓励地下空间较高强度、连片发展，建立主次分明的地下公共连通步道，形成功能符合的地下商业街区。

（3）三级中心（多点）：包括仙林大学城、迈皋桥、桥北、龙江等地区级商业中心，以及南京站、机场等交通枢纽地区，形成以点状地下综合体为主的地下公共空间。

2. 竖向布局

全市地下空间总体划分为浅层（0~-15m）、中层（-15~-40m）、深层（-40m以下）三个层次。规划期内鼓励浅层开发为主，适度开发中层，特殊情况可按需、有条件

① 王克强．城市规划原理［M］．上海：上海财经大学出版社，2008.

地进行深层开发利用。

3.3　地下空间生理及心理学

3.3.1　地下空间对人的心理及生理的影响

地下空间的封闭型环境对外界的各种环境因素具有较强的排斥和吸收特性，一般而言，封闭型空间对外界的热、声环境有很强的抵御能力，是较为有利的，但同时也把有利的视觉环境因素全部排斥了，这是其不利的一面，具体表现在心理和生理两个方面。

在地下空间中，人心理方面的问题是最主要的。其首要原因在于地下建筑物被封闭在地下，往往给人阴森、封闭、压抑等不良印象，会使人心中产生压抑、不安、反感、枯燥乏味、与世隔绝、不安全等不良的心理反应。这种“无意识”心理反应非常复杂。大部分人不愿意在地下环境中长时间居留或工作。其次，人们在地下空间中的方位感较差。方位感也叫定向感，即人对其所处的地理或空间位置和状态的感觉。人类在自然光照射下，能正常地确定其在空间的方位位置，在地下空间中则往往依赖于室内光线的方向和强弱的变化作为确定方位的参照系，不正确的视觉信息会歪曲人的定向感，在室内失去定向感往往会使人知觉发生困难，感觉不适。再次，人同大多数生物一样，内部的生物钟保持着昼夜的韵律。生物钟的变化在人们预测和估计光环境中起着重要的作用。在地下空间中，一般全部采用人工照明，它能满足人的生理要求，但对人的心理要求，特别是在白天，人工照明是远远不能满足的。使用者在白天会感觉处于夜间的状态，时间一长，往往会导致人的消极反应，会感觉单调而疲劳，从而影响情绪和降低工作效率。最后，地下工程中的个人空间往往比较狭小，人们在拥挤的高密度人群刺激下，可能会感到心理难以承受。从心理学角度看，密度高会使人感到对其行为失去控制，从而引起拥挤感。处于同样密度条件下的人，如果他感到他能对环境加以控制，则他的拥挤感会下降。这些都是“无意识”的心理反应。

地下环境对人生理方面的影响是很复杂的。生理环境与心理环境既相互作用，又相互影响，这使得人在地面建筑物中感觉不到的生理影响被夸大，而这又会加重在地下的不良心理反应。人对阳光的需求不仅仅是为了光亮，更重要的是要满足某些生理机能的需要。例如紫外线对人体吸收维生素 E 及钙是很重要的条件，而且对防止疾病、杀死细菌等都是非常必要的。光的强度和光线成分对细胞的再生作用、人体活动、体质等都有很大的影响。光还能诱发出一种神经激素，影响新陈代谢。现代科学证明阳光有足够的光能可穿越哺乳类动物的颅骨，使大脑组织中的光电细胞活跃起来，并能扩张血管，增强人体内循环和增加血红蛋白，同时紫外辐射还能提高人的工作效率。人类已经适应了自然光的作用，虽然在较低的人工照明环境下也能生活和工作，但却会为此付出健康状况下降的代价。无窗的地下建筑物往往很难做到自然换气，空气的流通性差，新鲜空气量不足。地下建筑内重要的空气污染物质是从地下的土和岩石及混凝土中释放出来的放射性氡气，其他污染物的来源有燃料、人的活动（吸烟、呼吸气）、建筑材料及室外污染等，它们所导致的污染气体包括一氧化碳、可吸入颗粒物、二氧化硫、氮氧化合物、二氧化碳、甲醛、臭氧及室内空气中的微生物等。地下建筑内这些气体浓度比地面要高，氧气负离子也要少，空气中污染物的浓度对人体的健康影响很大。如果人停留在地下太久，容易出现头晕、烦闷、乏力，以及记忆力下降等不适现象。在某些条件下，空气污染可引起消极心情和侵犯行为。而且，地下建筑由于通风不良，在相同条件下，与地面建筑相比，排除空气污染源显得更加困难。在自然状态地下建筑内湿度很大，影响人体蒸发散热。湿度过大还会促进霉菌的生长，加重人的风湿类病症。在地下建筑中，非正常噪声会出现两种典型情况：一种是地下空间内的机械噪声，其强度如果很高，会对身在其中的人直接造成损害，如听力损伤等；另一种是与外界噪声源完全隔绝，缺少正常生活中应有的声音，造成绝对安静的环境，从而令人感到不安。研究表明，强噪音引起的生理反应会干扰正常工作，虽然有时人们也能适应这种噪音，但这并不意味着噪音对他们没有影响了。在此环境中工作会使人的注意力变窄，对他人需要变得不敏感，在噪音被消除后的较长时间内，对人认识功能造成的不良影响仍会存在，尤其是不可控制的噪音，影响更明显。

3.3.2 地下空间的设计原则及应注意的问题

（1）为了最大限度地消除地下空间对人类心理的影响，在进行地下空间设计时，常采用各种办法，使之尽可能让人感觉接近地面建筑空间。出入口部处理、内部空间层高的变化、布置分隔的变化、中庭的设置、色彩的设计以及自然景观的引入等，都可以产生一定的效果，其中，出入口处理的好坏将直接影响人们进入地下空间前的心理感觉。人的“无意识”状态是潜伏在人的大脑底层的，一旦受到刺激，就会转化为意识“跳”出来。人们对地下空间的这种消极的“无意识”，如果缺少诱因刺激就不会“跳”出来，因此控制诱因刺激，关键的一步就是地下空间的出入口处理。出入口设计需解决的问题有三个：①建立空间过渡的秩序感、场所感；②处理好地下与地面环境的联系；③减轻或消除对地下的恐惧。地下空间的出入口可以有多种做法，主要取决于建筑所处的地理位置、地形和使用功能等。如把地下出入口设计成与地面建筑相同形式的出入口，此类建筑一般建在斜坡上，建筑把主出入口设在坡底，进出建筑可以不必上下坡，可以很方便地进出，可有效地削弱进入地下的恐惧感。最常见的是把地下出入口设计成一个小的地面形式，此类建筑一般建在平坦地带，全部置于地下，为了消除进入地下的这种消极影响，常把这种小的地面形式设计得小巧而富有动感，并用醒目的颜色、夸张的体形吸引外部人流的进入。再者就是在地下建筑外部设置下沉式广场或庭院，人们通过室外踏步或自动扶梯到达室外庭院，然后水平进入建筑物，这一方法保持了传统出入口的很多特色，能够部分地消除消极的联想，由于下降是在室外地带的空间中逐渐进行的，并且通过室外庭院得到了一定的释放，所以人的消极心理也得到了有效的缓解。

（2）在地下空间中能正常提供行为暗示的方法，如参照外部景观等已经消失，因而，必须综合应用各种设计手段，尤其是通过建筑语言与人对话，来做好空间导向设计。空间导向性设计思路有以下几种：①增强空间结构的明确性，利于人的知觉判断和人流的导引。②将行进中的空间变化作为导向手段，如利用墙面的质感、色彩、肌理、图案变化和墙体形态变化改善视觉环境等。③利用视觉要素引导人流。人眼偏爱复杂的刺激，可利用形式适度复杂的建筑形态，吸引人的注意，正确引导人流。④听觉导向。人耳可以从声音中感知空间的方向和广阔度。设计时，应注意克服噪声，以便于形成正确的空间定向感。⑤嗅觉和触觉手段。气味可唤起人对地点的记忆，是识别环境的辅助手段；墙、地面材料质感的变化引起触觉的变化，也是空间划分、引导和实施行为暗示的有力手段。

（3）易识别的环境有助于人们形成清晰的表象，易识别性对于定向、寻找路径、交往都能起积极的作用。在易识别的环境中，人们感到情绪上安定，并有行为上的自由，对环境有种控制感。环境是否容易识别和人们对环境是否满意，存在某种程度的正向关系。人流路径结构明晰、路径结构简明才易于理解，且易于形成整体意象。注重节点设计，交通转换元素如大厅、通道、天桥、扶梯（楼梯）等都可看成节点，不同功能区域的交接处也可看成节点，节点的数目不宜过多，而且宜成为空间中的图形，以加强易识别性。强化地下空间的标志物，设置表达明确的指示牌，加之足够的照明，并充分利用墙、天花及地面的特殊处理来形成标识性。指示牌的位置和高度都应在人眼视线易于到达的地方，避免设而无用。

（4）无窗的封闭型空间隔绝了自然光，而人工光源与日光在照度水平和频谱上有很大差别。由于长时间在地下建筑内的工作人员缺乏与自然光环境的接触，因此在设计中除了应注意到视觉工作条件外，还应充分注意到人的健康方面的反应。选取照度水平时，应注意到心理满意度的要求，并适当提高标准。选用光源时，除了满足视觉工作要求的色温和显色性指数外，还应尽可能地使紫外辐射与可见光辐射之间有合适的比例，以满足健康的要求。

（5）封闭空间内墙壁的色彩对工作人员心理情绪起着重要的调节作用。红、橙、黄等被称为暖色，能让人感觉温暖。而蓝、绿、青、紫等冷色，让人感觉寒冷。蓝色或绿色是大自然赋予人类的最佳心理镇静剂，能给人以平缓、安定、冰凉的感觉。当心情烦躁不安时，到公园或海边看看，心情会很快恢复平静，这就是绿色或蓝色对心理调节的结果。粉红色给人温柔舒适感，但长期生活在红色环境里会导致人的视力下降、听力减退、脉搏加快。合理使用色彩对还能对视觉疲劳的恢复有益处。一般来说，浅蓝色、浅黄、橙色有助于保持精神集中、情绪稳定；而白色、黑色、棕色则对提高学习不利。医学研究发现，房间使用淡蓝色，可以使高烧病人情绪稳定，使用紫色会使孕妇镇静，使用赭色则能帮助低血压病人升高血压。但心理学强调的是平衡，因为只有平衡才自然，才适合人们生存发展的需要。因此，房间墙壁用色应平衡，不宜深暗，也不宜过分鲜明。

（6）在地下环境中连续运转的机械，如风机、水泵等，都会产生噪声。由于建筑形体和空间的封闭特性，使得音响难以扩散，有时地下空间结构和装修处理不妥，尤其是常用的拱形支护结构，在吸声处理不好的地方，声音会不断反射，回声现象严重。所以，在地下空间必须考虑噪声传播方向的布局和平面设计，把产生噪声的设备放在地下空间的外围，或者用密闭的办法进行隔离。此外，还可使用背景音乐，选择音乐时，必须考虑人的心理状态、场所和时间等因素，使人安心并起到振奋精神的作用，同时获得时间感。

（7）室内空气质量与节能是地下空间内部环境领域中的两大主题。但两者是相互制约的，如为了节能，经常会降低新风标准，以减少空调负荷，但这样又会引发生物、化学等有害物质的沉淀和围护结构中放射性有害物质的辐射加剧，使室内空气环境恶化。因此，优选无污染的新风源，合理组织气流，正确布置系统，准确计算热湿负荷和阻力，科学管理、优化运行方式，才能达到降低空调负荷、减少工程投资和运行维护费用的目的。

（8）地下空间是人们集体生活或工作的场所，但仅仅从硬件环境角度来解决人的心理与生理问题是不全面和局限的。地下空间由于其特殊性，会对处于其内人群会产生相对于地面不同的反应。

3.4 地下空间开发的工程技术

地下工程的施工技术与地面建筑的施工技术概念上有很大差别，这是地下空间区别于地面建筑的一个重要方面。地面建筑的施工技术，经过近百年的发展，已趋于成熟，各种设计理论与施工实践相结合，形成了适应各种施工条件的施工工艺。无论是对旧房的改建扩建项目，还是百层以上的超高层建筑的施工，在技术上都不存在太大的问题。地下空间的开发技术，是近些年来随着城市发展的需要而逐渐发展起来的新兴技术，由于地质因素错综复杂，至今尚无一种完善的理论体系来指导所有地下空间开发的设计与施工。目前的技术水平仍停留在单项技术与几项技术简单结合的基础上。再者，地下空间具有一次性的特点，建成后进行再开发是很困难的，因此对地下空间开发技术提出了更高的要求。

3.4.1 岩层中地下空间的开发技术

我国是一个多山的国家，相当一部分城市坐落在山区或丘陵地区，地下空间的开发一般都会遇到岩石的开挖方法、洞室的稳定性以及岩层的不同地质构造等问题，这些都具有很强的技术性，直接影响着地下空间的开发水平。

地下建筑与地面建筑的重要区别就在于地下建筑是在地层介质中构筑，而地下建筑的构筑过程，首先是破坏了原有地层的平衡，然后才是通过围岩的变形、应力调整或人为的干预（支护），达到一种新的平衡。在岩层中，地下建筑周围的岩体（围岩）不仅仅是作用在地下建筑结构上的荷载，而是与地下建筑结构共同构成复合承载结构。因此，围岩是地下建筑结构的主要承载体，支护的主要作用是加固围岩，提高围岩的承载能力。既然围岩是地下建筑的主要承载体，其应具有足够的强度，以满足承载的要求。然而，在地下建筑构筑过程中，首先必须破坏地层原有的平衡（开挖），这一过程将引起围岩松弛、变形，破坏围岩的整体性，降低围岩的强度，乃至使围岩失稳坍塌。尤其是建在构造发育或质地软弱岩体中的地下建筑，围岩的松弛和变形将对围岩的稳定极为不利，在勘察、设计和施工等各个环节上都应特别注意。

岩层中地下空间的开发（施工）技术主要包括钻爆法和TBM法。

1. 钻爆法

钻爆法就是在岩层中通过钻孔、装药、爆破、出碴而形成地下空间的一种施工方法，是目前岩层中地下空间开发最常用的施工方法。按地下空间断面开挖分步情况，钻爆法可细分为全断面法、台阶法、环行开挖预留核心土法、双侧壁导坑法、中洞法、中隔壁法、交叉中隔壁开挖法等。根据钻爆法的施工特点，要求在可能的条件下，应尽量采用全断面或大断面分步的开挖方法；地下结构的构筑顺序是先仰拱（或临时仰拱）或铺底，二衬先墙后拱等。

2. TBM 法

TBM（Tunnel Boring Machine，全断面隧道掘进机）法，是掘进、支护、出碴等施工工序并行连续作业的一种方法，具有掘进速度快、利于环保、综合效益高等优点，可实现传统钻爆法难以实现的复杂地质条件下深埋长隧洞的施工，应用于我国水利、水电、交通、矿山、市政隧道等工程中。

3.4.2　土层中地下空间的开发技术

土层中的地下空间开发技术与岩层相比有很大的不同，主要区别是土层的自稳能力和承载能力十分有限，地下建筑的主要承载体是地下结构，而非围岩体。目前常用的土层地下空间开发（施工）技术有明挖法、盾构法、沉井法、顶管法、沉管法、逆作法等。

1. 明挖法

明挖法是将地下空间所在部位及其顶部的土体全部挖除，形成一个基坑，在基坑底部构筑要开发的地下建筑结构，然后覆土回填的方法。明挖法具有施工简单、快捷、经济、安全的优点，是城市早期地下空间开发的首选施工方法。其缺点是对周围环境的影响较大。明挖法首先是在地下空间所在部位开挖形成基坑，基坑周围一般需要施作围护结构，以保持其稳定。按照基坑围护结构的不同，明挖法又可分为放坡开挖法、板桩支护法、灌注桩支护法、深层水泥土搅拌桩支护法、地下连续墙支护法、土钉墙支护法、锚杆（索）支护法等。

2. 盾构法

盾构法是运用盾构机这种特殊的施工机具，在土层中暗挖隧道的一种施工方法。盾构法施工的主要程序有：①在隧道起始端和终端各建一个工作井；②在起始端工作井内进行盾构机拼装；③盾构出洞；④盾构推进，安装衬砌管片；⑤在终端工作井内拆除盾构机。如图3.4和图3.5分别为盾构机示意图和盾构法施工的隧道。

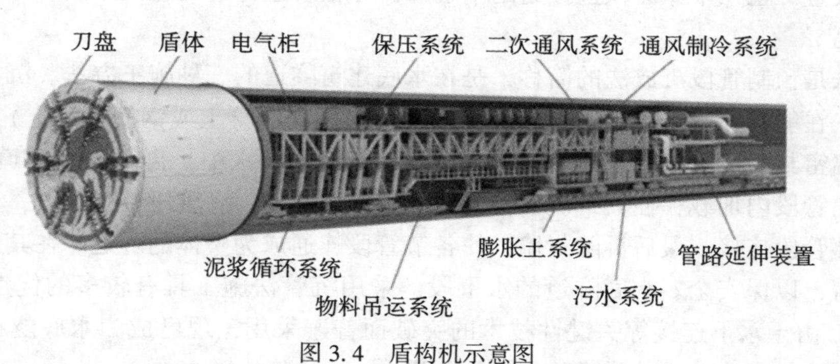

图3.4　盾构机示意图

3. 沉井法

沉井法是将位于地下一定深度的建筑物，先在地面制作，形成一井筒状结构，然后在井内不断挖土，借井体自重而逐步下沉，形成地下建筑物。沉井法施工的工作内容包括沉井制作和沉井下沉两个主要部分，根据不同的情况和条件，可分节制作一次下沉，也可以一次制作一次下沉，或制作与下沉交替进行。

一般情况下，单个沉井的施工顺序为下沉前的准备工作、沉井下沉、接长沉井、沉井封底四个阶段。

4. 顶管法

顶管法是类似于盾构法的一种在土层中暗挖隧道的施工方法，不同点在于，顶管法用

图 3.5　盾构法开发的地下空间（隧道）

预制管节替代了盾构法中的管片衬砌安装。顶管法的主要施工顺序为：预先在起点和终点做好顶管工作井，然后以工具管为先导，逐节将预制管节按设计轴线顶入土层中，直至工具管后第一个管节的前端进入另一工作井的进口孔壁。为了进行较长距离的顶管，可在这段管道中设置一至几个作为顶进接力的中继井，并在管道外周压注减摩剂。

5. 沉管法

沉管法是预制管段沉放法的简称，是在水底建筑隧道的一种施工方法。沉管法的施工顺序是：先在船台上或干坞中制作隧道管段（用钢板和混凝土或钢筋混凝土），管段两端用临时封墙密封后滑移下水（或在坞内放水），使其浮在水中，再拖运到隧道设计位置。定位后，向管段内加载，使其下沉至预先挖好的水底沟槽内。管段逐节沉放，并用水力压接法将相邻管段连接。最后拆除封墙，使各节管段连通成为整体的隧道。在其顶部和外侧用块石覆盖，以保安全。水底隧道的水下段，采用沉管法施工具有较多的优点。20 世纪 50 年代起，由于水下连接等关键性技术的突破而普遍采用，现已成为水底隧道的主要施工方法。用这种方法建成的隧道称为沉管隧道。

6. 逆作法

逆作法是将多层地下建筑结构自上往下逐层施工的方法。逆作法的施工顺序是：先沿地下建筑物轴线或周围施工地下连续墙或其他支护结构，同时在地下建筑物内部的有关位置浇筑或打下中间支承桩和柱，作为施工期间于底板封底之前承受上部结构自重和施工荷载的支撑。然后施工地面一层的梁板楼面结构，作为地下连续墙刚度很大的支撑，随后逐层向下开挖土方和浇筑各层地下结构，直至底板封底。同时，由于地面一层的楼面结构已完成，为上部结构施工创造了条件，所以可以同时向上逐层进行地上结构的施工，或者恢复地面交通等。

随着我国城市建设的跨越式发展，大规模的高层建筑地基基础与地下室、大型地下商场、地下停车场、地下车站、地下交通枢纽、地下变电站等的建设中都面临着深基坑工程的问题。由于工程地质和水文地质条件复杂多变、环境保护要求越来越高、基坑工程规模向超大面积和大深度方向发展，工期进度及资源节约等开发条件要求日益复杂。与传统的深基坑施工方法相比，逆作法具有保护环境、节约社会资源、缩短建设周期等诸多优点，它克服了常规临时支护存在的诸多不足之处，是进行可持续发展的城市地下空间开发和建设节约型社会的有效手段。

3.4.3　其他工程技术

除前述的地下空间开发技术外，在地下空间开发过程中还经常用到工程保护以及工程监测等技术。

1. 工程保护技术

在采用明挖法（地下连续墙、打桩）、盾构法、沉井法、顶管法、沉管法、逆作法等施工方法进行地下空间的开发时，都不可避免地会对周围地层产生扰动，使之发生位移和变形。显然，在影响范围内的地面构筑物以及地下管网（各种给排水管道、煤气管、电缆线等）之类的公共设施就会因此而产生变形，严重时甚至丧失使用功能，影响正常工作。因此，在地下空间开发利用时，应采取切合实际的工程保护措施，以保护施工区周围环境。

工程保护是根据偏于安全的沉降估计来预先实施防止灾害性破坏影响的工程措施。这些工程保护措施一般有隔断法、基础托换、地基加固、结构补强等方法。这些方法是偏于安全和保险的，适于地质特别复杂而保护要求较高的地段。

（1）隔断法：在已有建筑物附近进行地下工程施工时，为避免或减少土体位移和沉降变形对构筑物的影响，而在构筑物与施工面之间设置隔断墙予以保护的方法。隔断法可以用钢板桩、地下连续墙、树根桩、深层搅拌桩、注浆加固等构成墙体。墙体主要承受施工引起的侧向土压力和地基差异沉降产生的负摩擦力。

（2）地基注浆加固：对盾构法、沉井法等施工影响范围内的地基，注入适当的注浆材料，可以填实孔隙加固土体，从而控制由于施工引起的土体松弛、坍塌以及地基变形和不均匀沉降。

（3）地下管线本体保护：在施工中，如管道沉降超过预计幅度，则通过预先埋设注浆管，在量测监控条件下以分层注浆法，将管底下沉陷的地基控制到要求的位置。若管线开挖暴露，则对其进行悬吊处理。以保证此段管线不受地层移动影响。

（4）建筑物本体保护：在盾构法、沉井法及其他方法施工的地下工程，总会扰动土体引起周围沉降，然后影响邻近建筑物，除积极性防护或采用隔断法、地基加固等措施外，建筑物本体加固措施也是工程保护方法之一，可增强建筑物刚度，适应沉降引起的变形，使建筑物不受破坏。

2. 监测技术

理论、经验和量测相结合是指导地下工程设计和施工的正确途径。在地下工程中，由于材料性质、荷载条件、地质条件和施工条件的复杂性，很难单纯从理论上预测工程中可能遇到的问题。因而，将理论分析与现场工程监测相结合是十分必要的。根据一定的测量限值，采取工程措施，防止工程破坏和环境事故的发生。用工程监测指导现场施工，确定和优化施工参数进行信息化的施工。将现场量测结果用于修改工程设计，进行信息化反馈设计。主要的工程监测内容有：

（1）位移或变形的量测；

（2）土压力的量测；

（3）支撑结构轴力的量测；

（4）孔隙水压力的量测等。

思 考 题

（1）以你熟悉的城市为例，简述城市地下空间开发利用的形式及存在的问题。

（2）结合相关城市最新的地下空间开发利用总体规划，分析其地下空间布局与形态。

（3）以某一地铁换乘站为例，简述消除地下空间对人类心理和生理影响的手段。

（4）比较钻爆法与 TBM 法、明挖法与盾构法的优缺点。

（5）以某一实际沉管隧道为例，简述沉管法的实施过程。

第 4 章　城市地下空间资源评估与需求预测

4.1　城市地下空间资源评估

4.1.1　评估的意义

城市地下空间资源评估是对城市所拥有的地下空间资源在平面和竖向分布上进行空间分布特征、数量、种类和适宜性的调查，对地下空间资源开发的优势、有利条件、制约因素等方面的内容进行科学分析，并对地下空间资源工程难度和潜在开发价值进行等级评估，最终对可有效利用和可供合理开发的地下空间资源量进行综合评估，其意义主要表现在以下几个方面：

（1）地下空间资源评估是科学认识城市地下空间资源的实际容量、质量和空间分布的必要条件，是制定城市地下空间开发利用规划、采取合理的开发利用方式和施工手段的科学依据。

（2）地下空间资源开发利用具有不可逆性，一旦被开发，很难恢复原状，因此在建设前对地下空间资源进行全面的调查和评估，研究地下空间资源面临的城市环境、生态环境、城市空间、现有建筑及设施等，减少地下空间资源开发利用对城市发展的影响，同时避开地下空间开发利用过程中面临的各种隐患因素，分析地下空间资源的分布特征和开发利用的适宜性、开发过程的工程技术难度以及开发利用的潜在价值，保障地下空间工程项目的合理性和可持续性。

4.1.2　评估的指标

由于各个城市的地理环境、工程地质、水文地质、土地利用情况、城市环境、城市面临的问题等各不相同，要对一个城市的地下空间资源有一个明确的认识，有必要对城市地下空间资源进行评估，明确城市地下空间的可开发量，为城市地下空间规划提供重要的依据。在进行地下空间资源评估时，应从以下四个方面去开展：

（1）地下空间资源分布，即地下空间资源可供开发利用的空间储备范围。

（2）地下空间资源数量，即地下空间资源可供开发利用的规模潜力，采用地下空间资源所占用的空间体积或折算成相应的建筑面积进行度量。

（3）地下空间资源质量，为度量地下空间资源在可开发利用的工程能力以及适应开发利用功能与形式、需求强度与潜在价值等方面能力的通用指标，由资源基本质量和附加质量综合决定，如图 4.1 所示。

（4）地下空间资源潜力，为度量地下空间资源的潜在可开发容量和资源质量的总体

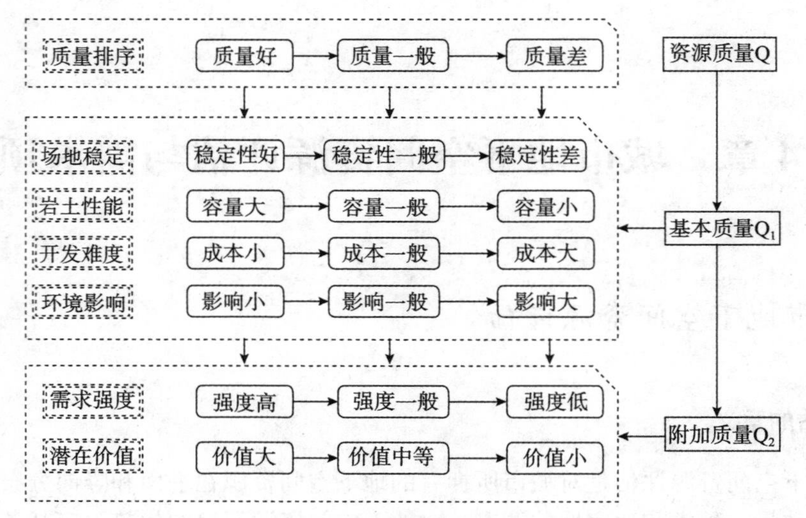

图 4.1 资源质量示意图①

评价指标。

评估城市地下空间资源的量化指标有：

（1）地下空间资源的天然蕴藏量：在指定区域的地表以下全部地层空间的总体积，包括已经开发利用和尚未开发利用的部分。根据可利用的情况，又可分为可开发部分和不可开发部分。

（2）可合理开发量：在地下空间资源的天然蕴藏范围内，排除不良地质条件和地质灾害影响范围、生态及自然资源保护禁建区范围、建筑物影响保护范围和城市规划特殊用地范围等空间区域，在一定技术条件下可进行开发活动的空间容量。

（3）可有效利用量：在可合理开发量的资源分布范围内，满足城市生态和地质环境安全需要，保持合理的地下空间间距、密度和形态，在一定技术条件下能够进行实际开发并实现使用价值的空间容量。

4.1.3 调查评估的内容

根据《城市地下空间规划标准》（GT/T 51358—2019），城市地下空间资源评估的内容应包括调查、分析和可开发地下空间的适建性评估。城市地下空间资源评估应根据评估要素和因子，通过资源普查、要素分析及综合研判，选择适宜的评估方法，建立评估体系，研究确定适宜的城市地下空间利用范围及规模。城市地下空间资源评估应以资源开发利用的战略性、前瞻性与长效性为基础，按照对资源的影响和利用导向确定评估要素，应包括但不限于下列要素：

（1）自然要素：地形地貌、工程地质与水文地质条件、地质灾害区、地质敏感区、

① 陈志龙，张平，龚华栋．城市地下空间资源评估与需求预测［M］．南京：东南大学出版社，2015.

矿藏资源埋藏区和地质遗迹等；

（2）环境要素：园林公园、风景名胜区、生态敏感区、重要水体和水资源保护区等；

（3）人文要素：古建筑、古墓葬、遗址遗迹等不可移动文物和地下文物埋藏区等；

（4）建设要素：新增建设用地、更新改造用地、现状建筑地下结构基础、地下建（构）筑物及设施、地下交通设施、地下市政公用设施和地下防灾设施分布等。

由于影响地下空间资源评估的因素较多，且各因素的属性、重要性和可比性均不相同，在进行评估和度量时，具有较大的不精确性和主观性，因此，地下空间资源评估是一个复杂系统的多层次、多属性的决策问题。

城市地下空间资源评估分为三个大的工作阶段和六个具体的技术操作步骤。第一阶段是前期准备；第二阶段是地下空间资源调查评估实施；第三阶段是成果的组合、叠加、计算、输出，以及成果的总结归纳和分析整理阶段。

在第一阶段，应针对评估应用对象，广泛收集资料，了解城市自然、生态、社会经济等方面的特点以及城市规划和城市发展目标的信息；与城市规划部门进行沟通，明确地下空间规划和地下空间资源评估的基本需求和目标，确定地下空间评估范围和重点区域；初步分析评估要素特点，提出基础资料和评估依据调研和收集的提纲，展开评估数据资料的收集、调研、整理和分析工作，初步确立地下空间资源调查评估要素和指标，建立资源调查评估体系模型。

在第二阶段，走访相关单位，进行实地考察，补充、完善、修正并获取深入、具体的数据信息，开展评估要素的逐项分析和评价，确定调查评估指标体系和评估分级标准，对基础资料加工分析并判读，提取评估信息和数据，按照评估模型的规范化格式要求录入资源分析平台数据库，对调查的资料进行加工分析和数据提取，对城市指标参数进行标准化和量化，根据指标权重体系和调整系数进行线性代数运算，得到评估结果初步数据。

在第三阶段，选择评估结果数据库中的相关数据进行组合叠加计算，绘制资源分布图、资源质量分布图、资源潜在价值分布图、资源综合质量分布图等图件和数据表，对可开发利用资源量进行统计分析，得出可有效利用的地下空间资源量，撰写资源评估分析报告，对资源分类、分层、潜力、质量、开发利用适宜性的特征和分布规律进行总结提炼，对开发强度、时机、位置、步骤、保护和控制措施等进行界定。

4.1.4　调查评估的技术

基础资料和数据是资源评估作业的基本材料和具体操作对象，为了保证资源评估基础数据信息和依据的统一协调及可靠性和准确性，从原始数据到评估系统数据库的建立过程，都必须对资料和数据的内容、类型、格式和记录方式以及运算过程进行协调和规范。

基础资料和数据的内容和类型主要包括以下四种：

（1）基础地理空间信息资料；

（2）工程地质和水文地质资料；

（3）城市规划基础资料；

（4）城市建设基础资料。

工程地质类和社会经济类数据主要来源于文献资料调研、走访和收集，地面和地下空间数据以遥感影像图和地下空间现状调查为主要的来源和途径。

基础资料收集完成后，提取和处理信息数据的技术路线是：工程地质条件、水文地质条件、地下埋藏物、已开发利用的地下空间现状等信息和数据，根据资源评估依据中资料进行统计分析，根据地形图和遥感影像图，综合判断城市广场、空地、绿地、水面、铁路、道路、建筑物等所占区域的位置、建筑区类型及建筑物高度范围，根据控制性详细规划、文物保护要求、历史文化名城保护规划、综合判断地块在保护区、保留区和改造区中类别。

资料信息等原始数据经过一定的处理后形成可用的基础数据，分为地理、地质、地面与地下空间类型、生态条件、各类规划、社会经济等数据。资源调查评估所需要的指标参数信息，经过数据接口存储在 GIS 评估系统的数据库中。

地下空间资源的影响要素众多，基础资料内容和类型、来源渠道多样而复杂，其中包括图件、表格、文字、数字等多种形式，以及纸质和电子版多种载体、多种比例尺、多种精度等。这些数据的格式、载体、来源、精度、时间效应的不同，导致数据质量的不同，因此需要制定适合异质混合使用、联合运算的规则，以便在信息提取和数据转换过程中对数据进行规范化、标准化，使多源异质的数据信息可以融合，并获得可解释的物理意义。

评估作业中涉及一些信息技术的应用，如遥感（RS）、地理信息系统（GIS）、全球定位系统技术（GPS），以及对不同格式的各类基础资料和数据进行数字化、信息存储、记录和处理加工的其他多种软件技术等。

4.1.5 地下空间资源数量计算内容及示例

1. 地下空间资源数量计算内容

（1）建筑物下地下空间资源。为保证建筑物的稳定性，地基附近的一定空间是不可开发的，这个空间的大小和建筑物的高度、基底面积、地基形状、地质构造等有关。根据土力学中土压力计算公式，可将基础下部的地下空间划分为三个部分，如图 4.2 所示。第一部分区域主要受建筑物荷载所产生的地基附加应力的影响，其影响深度 H 为 $1.5b \sim 3b$（b 为建筑物的基础宽度），不同高层的建筑物影响深度不同（具体取值参见《城市地下空间规划标准》（GBT 51358—2019）），在此区域内的地下空间再开发利用必须严格控制。第二部分区域主要受建筑物基础侧向稳定性的影响，局部受建筑物荷载所产生的地基附加应力的影响，此区域内的地下空间也不宜开发。第三部分区域受建筑物地基稳定性的影响较小，是地下空间资源开发的蕴藏区，但第一部分正下方的部分不能采用明挖法开发，且应限制开发的比例。

（2）道路下地下空间资源。城市道路对地下空间资源的影响深度为 2.5m，则道路下地下空间可开发资源量为

$$V_{道路} = (h_{开发深度} - 2.5) \times S_{道路面积} \tag{4.1}$$

（3）绿地下地下空间资源。通过对植被根系入土深度的研究，得出根系群主要位于地下 1.5m 深度范围内。考虑植被排水所需厚度（约为 0.3m），再加上一定的发展空间，取植被的影响深度小于 3m，则绿地下地下空间可开发量为

$$V_{绿地} = (h_{开发深度} - h_{植被所需深度} - h_{排水层}) \times S_{绿地面积} \tag{4.2}$$

（4）水体下地下空间资源。水体对下层地下空间的影响深度范围应该从水域底部至第一道隔水层为止，但在第一道隔水层以下开发地下空间的时候，要充分考虑隔水层承受

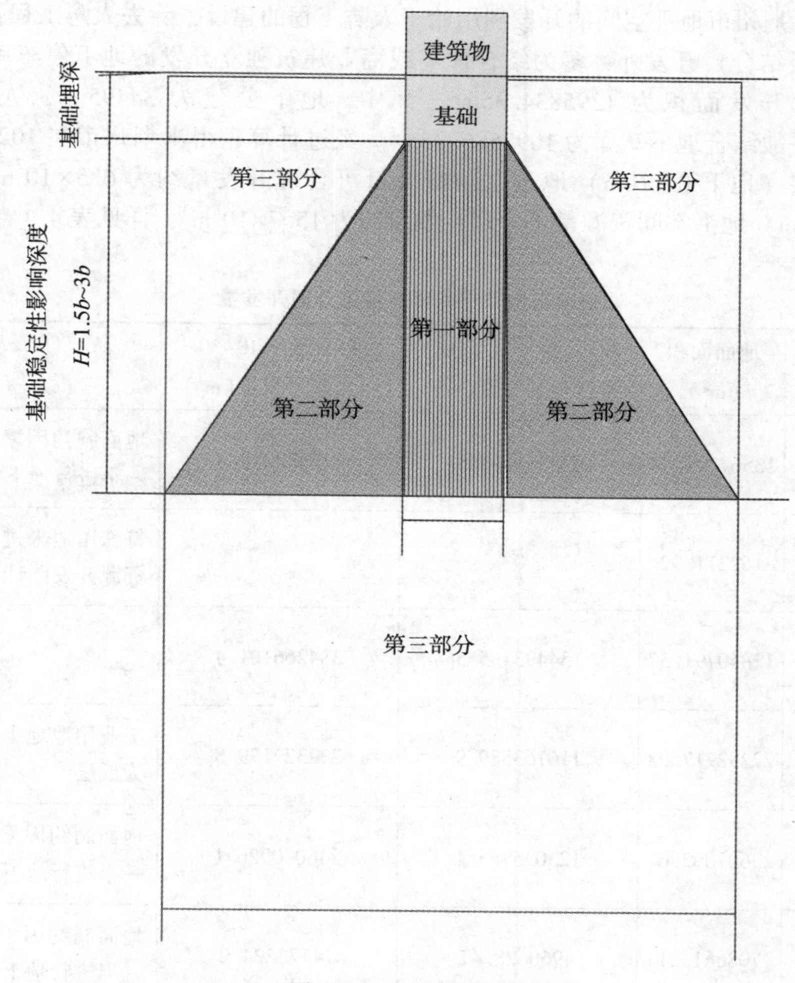

图 4.2　基础影响深度

上部水体的能力，在足够的技术保障下，认为第一道隔水层以下即为可开发利用的地下空间资源量，一般城市水域第一道隔水层的平均影响深度为地下 10m，则可开发地下空间资源量为

$$V=（h_{开发深度}-10）\times S_{水体面积} \tag{4.3}$$

（5）其他地下空间资源。城市内的地面用地情况除上述几种情况以外，还有其他的一些用地类型，例如城市对外交通用地、厂房用地、仓储用地等一些其他用地情况，在进行地下空间资源数量计算时，可以参考相近类型的计算模型进行计算。对于连接城市交通的高速公路和铁路，取其影响深度为 10m。

2. 示例：荆州市地下空间资源数量计算

荆州市位于杨子准地台中部，属新华夏系第二沉降带晚近期构造带，处于中国地势第三级阶梯的西部边缘，是江汉平原的主体。市区位于江汉平原西部。北部地势较高（高程 32~45m），属坡、岗地；南部地势较低（高程 27~31m），属于低平原；沿江地带稍高，高程为32~41m。地势由西向东，微微倾斜，属起伏很小的平原。城区抗震设防基本烈度为6度。荆州市地下空间的开发利用始于人防工程的建设，除去人防工程及部分地下商业街（平战结合）开发外，多为结合住宅或商业建筑独立开发的地下停车库（多为平战结合），总开发面积为1295834.35m²，其中，地下公建为34495m²，人防工程为202248m²，平战结合地下车库为1093586.35m²。经过计算，得出荆州市在102.5km²城市范围内，浅层（地下0~10m）地下空间资源量可合理开发量约为6.5×10^8m³，次浅层（地下10~30m）地下空间资源量可合理开发量约为15.7×10^8m³，详见表4.1。

表4.1 **荆州市地下空间资源量可合理开发量**

用地类型	地面面积（m²）	浅层（地下0~10m）可合理开发量（m³）	次浅层（地下10~30m）可合理开发量（m³）	备注
公共设施用地	13567221.93	67836109.65	135672219.3	地面制约因素不详，只计一半进行地下空间开发
特殊用地	162211.92	0	0	特殊用地未进行地下空间资源开发统计
绿地	12840791.57	134493135.5	384266101.4	
工业	22232717.98	116163589.9	232327179.8	工业用地地上建筑假设均为低层
居住用地	23607092.61	123035463.1	246070926.1	地面制约因素不详，只计一半进行地下空间开发
道路广场用地	708661.21	4960628.47	14173224.2	地面制约因素不详，只计一半进行地下空间开发
对外交通用地	3194476.11	15972380.55	31944761.1	地面制约因素不详，只计一半进行地下空间开发
市政设施用地	1984586.71	9922933.55	19845867.1	地面制约因素不详，只计一半进行地下空间开发
仓储用地	3289596.4	16447982	32895964	地面制约因素不详，只计一半进行地下空间开发
水体	1923024.0	0	10658071.8	考虑水体保护，只用于微型隧道和交通隧道的开发
道路用地	22184095.63	162288669.4	463681912.6	
合计	102500000.0	651120892.1	1571536227	未扣除已开发量

4.2 城市地下空间需求预测

4.2.1 城市地下空间开发利用的需求表现及预测的意义

城市地下空间的开发利用是城市发展到一定阶段的产物。一般来说，当城市出现以下几种情况时，应认为产生了对地下空间开发利用的需求：

（1）城市发展用地严重不足，地面空间容量接近饱和，容积率过高，建筑密度过大，高层建筑过多，导致绿化率过低和环境恶化。

（2）城市交通矛盾发展到严重程度，经常发生大面积、长时间堵塞，单纯靠在地面上增加路网和拓宽街道已不可能疏导过大的车流量和人流量。

（3）单纯的地下交通设施需要大量资金，但很难取得较高收益，因此在地下交通设施沿线，特别是大站和线路交汇的节点，就产生了开发地下商业空间的吸引力。

（4）当城市受到战争或其他自然和人为灾害的威胁时，开发利用地下空间可以有效地起到综合防灾减灾作用。

（5）城市处于不良的气候条件下，如严寒、酷暑、风沙、多雨雪等。

（6）为了城市的安全，需建立能源和物资的战略储备，供发生战争和灾害时使用。

地下空间作为城市系统中的一个要素，与城市发展的其他要素之间关系密切。地下空间开发的功能类型和规模受到城市人口、用地规模、经济实力、基础设施建设水平、环境质量等诸多因素的影响和制约，反过来又对城市发展的其他方面起到制约与促进作用。因此，根据城市的自然条件和发展水平科学的预测地下空间开发利用的功能类型和规模，是实现城市协调、快速、可持续发展的客观要求，对城市发展具有十分重要的战略意义。

城市地下空间作为一种宝贵的自然资源，其开发利用具有不可逆性，一旦开发利用，就很难恢复原状，甚至无法改造重建。因此，在开发之前，须结合城市发展要求进行科学预测分析，引导城市地下空间资源在一个较为科学合理的限度和范围内进行有序开发，对合理利用和节约城市资源具有重大意义。

4.2.2 城市地下空间开发利用需求预测的原则

1. 协调性原则

城市地下空间是城市空间的重要组成部分，其开发利用应努力实现地下空间与地面空间在规模上协调、在功能上互补、在形态上整合、在环境上和谐。地下空间开发利用应注意将开发与保护相结合，将地下空间自身安全与防灾功能相结合，将科技与文化艺术相结合，努力实现地下空间适度有序发展和可持续发展。

2. 可操作性原则

地下空间需求预测的目的是解决地下空间规划编制过程中功能与建设量的问题，预测方法应适应规划编制的业务需要，选取的指标应具有较强的确定性和边界，预测所需的数据和其他资料应较容易获取，注重需求预测理论与方法的可操作性和实用性。

3. 适应性原则

由于地下功能类型设施的种类繁多，在进行地下空间开发规模预测时，有些设施能够进行量化预测，有些设施不易进行量化预测，有些地下设施系统本身已有相关的专项规划。因此，地下空间的需求预测应根据实际进行分类处理，针对不同的需求采取与之相适应的理论和方法。

4.2.3 城市地下空间开发利用需求预测的内容

城市地下空间需求分析可分为总体规划和详细规划两个层次。

在总体规划阶段，对城市地下空间利用的范围、总体规模分区结构、主导功能等进行分析和预测，明确城市地下空间利用的主导方针。总体规划阶段的需求预测应依据规划区的地下空间资源评估结果，综合规划人口、用地条件和经济发展水平要素确定。

在详细规划阶段，城市地下空间需求分析工作应对规划期内所在片区城市地下空间利用的规模、功能配比、利用深度及层数等进行分析和预测。城市地下空间详细规划需求分析应统筹规划定位、土地利用、地下交通设施、市政公用设施、生态环境与文化遗产保护要求等要素，充分结合土地利用及相关条件，明确地下交通设施、地下商业服务设施、地下市政场站综合管廊和其他地下各类设施的规模与所占比例。

地下空间的需求预测包括对地下空间开发利用功能类型、开发量和建设时序的预测，具体如下：

（1）根据城市发展对空间的需求，分析部分城市功能和设施地下化转移的必要性，进而对需要开发的地下空间功能类型进行预测；

（2）根据城市经济社会的发展现状及规划情况确定地下空间的开发时序；

（3）根据地下空间功能类型的预测分析，区别不同的规划范围、层次与设计深度，适当地分层次、分区位、分系统预测不同时期的地下空间资源开发量。

4.2.4 城市地下空间开发利用需求主体分析

地下空间建设需要明确动机，而不同相关者对地下空间的使用具有不同的动机。我国的情况大致可分为三类需求相关者：使用者、开发商、政府。

1. 使用者需求

就建筑功能需求而言，使用者一般并不会特别偏好地下空间，例如购物者进入地下商场，只是因为购物需求，而商场是否在地下并不重要，行人使用地下通道，只是因为过街需要，如果地面上有通道可以使用，行人更愿意使用地面通道。另外一些地下建筑功能需求也不是直接需求，例如地下变电站、垃圾转运站、污水处理厂等，这是市政设施对地下空间并没有直接需求，市民甚至可能并不直接使用这些地下设施，只是享受设施地下化带来的环境改善的外部效应。

相比建筑使用功能，使用者对地下空间环境质量的需求更为突出。长时间有人员活动的地下空间必须满足一定的建造标准，包括光学、声学、湿度、温度等标准，以满足使用者生理、心理上的需求。

2. 开发商需求

开发商的需求是获得最佳的经济效益，为此而开发利用地下空间，此种开发行为表现为一种投资需求。此时，地下空间是被作为一种生产资源而需要的。这种需要会受到法规的影响，在限制容积率且地价昂贵的地方，开发商更有动力开发地下空间以充分发挥土地的经济价值。对于典型的商业型地下空间来说，开发商获得经济效益是通过购物者在此消费实现的。因此开发商对商业地下空间的投资需求根本上是由市民的消费需求决定的。

3. 政府需求

政府在公共产品上的决策和投资主要是反映市民的需要。为保证地面环境质量，政府可能在土地利用率很高的地方开发地下空间，留出地面建造绿地，满足市民的需要，例如纽约曼哈顿的中央公园；在交通拥挤的市中心或重要交通枢纽开发包括地下的多层换乘枢纽等。这些项目中，直接投资开发地下空间的往往是政府，政府以市民的需求及城市发展目标、功能改善为动因而开发地下空间。这类地下空间的利用主要是公共产品，个人很少有足够的经济实力进行大规模开发，因此政府必然成为地下空间开发的主要推动者。政府代表市民的声音，保障城市的健康发展，直接对地下空间是否需要建设进行决策，并组织对地下空间进行规划设计，甚至直接参与建设。由于地下空间建设在整体和局部都涉及公众利益，因而就需要政府规划部门充分掌握当地需求，同时结合城市的发展目标、资源状况、资金和技术水平做出合理的决策。

4.2.5　城市地下空间需求预测方法

目前，国内外对城市地下空间需求量预测方法主要有以下几类：

1. 功能需求预测法

功能需求预测法是根据地下空间使用的功能类型进行分类，首先对地下空间从大的功能方面划分为四大类，再对这些功能进行细分，然后根据不同类型地下空间功能分别进行量的确定和预测，汇总得出地下空间需求规模，再根据城市发展需要确定其地下空间总的规划量，如图 4.3 所示。

2. 建设强度预测法

建设强度需求量预测方法是通过地面规划强度来计算城市地下空间的需求量，即上位规划和建设要素影响和制约着地下空间开发的规模与强度，将用地区位、地面容积率、规划容量等规划指标归纳为主要影响因素，并在此基础上，将城市规划范围内的建设用地划分为若干地下空间开发层次进行需求规模的预测，剔除规划期内保留的用地，确定各层次范围内建设用地的新增地下空间容量，汇总后得出城市总体地下空间需求量，其预测方法技术框图如图 4.4 所示。

3. 人均需求预测法

人均需求量预测法一般从两个指标着手进行预测，一个是地下空间开发的人均指标，另一个是人均规划用地指标。从城市规划用地的人均指标着手，将人均用地指标分为人均居住用地、人均公建用地、人均绿化用地、人均道路广场用地等，在此基础上相加，得到人均生活居住用地面积。根据城市总体规划中城市生活居住用地占城市总用地的比例，推算人均总用地量，结合规划人口规模，估算出城市规划人口生活用地总需求量。

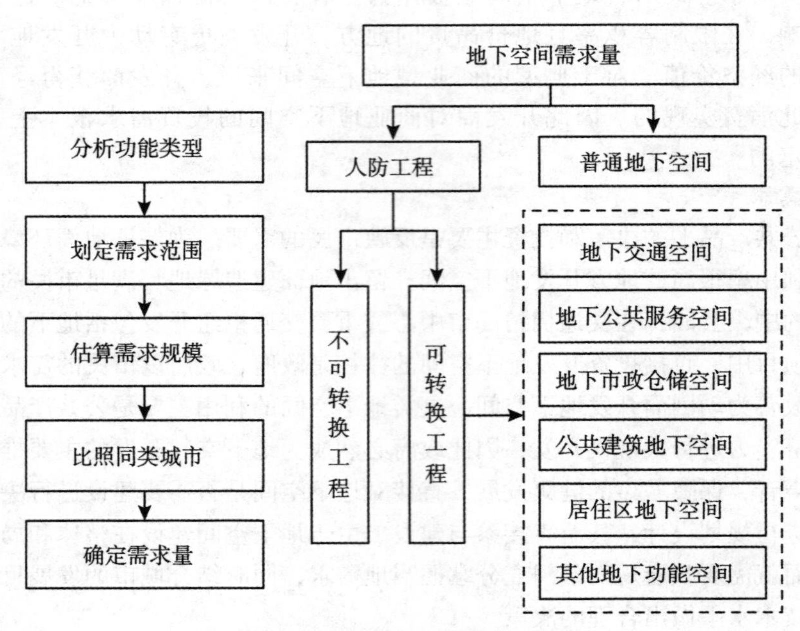

图 4.3　功能需求预测法框图

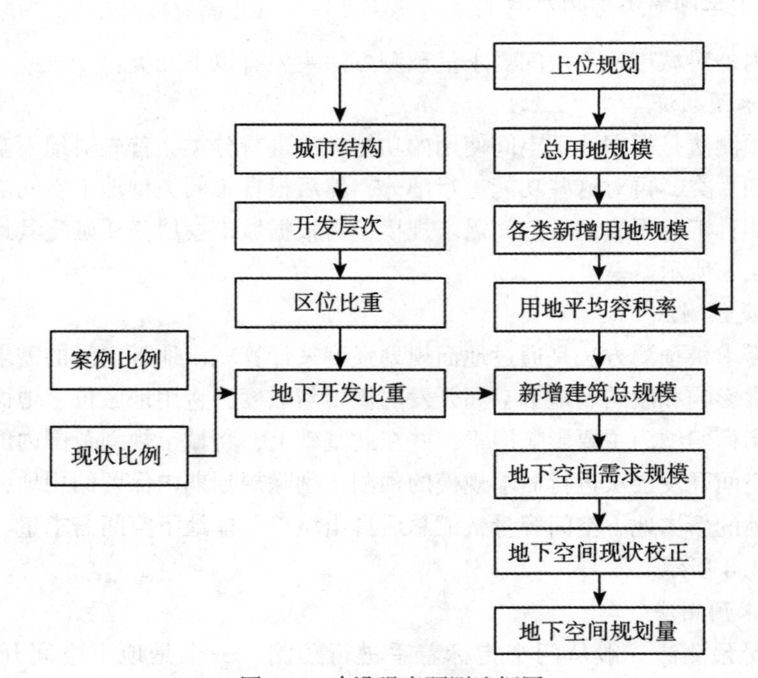

图 4.4　建设强度预测法框图

4. 综合需求预测法

综合需求预测法主要应用在厦门市地下空间需求量，此类需求预测法主要从三方面综合计算得出城市地下空间需求规模，其预测框图如图 4.5 所示。

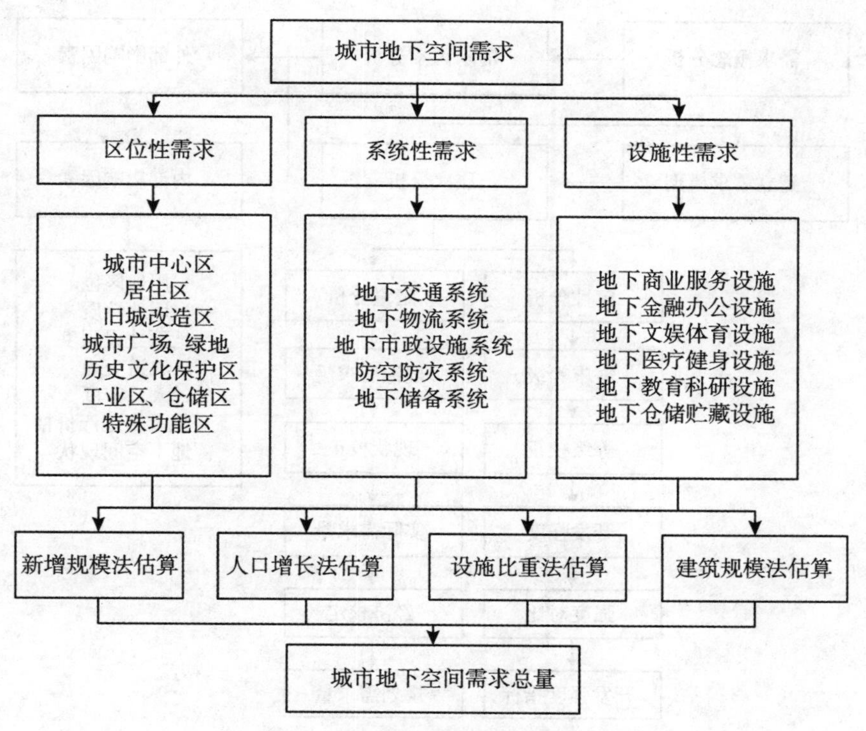

图 4.5　综合需求预测法框图

第一类是区位性需求，包括城市中心区、居住区、旧城改造区、城市广场和大型绿地、历史文化保护区、工业区和仓储区，以及各种特殊功能区。

第二类为系统性需求，有地下动态和静态交通系统、物流系统、市政公用设施系统、防空防灾系统、物资与能源储备系统等。

第三类为设施性需求，包括各类公共设施，如商业、金融、办公、文娱、体育、医疗、教育、科研等大型建筑，以及各种类型的地下贮库等。

在此功能性需求分析的基础上，依据需求定位，将城市各类用地进行梳理、归类，结合城市建设容量控制计算规划期内新增地下空间需求规模，汇总后计算得出地下空间需求总量。

5. *层次分析法*

层次分析法的技术框图如图 4.6 所示，主要步骤如下：

（1）在确定城市地下空间需求总体目标后，对影响城市地下空间需求的因素进行分类，根据各类影响因素深度和影响关系，确定若干个影响要素，建立一个或几个层次结构。

（2）比较同一层次中地下空间需求影响因素与上一层次的同一个因素的相对重要性，构造成比较矩阵。

（3）通过城市规划，同类城市地下空间现状规模、需求规模等指标的比照，确定不

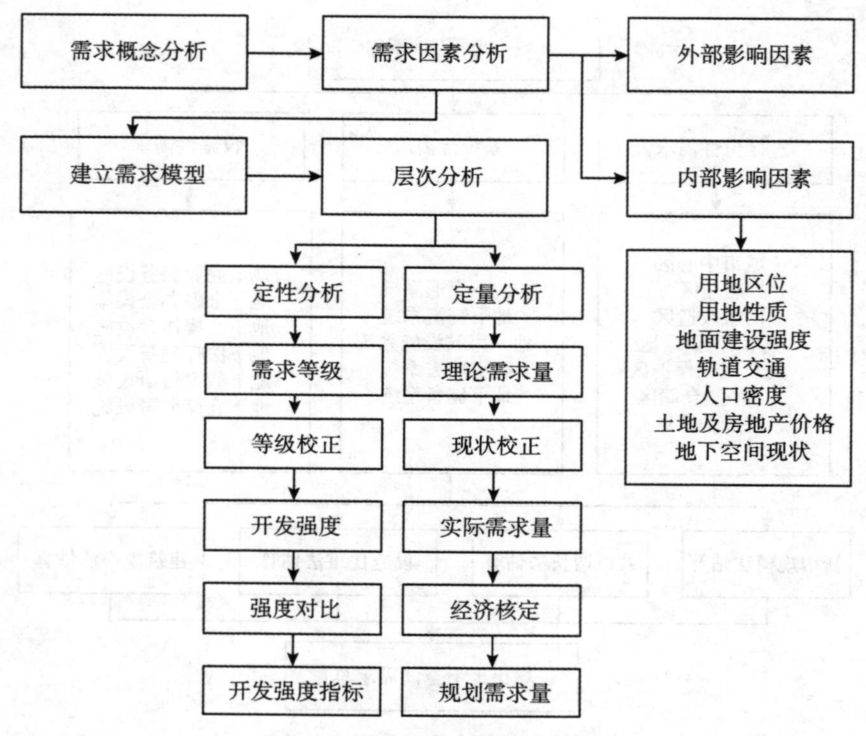

图 4.6　层次分析法的技术框图

同区位、层次、用地类型的地下空间开发强度控制指标。

(4) 通过计算，检验需求模型的一致性，并根据影响地下空间需求的其他影响要素对需求模型进行校正，得出比较科学的地下空间的需求规模。

6. 生态城市预测法

近年来，国内外研究中提出了生态城市新的评价方法如以下两种方法：

(1) 生态城市预测方法一：2005 年，解放军理工大学的研究人员提出了一种对生态城市地下空间需求进行预测的方法。该方法首先拟定生态城市若干评价指标及其标准取值，参见表 4.2 和图 4.7。建模后，按以下公式，分别计算出城市空间需求总量和地面空间需求总量：

$$X_{总} = \sum_{i=1}^{n} X_i$$

$$X_{上} = \sum_{i=1}^{n} i_{上}$$

则地下空间需求量为：

$$X_{下} = X_{总} - X_{上}$$

考虑到我国城市的发展水平与生态城市的目标尚存在不同程度的距离，建议按地下空间分区、分层、分期的开发原则，则将各项指标的标准值乘以系数 R，$0<R<1$。

表4.2　**生态城市评价指标及标准值**

项目（地域）		单位	标准值	依　据
人口结构	人口密度（市区）	人/km^2	3500.00	参照欧洲的西柏林、华沙、维也纳三市的平均值：3573人/km^2
	人均期望寿命（市域）	岁	78.00	东京现状值
	万人具高等学历人数（市域）	人/万人	1180.00	首尔现状值
基础设施	人均道路面积（市区）	m^2/人	28.00	伦敦现状值
	人均住房面积（市区）	m^2/人	16.00	东京、汉城等城市现状值
	万人病床数（市区）	床/万人	90.00	国内领先的城市，如太原的现状值
城市环境	污染控制综合得分（市区）	50为满分	50.00	环境保护部制定的现状值
	空气质量（SQ2）（市区）	μg/L	15.00	深圳现状值
	环境噪音（市区）	dB/（A）	50.00	国家一级标准
城市绿化	人均公共绿地（市区）	m^2/人	16.00	国内城市最大值
	绿化覆盖率（市区）	%	45.00	深圳的现状值
	自然保留地面积率（市域）	%	12.00	国家生态环境建设中期目标

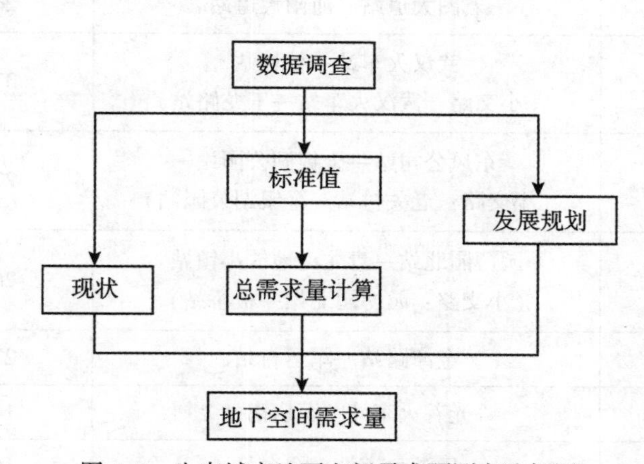

图4.7　生态城市地下空间需求预测方法框图

（2）生态城市预测方法二：2006年，同济大学也提出了一种按生态城市要求预测地下空间需求总量的方法，计算公式为：

$$S_{总} = (CL + CA/n + RA + GL) \times P \times \beta \tag{4.4}$$

式中，$S_{总}$——城市生态空间需求总量（m^2）；

CL——城市人均建设用地指标；

CA——城市人均建筑面积指标；

n——容积率，是指项目规划建设用地范围内全部建筑面积与规划建设用地面积之比；

RA——城市人均道路面积指标；

GL——城市人均公共绿地指标；

P——规划城市建成区内从事第三产业人口；

β——开发强度系数。

4.2.6 示例：武汉市地下空间需求预测（2020 年）

1. 地铁建设所需空间

根据武汉市轨道交通建设资料，截至 2020 年 12 月，武汉市轨道交通营运线路共 9 条（1 号线、2 号线、3 号线、4 号线、6 号线、7 号线、8 号线、11 号线、阳逻线），总营运里程为 358.37 千米，车站总数为 241 座，线路长度居中国第 7、中部第 1，具体见表 4.3 和图 4.8。

表 4.3 **武汉地铁营运线路详情（截至 2020 年 12 月）**

线路	起讫站	站数（座）	里程（km）
武汉地铁 1 号线	径河站—汉口北站	32	38.17
武汉地铁 2 号线	佛祖岭站—天河机场站 （小交路：光谷火车站—金银潭站）	38	60.8
武汉地铁 3 号线	宏图大道站—沌阳大道站	24	28
武汉地铁 4 号线	武汉火车站—柏林站 （小交路：武汉火车站—玉龙路站）	37	49.4
武汉地铁 6 号线	东风公司站—金银湖公园站 （小交路：老关村站—金银湖公园站）	27	35.95
武汉地铁 7 号线	园博园北站—青龙山地铁小镇站 （小交路：园博园北站—板桥站）	26	47.75
武汉地铁 8 号线	金潭路站—军运村站	27	39
武汉地铁 11 号线	光谷火车站—葛店南站	14	24.3
武汉地铁阳逻线	后湖大道站—金台站	16	35

按照扈颖（2008）提出的预测计算公式，可得武汉市地铁建设所需的地下空间开发规模 U_s 为：

$$U_s = A \times 20 + B \times 1.2 \times 1000 = 358.37 \times 1000 \times 20 + 241 \times 1.2 \times 1000 = 745.66 \times 10^4 (\mathrm{m}^2)$$

2. 地下停车库建设所需空间

根据《2020 武汉市交通发展年度报告》中的统计可知，2009—2019 年期间武汉市机动车拥有量从 95 万辆增长到 350.9 万辆。机动车中小汽车的平均停车用地面积为 22m²/辆，机动车中载重车的平均停车用地空间为 45m²/辆。为了便于计算，可采取国际上比较

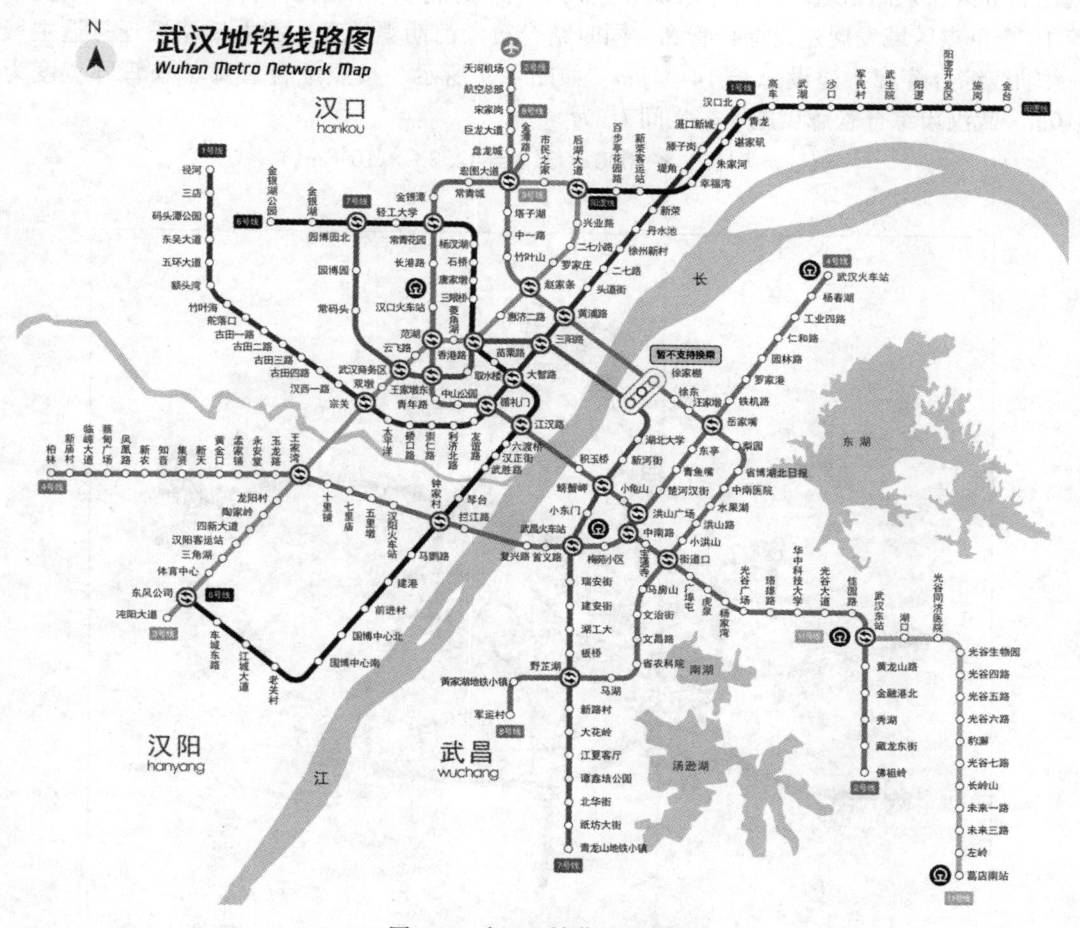

图 4.8　武汉地铁营运线路图

公认的标准，把机动车的平均停车用地面积取为 35m²/辆。同时，参照上海、北京、深圳目前的标准，把规划期内武汉市主城停车地下化率定为 60%，可得地下车库建设需求量 U_g 为：

$$U_g = 60\% \times 35 \times 350.9 \times 10000 = 7368.9 \times 10^4(\mathrm{m}^2)$$

3. 武汉市地下防灾设施建设所需空间

根据《武汉市第七次全国人口普查公报》中的统计可知，截至 2020 年 11 月 1 日，武汉市常住人口为 1232.6518 万人。根据我国人防工程设计规范，城市人均人防工程面积一般为 1.2m²/人。我国各城市的人防疏散比例取值有所不同，其变化范围为 50%~65%，武汉的人防疏散比取 60%，则武汉市地下防灾设施所需空间 U_d 为

$$U_d = 60\% \times 1.2 \times 12326518 = 887.51 \times 10^4(\mathrm{m}^2)$$

4. 武汉市地下市政设施建设所需空间

根据《武汉市综合管廊专项规划（2016—2030）》，武汉市近期规划（至 2020 年）主要结合武汉中央商务区、汉正街中央服务区、二七滨江商务区、武昌滨江商务区、青山

滨江商务区、东湖新城、光谷中心城、蔡甸中法生态新城、阳逻新城、东西湖吴家山新城等10个重点区域发展建设综合管廊，同时结合黄孝河明渠治理、武九铁路搬迁打造主城2大轴线综合管廊，建设总长141.1km，如图4.9所示。按照综合管廊单仓管廊宽度为3.0m，武汉市综合管廊设施所需空间 U_m 为

$$U_m = 141.1 \times 1000 \times 3.0 = 42.33 \times 10^4 (m^2)$$

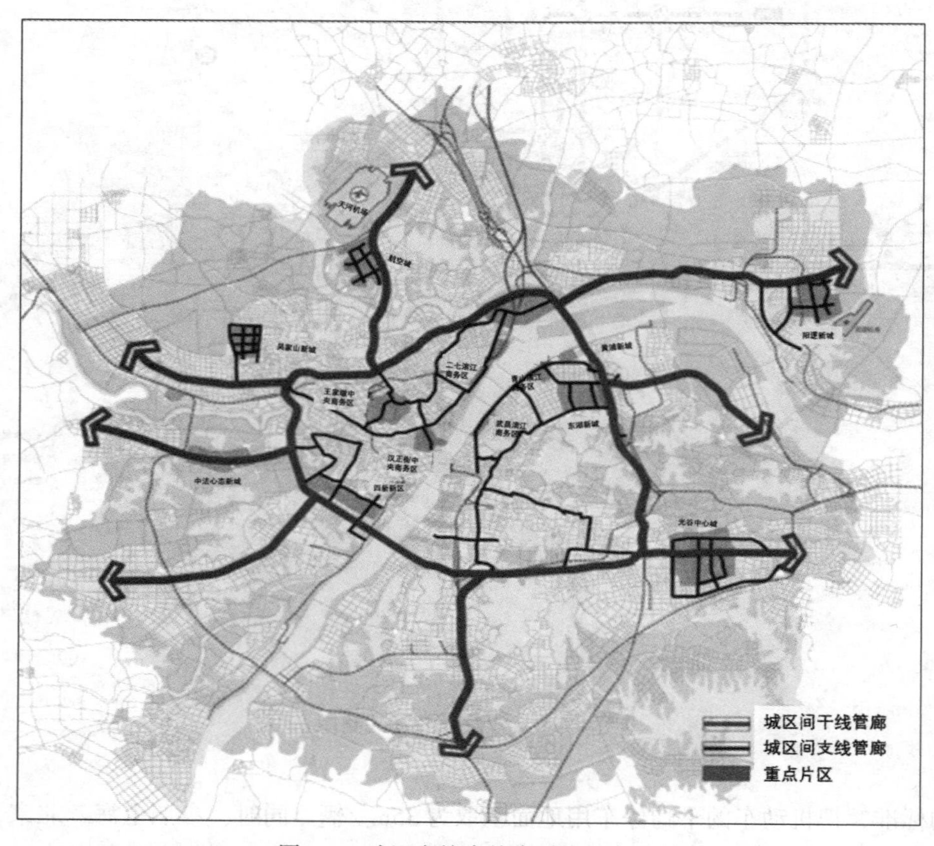

图4.9 武汉市综合管廊系统示意图

4.3 城市地下空间需求影响因素的分析

影响城市地下空间需求量的因素有很多，根据统计分析得出其主要影响因素有七个：空间区位、用地功能、地面建设强度、轨道交通、人口密度、地价和房地产价格、地下空间现状。

4.3.1 空间区位与地下空间需求

城市不同的空间区位对地下空间开发利用需求规模和类型有着较强的影响，城市流动性较高的公共开敞空间（商业中心、行政中心、文化中心）、地下轨道交通枢纽站、城市

交通枢纽等区位优越的城市空间或功能设施，其地下空间开发的需求规模及价值潜力较高。从城市空间要素分析，城市地下空间开发的需求与空间区位、土地价值成正比，与联络时间及距离成反比。不同空间区位土地价值的高低对地下空间开发利用需求有着直接的影响。商业中心等空间区位由于对空间容量和空间层次需求的不断增长，也决定了其对地下空间开发的强大需求。空间区位等级与地下空间开发的需求及其经济效益直接相关，距离这些空间区位越近的地点，其地下空间开发的需求强度越大，经济效益越高。

4.3.2 用地功能与地下空间需求

不同类型的用地性质对地下空间的需求有不同的影响。城市土地开发类型对地下空间的不同需求，决定了用地性质对地下空间开发需求等级的影响，详见表4.4。

表4.4 城市用地性质对地下空间需求影响

用地性质	区位因素	地下空间开发动力	开发需求	适合的开发类型
商业用地	租金、交通、人流	扩大城市容量、交通立体化、土地价值最大化	☆☆☆☆	结合商业、文娱、交通枢纽等功能低下综合体
行政/文娱用地	交通、接近服务对象	停车地下化、提高防护	☆☆☆	地下车库
居住用地	租金、交通、适宜性	停车地下化、提高防护	☆☆☆☆	地下车库
道路广场用地	交通、人流	停车、公共设施地下化、改善地面环境	☆☆☆☆	结合商业、文娱、交通等功能的地下公共服务设施
公共绿地	市民需求、政府规划	创造良好城市空间环境	☆☆☆	提供文体娱乐、公共交往等功能的半地下开敞空间
交通用地	政府规划、城市需求	节约地面空间、改善环境	☆☆☆	地铁、市政设施综合管廊
工业用地	租金、交通、土地适应性、劳动力、市场、环境保护	节约土地资源、减少工业污染	☆	地下仓库、需要地下环境的特殊工业车间
仓储用地	租金、用地要求	节约土地资源	☆☆	地下仓库、地下物流系统
市政设施用地	城市需求、用地要求、政府决策	市政设施更新改造	☆☆	地下市政设施、市政设施综合管廊
农业用地及水域	租金	缺乏开发动力	☆	不适合开发

注：☆表示地下空间开发需求等级。

（1）商业金融用地：对地下空间需求主要表现为潜在的经济价值。有统计数据表明，城市商业中心区地下空间，地下一、二层的经济效益一般与地面一、二层相当，比地面三层以上的经济效益要好，节约的土地和产生的商业价值是其他任何区位都无法相比的。在环境效益方面，城市功能设施的地下化可以有助于改善地面空间环境，缓解城市交通压力，增强各商业空间的连通性。在社会效益方面，快捷、秩序、安全的地下轨道交通和地下快速通道可以疏解城市商业区的人口压力，减少地面环境污染，改善城市居住环境。城市商业中心区的市政设施地下化，可以优化城市土地资源，增加城市公共活动空间，有利市政功能的集约化管理和运营。

（2）行政办公用地：其对地下空间需求的主要表现为地下车库、地下通道等。由于这些用地的使用具有内部性和相对独立性，一般情况下，无论是内部交通环境还是空间环境，地下空间开发的动力主要是地下停车，因此需求较高。

（3）居住用地：居住是城市的一个主要功能，随着城市立体化开发的不断深入，人们越来越重视小区对地下空间的开发利用。居住区内地下空间的开发利用可以把一些对空气阳光要求不高的设施放入地下，如车库、变压站、高压水泵站、垃圾回收站等，从而节省更多的地面空间用于绿化，提高居住区的环境水平。分户仓储、公共服务、娱乐餐饮等附属设施均可用地下空间解决。居住区开发地下空间需求很高，能创造很好的环境效益和社会效益。

（4）绿地、广场用地：城市广场绿地往往处在城市绝对区位的中心或一般区位的相对中心，是为市民提供休闲娱乐、聚会、公共活动的开敞空间，也是城市中土地相对开发强度较低的区域，且受地面环境的影响较小。城市对空间资源的需求强度大与开发的相对容易决定了广场绿地开发地下空间的巨大潜力。城市广场绿地的开发可以扩大城市空间容量，创造良好的社会效益和环境效益；完善广场绿地的功能，塑造良好的空间环境；改善交通环境，其经济收入可以用于广场绿地的建设管理。因此广场绿地地下空间的经济、社会、环境效益一般很高，需求强度也较高。

（5）城市道路：城市道路组成了城市的基本骨架，其下部空间则是市政管线的主要收容空间，也是地下街、地下停车、地下机动车道、地铁隧道、市政设施综合廊道等其他地下空间优先开发的重要用地。道路下地下空间的开发可以完善道路功能，确保城市道路的稳定安全，保护城市环境，增强城市的防灾抗灾能力。

（6）工业用地：在城市工业区地下空间开发利用的好处是可以节约土地，减轻工业污染，保护环境，有利于节约能源及满足一些特殊工艺对生产环境恒温、恒湿、无振动的要求。因此，城市工业区对地下空间资源有一定的需求。

（7）仓储用地：过去的地下仓储主要是储藏粮食，随着城市功能的完善，仓储空间的需求极大扩展，如油库、气库等。这些仓储空间如放置在地上，势必占用大量的地面空间，对土地资源是巨大浪费，且存在严重的安全隐患。因此，利用地下空间的隐蔽性，非建设用地的可用性等条件，开发利用地下空间进行地下仓储，不但能节约能源、土地，而且具有很好的防灾减灾效果。

（8）教育科研及其他用地类型：教育科研用地具有多重功能，如居住、体育、行政办公等，一般对地下空间的开发需求不大，主要是一些地下车库、地下娱乐设施、地下图书馆等及特殊公共设施。

（9）水域：在水域下开发地下空间难度较大，尤其在城市中的水域下部地下空间资源的开发利用，很可能导致地质环境改变，地表水干涸及工程事故。但在特定区域，出于交通、市政、景观、环境、旅游等的需要，水下地下空间的开发利用也十分必要，主要形式是隧道、地下公共设施、观光娱乐设施等，开发需求量不大，如上海过江隧道、青岛海底世界、南京玄武湖隧道、武汉水果湖隧道、东湖通道等，均具有较强而特殊的功能和效益。

4.3.3 地面建设强度与地下空间需求

近年来，城市兴建了大量的高层建筑，表现为点的发展，线的延伸和面的扩大。但这种发展方式产生了越来越多的问题，在创造新的城市空间的同时，也导致了城市交通日益超载，城市中心越来越拥挤。由于城市人口的迅速增加和建设规模的不断扩大，特别是建筑容量的急剧增加，使城市的综合环境进一步恶化，在不断改善地面环境的同时，向地下寻求空间容量是很重要的一种途径。因此，地下空间在某种意义上是随地上建筑规模的增加而逐步扩大的，地面开发强度越高，对地下空间的需求越强。

4.3.4 人口密度与地下空间需求

土地开发的强度越高，提供的职工岗位数就越多，商业、服务等功能越强，该区域自然而然就成为人流和车流的主要吸引点，从而产生大量的车辆停放需求。因此，人口规模、职工岗位数以及交通吸引量对停车需求的影响可以通过土地的开发利用特征来体现，土地使用性质与开发强度是诱导停车需求的决定因素。

地下空间的开发利用不仅解决了由于人口快速增长造成的用地紧张，还为个人就业带来更多的机会，同时增加了人均绿地面积，城市地下空间的开发利用，为人类提供了一个巨大的空间资源。

4.3.5 轨道交通与地下空间需求

地铁是城市地下空间的骨干线，是地下公共空间的发展轴，地铁线网不仅串联地铁沿线众多车站，并易于与站点周边地区形成地下连通的大型地下综合空间，形成巨大的地下空间聚集效应和网络效应，大幅度直接提升地下空间的综合价值，有巨大的经济效益和社会效益带动作用。

以轨道交通为导向的城市地下空间利用模式，解决了城市繁华地区的对外交通问题，同时在保证地面交通通畅和绿地面积的前提下，在市中心增加商业街、地下大型商场、地下文化娱乐设施，大大扩展商业容量，增强了土地的聚集效应，使其成为地面空间效益的延伸。因此通过地下轨道交通的建设带动城市地下空间的综合利用，不仅能够满足城市人口激增，环保意识增强及交通拥挤对集体运输系统的需求，而且可以通过利用地下交通节点的商用设施和地铁沿线的住宅及商用物业的开发，实现城市土地效益的进一步提升。

4.3.6 地价、房价与地下空间需求

地价、房地产价格越高的地区，地下空间开发需求越大，越可以充分发挥其地下空间开发利用对土地的利用效益，使单位土地使用效率扩大。地价、房地产价格反映地价、房地产利用所能产生的经济价值和使用成本。

城市地下空间重点开发区域，应是城市建设、改造的重点，也是地下空间需求量大，对城市功能与市容影响重大的地区，可以归纳为以下几类地区：

（1）人口稠密的旧城中心区；
（2）城市中心、次中心；
（3）地铁沿线腹地及车站；
（4）城市内外交通枢纽。

4.3.7 地下空间现状与地下空间需求

已开发利用的地下空间是城市地下空间开发规模已被利用的部分，属于保护和保留对象，应进行详细的现状调查。已开发利用的地下空间对周围岩土体稳定性有很高的要求，为了保证已有地下空间的安全和使用，规定其周围一定范围内的地下空间需求为不宜开发范围。当工程地质条件较好时，可假定地下工程的影响范围为其地下空间所占建筑面积的1.5倍；工程地质条件较差时，其影响范围更大，应根据现状和地质条件确定其影响范围。

思考题

（1）简述城市地下空间资源评估的意义、指标、内容和技术。
（2）以你熟悉的城市为例，简述该城市的地下空间资源数量。
（3）选择一种调查评估技术，详细讲述其使用方法。
（4）简述城市地下空间资源需求预测的意义、原则、内容和方法。
（5）以某城市为例，简单预测其地下空间需求量。
（6）影响城市地下空间需求的因素有哪些？

第 5 章　城市地下空间总体规划

地下空间总体规划是对一定时期内规划区内城市地下空间资源利用的基本原则、目标、策略、范围、总体规模、结构特征、功能布局、地下设施布局等的综合安排和部署。

5.1　城市地下空间规划的基本原则与规划期限

5.1.1　规划原则

由于地下空间开发的不可逆性，在城市地下空间开发时，开发的强度应一次到位，避免将来城市空间不足时，再想开发地下空间时无法利用。其次，要对城市地下空间资源有一个长远的考虑，在规划时，要为远期开发项目留有余地，对深层地下空间开发的出入口、施工场地留有余地。在城市地下空间规划时，往往把容易开发的广场、绿地作为近期开发的重点，而把相对较难开发的地块放在远期或远景开发。实际上目前越难开发的地块，随着城市建设的不断展开，其开发难度将越来越大。有的可能变得不可开发。鉴于上述地下空间的自身的特点，在进行地下空间规划时，应注意以下几个原则：

（1）资源保护原则：在城市地下空间规划中，应注重对生态、历史文化遗产、自然资源、河流水系等资源的保护，促进城市地下空间建设与资源保护之间的协调发展；

（2）远近相呼应原则：应注重规划的前瞻性和建设的有序性，注意近期和远期规划的相互呼应；

（3）平战结合原则：城市地下空间本身具有抗震能力强、防风雨等防灾功能，具有一定的抗各种武器袭击的防护功能，因此城市地下空间可作为城市防灾和防护的空间，平时可提供城市防灾能力，战时可提供城市的防护能力。为了充分发挥城市地下空间的作用，应做到平时防灾与战时防护相结合，做到一举两得，实现平战结合。

城市地下空间平时与战时结合有两方面的含义：一方面，在城市地下空间开发利用时，在功能上要兼顾平时防灾和战时防空的要求；另一方面，在城市地下防灾防空工程规划建设时，应将其纳入城市地下空间的规划体系，其规模、功能、布局和形态应符合城市地下空间系统的形成。

（4）公共优先原则：城市地下空间是地面空间的重要补充，主要为地面空间提供支撑性服务设施，如地下交通设施、地下市政公用设施等。因此，规划时应优先保障地下市政设施、服务设施、公共服务设施等空间的需求。

（5）系统优先原则：系统设施指地下轨道交通设施、地下市政管线等具有连续性、网络型、系统性特征的设施。一般情况下，当地下轨道交通设施与其他地下交通设施相冲突时，地下轨道交通设施应优先；相对独立的地下交通空间开发应优先满足公交场站、自行车停车库等绿色交通方式的空间需求。

《南京市城市地下空间开发利用总体规划（2015—2030）》中的地下空间规划原则就是在上述四个基本原则的基础，根据城市自身的特点，更加细致地制定，具体如下：

（1）科学适度原则，科学评估地下空间资源，明晰开发利用潜力；融合生态低碳、海绵城市理念，适度利用地下空间；针对不同片区地域特征，提出适宜的开发利用策略。

（2）集约高效原则，挖掘地下存量和低效资源，进行存量空间开发；强调功能业态的多元复合，综合利用地下空间；明晰地下空间的竖向构成，地上地下统一开发；提倡站城一体化建设，优化立体交通组织，提成城市运行效能。

（3）以人为本原则，人性化组织公共活动网络体系；营造舒适通达、环境优美、空气清新、辨识性强的地下空间。

（4）融合发展原则，地下空间与人防工程平灾、平战结合发展，平时服务于社会和经济发展建设，灾时用于民众应急疏散与临时掩蔽，战时服务于防御掩蔽；实现人防工程建设和城市建设的融合发展。

5.1.2 规划期限

城市地下空间总体规划阶段的期限应与城市总体规划一致。规划期限一般为 20 年，同时应当对城市远景发展作出轮廓性的规划安排，近期建设规划期限一般为 5 年。

《南京市城市地下空间开发利用总体规划（2015—2030）》中的地下空间规划期限为 2015—2030 年，近期至 2020 年，远期至 2030 年，远景展望到 2050 年。《天津市地下空间开发利用总体规划（2017—2030）》中的地下空间规划期限为 2017—2030 年，中近期到 2020 年，远期到 2030 年。

5.2 城市地下空间规划的目标及指标体系

5.2.1 规划目标

地下空间总体规划的目标设定一般都会包括近期、远期和远景三个时期的规划目标。考虑到远景目标的时限较远，会有很多不确定因素，因此，很多城市会着重明确近期和远期目标。在近远期目标中，需明确重点建设区的范围、重点建设的地下空间类型、分区规划情况、地下空间总体布局以及优先开发深度等，

《南京市城市地下空间开发利用总体规划（2015—2030）》中的发展目标以“科学适度、集约高效、以人为本、融合发展”为原则，以新区和枢纽地区建设为重点，以优化提升旧城区地下空间综合效能为突破，创新构建“地上地下一体化、功能类型多样化、设施系统网络化、空间环境人性化”的地下空间资源综合开发利用与保护体系，全面实现“生态持续、复合有序、精细舒适、安全便捷”的南京市城市地下空间开发利用总体目标。

《天津市地下空间开发利用总体规划（2017—2030）》中的规划目标分了几个子目标，具体如下：

（1）公益性地下空间规划目标。至 2030 年，结合地铁网络建设“一主五副”重点地

区的地下空间和一批地下空间重点建设项目，形成中心城区地下空间开发利用的结构体系。完善地下交通网络，以地铁换乘枢纽为基点，以地铁线路为发展轴向，结合市、区级公共中心和城市重点地区建设地下综合体，建设地下公共设施和地下公共停车场。大力发展市政综合管廊建设，推动发展地下市政设施，形成规模和体系，达到地下空间利用较高水平。在地下空间规划管理方面，对公益性地下空间实施严格管控，明确公益性地下空间开发的优先原则，合理预留未来发展空间。

（2）市场性地下空间规划目标。至2030年，市场性地下空间应坚持以市场为导向，在满足地下空间管控通则要求的前提下，合理发展符合自身需求的地下空间，成为地面功能的重要补充。

《武汉市地下空间综合利用规划（2017—2035年）》中的规划目标为：围绕建设国家中心城市的总目标，建成地下、地上空间分工明确、集约高效的现代化立体大都市。至规划期末，武汉市地下空间总量将达到7500万~8000万平方米，突出安全、多元、高效、立体的四大发展方针。安全方面，规划根据地下工程地质条件以及资源分布情况，划定地下空间禁限建分区，严格管控不同分区地下空间项目建设；多元方面，强化“三级十二类”地下功能利用，包括基础保障型、拓展鼓励型和战略预留型；高效方面，确定“三个圈层+多线放射+三级节点”的地下空间利用结构，在主城区成网、在新城区成轴、重要节点重点建设的发展格局；立体方面，建立“分层利用，浅层优先”的利用格局，分别布置不同功能类型，优先利用浅层空间。在总体框架结构下，分别编制完成了地下轨道交通、地下车行交通、地下停车场、地下深隧、地下综合管廊、地下人防、地下文体设施以及地下商业设施专项规划，并提出了地下物流系统发展构想以及地下各系统之间集约高效发展策略。

5.2.2 规划指标体系

为了使城市地下空间两个阶段发展目标的构想成为进一步制订发展规划的导向和依据，建立一个系统的、综合的、量化的指标体系是有益的，不仅可加强规划的科学性和可操作性，还可以作为规划实施过程监督、检查的标准。将地下空间规划提出的在一定期限内应达到的相互关联的指标等加在一起就构成了一个指标体系。

地下空间规划指标体系可分为基本指标体系和参照指标体系两大类。基本指标体系直接反映开发利用地下空间的目的和作用，以及与城市现代化的关系，属于在规划期内必须实现的控制性指标；参照指标体系主要反映城市的社会经济发展目标和城市现代化前景，作为基本指标提出的背景和城市生活质量提高的目标。城市地下空间规划基本指标体系见表5.1，参照指标体系见表5.2。

表5.1 城市地下空间规划基本指标体系框架

序号	指标类别	指标构成	单位
1	土地利用	城市用地面积	km^2
		单位城市用地面积GDP	亿美元/km^2
		单位城市用地社会商品零售额	亿元/km^2

续表

序号	指标类别	指 标 构 成	单位
2	空间容量	地下空间开发量占地面建筑面积的比重	%
		单位城市用地面积建筑容纳量	m^2/ km^2
		容积率提高贡献率	%
		建筑密度降低贡献率	%
3	城市交通地下化	地下轨道交通运量占公交总运量的比重	%
		地下快速道路分流小汽车交通量的比重	%
		地下物流占货运总量的比重	%
		地下停车位占停车位总量的比重	%
		交通枢纽的地下换乘率	%
4	市政设施地下化、综合化	污水地下处理率	%
		中水占供水量的比重	%
		雨水地下储留量占年总降水量的比重	%
		固体废弃物地下资源化处理率	%
		市政管线地下综合布置率	%
		市政设施厂站建筑物、构筑物地下化率	%
5	资源的地下储存与循环利用	地下储存清洁水占总供水量的比重	%
		余热、废热回收热能占城市供热量的比重	%
		新能源开发利用占总能耗的比重	%
		地下储存热能、水能、机械能占能源总量的比重	%
6	环境保护	绿地面积扩大对环境改善的贡献率	%
		空气污染（包括二次污染）减轻对环境改善的贡献率	%
		降低城市热岛效应对环境改善的贡献率	%
7	城市安全	家庭地下防灾掩蔽率	%
		个人地下公共防灾空间掩蔽率	%
		城市重要经济目标允许最大破坏率	%
		城市生命线系统允许最大破坏率	%
		救灾食品、饮用水、燃料等地下储备的保障能力	天/人
		燃气、燃油、危险品的地下储存率	%

表 5.2　城市地下空间规划参照指标体系框架

序号	指标类别	指 标 构 成	单位
1	经济发展水平	人均 GDP	美元/人
		农业产值占 GDP 比重	%
		第三产业产值占 GDP 比重	%
		第三产业从业人口占总人口比重	%
2	社会发展水平	城市人口占总人口比重	%
		非农业劳动力占总劳动力比重	%
		科技进步贡献率	%
		基尼系数	%
3	人口素质与生活水平	成人识字率	%
		适龄人口大专学历占总人口比重	%
		每 10 万人拥有医生数	人
		平均预期寿命	岁
		人年均收入	元/人
		恩格尔系数	%
		人均居住面积	m^2/人
		家庭住房标准	套/户
4	环境质量	绿化覆盖率	%
		污水处理率	%
		固体废弃物无害化和资源化处理率	%
		空气中可吸人颗粒物允许超标天数	天
		空气质量二级和二级以下天数	天

表 5.1 中两个最重要的指标：①土地利用率：单位面积城市用地的产出率，即地均 GDP；②土地的容纳率：单位用地面积所容纳的建筑量。

5.3　城市地下空间规划的任务与内容

5.3.1　规划任务

在《中华人民共和国城乡规划法》中，将城市规划划分为总体规划（包含各类专项规划）和城市详细规划两类，其中详细规划又分为控制性详细规划和修建性详细规划。大、中城市在总体规划的基础上，可以编制分区规划。城市地下空间规划的阶段划分与此规定相对应。城市地下空间规划各阶段的具体任务如下：

1. 总体规划

除包括城市总体规划的通常内容，如规划依据、原则、范围、期限等外，还应提出城市地下空间资源开发利用的基本原则，发展战略和发展目标，确定地下空间利用的功能、规模、总体平面布局和竖向布局，统筹安排近期、远期地下空间开发利用项目，确定各时期地下空间开发利用的指标体系、保障措施和管理机制。

2. 控制性详细规划

以对城市重要规划建设地区地下空间的开发利用加以控制为重点，详细规定各项控制指标，对规划范围内以开发地块为单元提出指导性或强制性要求，为地下空间建设项目的设计和规划的实施与管理，提出科学的依据和监督的标准。

3. 修建性详细规划

依据控制性详细规划所确定的各项控制指标和要求，对规划区内地下空间的平面布局、空间整合、公共活动、交通组织、空间联通、景观环境、安全防灾等提出具体的要求，协调道路广场绿地等公共地下空间与各开发地块地下空间在交通、市政、民防等方面的关系，为进一步的城市设计和建设项目的设计提供指导和依据。

5.3.2 规划内容

根据城市地下空间规划阶段的划分，各阶段的规划内容如下：

1. 总体规划内容

（1）地下空间利用现状调查及问题分析。

（2）地下空间资源调查与评估。

（3）地下空间利用的发展目标与发展规模。

（4）地下空间结构与总体布局。

（5）对于城市中的各级中心区、城市重点再开发地区及重要交通枢纽地区、大型居住区及危旧房改造区、大型城市广场及公共绿地、历史文化保护区及文物古迹保护区、大型文化、体育、商贸等设施所在地区以及新城区及各类新开发区等，应编制区域型地下空间总体规划。

（6）对于城市轨道交通系统、道路交通系统、步行道系统及静态交通系统、物流系统、市政公用设施系统、城市安全保障系统、水资源、能源及各类物资储备系统等应编制系统型地下空间总体规划。

（7）在编制城市地下空间总体规划时，应明确近期建设规划，提出发展远景规划（或构思），并对中心城以外的市、县、镇地下空间开发利用提出指导性概念规划。

（8）城市地下空间规划的管理性内容，包括：地下空间规划所涉及重要内容的专题研究，地下空间开发的经济、技术、环境、安全等综合效益评估，地下空间规划的相关法律、法规与政策，地下空间规划的管理机制与体制。

2. 控制性详细规划内容

地下空间详细规划的编制只能在城市总体规划和城市地下空间总体规划的框架内进行，即在路网布局、道路宽度和断面形式、街区的划分和每个地块地面建筑情况等都已基本确定的条件下进行。因此，如果分别对城市主干道、公共建筑地块（街区）、居住建筑地块、城市广场和绿地、市区级商业中心等处提出地下空间详细规划的要求，基本上可以覆盖整个规划范围。

（1）城市主干道下地下空间控制性详细规划内容，包括：

①直埋市政管线的位置、间距、标高；

②综合管线廊道的位置、断面尺寸、埋深；

③地铁区间隧道的位置、埋深，地铁车站的位置、埋深，地铁车站出入口位置及人流组织；

④地下车行道和人行道路的位置、走向、断面尺寸、埋深；

⑤地下商业街的位置、长度、宽度、层数、面积、出入口位置；

⑥地下停车场的容量、面积、层数、埋深、出入口位置及车流组织。

（2）公共建筑地块下地下空间控制性详细规划内容，包括：

①公共建筑地下室的层数及各层使用功能；

②高层建筑裙房地下室的范围、面积、层数；

③地下建筑的出入口位置、通风口位置；

④地下建筑与周围地块地下建筑的连通要求；

⑤地下市政设施的位置、面积、层数、埋深；

⑥地下停车库的配建指标、位置、面积、层数、出入口位置。

（3）居住建筑地块下地下空间控制性详细规划内容，包括：

①高层住宅地下室的层数及各层使用功能；

②多层住宅地下室（或半地下室）的设置要求，防空防灾地下室的面积指标和防护要求；

③地下市政设施的位置、面积、埋深，以及与住宅的安全距离；

④地下停车库的配件指标、位置、层数、面积、出入口位置及车流组织。

（4）市、区级商业中心地下空间控制性详细规划内容，包括：

①地下综合体的位置、功能，以及各组成部分的比例、面积、层数、出入口位置、形式；

②道路、广场下的地下综合体与道路两侧建筑物及其地下室的功能联系和空间关系，总体的城市设计要求；

③地下综合体内部水平与垂直交通的组织，与地铁车站及地面公交车站的换乘要求；

④地下停车场的容量、位置、面积、层数、车辆出入口位置与出入车流的组织；

⑤地下停车场的排风口设置要求和排放气体的环保标准；

⑥地下建筑采光天窗的设置要求及地面以上部分的处理方法。

（5）城市广场、绿地下地下空间控制性详细规划内容，包括：

①地下空间开发范围、位置及与广场、绿地面积的比例关系；

②地下空间利用的功能、内容、面积、层数、出入口位置与形式；

③地下建筑顶部有绿地或喷泉时的处理方法；

④地下停车场的位置、容量、层数、出入口交通组织、排风的环保要求。

3. 规划的编制要求

（1）在暂缺正式国家级地下空间规划编制办法时，城市地下空间规划的编制应主要参照2006年建设部颁布实施的《城市规划编制办法》的有关规定执行。

（2）编制城市地下空间规划，应当以科学发展观为指导，以实现城市现代化和构建和谐社会为总目标，以建设资源节约型、环境友好型城市，不断提高城市生活质量为总目的。

（3）编制城市地下空间规划，应当以经过批准实施的城市总体规划，分区规划和详细规划为依据，遵守有关国家法律、法规、标准和技术规范。

（4）编制城市地下空间规划，必须从本城市实际情况出发，突出城市特色，适时适度地开发利用地下空间，既不滞后于城市发展的需要，也不应盲目攀比，超前开发。所有发展目标、指标、规模、数量等，均须经过专题研究和科学论证。

（5）应当坚持城市地面、地上、地下三维空间的统筹规划，协调发展，综合利用，分步实施。在节约城市用地的前提下扩大城市空间容量，在节约水资源、能源的前提下改善城市生态环境，提高城市生活质量。同时，应充分发挥地下空间在防护上的优势，提高城市的安全保障水平。

（6）应当注重保护城市的人文资源和历史文化，重视地下空间使用者的生理需求和心理感受，创造人性化的，方便、宜人、安全的地下空间环境，提升地下空间的吸引力和竞争力。

（7）对城市已有地下空间，应分情况，采取保留、改造、整合等措施，使之融合在新的规划之中，少数无保留价值的应加以废弃。

（8）近期规划应明确、具体、操作性强、时序安排合理，远期规划应注重方向性、预见性和前瞻性。同时，为本规划期以后的发展创造条件，对发展远景加以考虑和构想，指明发展方向。在关系到国计民生的重要问题的重大工程建设中，最大限度地发挥地下空间的积极作用。

（9）在编制地下空间规划的同时，应完成相关法规体系建设，从法制、机制、体制、权属、使用、管理等方面加以把握，以保障规划的实施与管理。

5.3.3 城市地下空间规划相关文件

在基础资料详细调研之后，预测地下空间的需求量，根据国家相关法律，按照工程技术和环境的要求，制定地下空间开发利用的发展战略和预测城市地下空间的需求规模，选择城市地下空间发展方向，协调地上、地下设施之间的关系，完善地下空间布局，创造安全、舒适、有序的城市生活空间环境。在此过程中，包含一些主要规划文件和图纸，最后编制相应的地下空间规划文件，涉及的资料如下：

1. 总则

主要指规划编制的依据、指导思想、原则、规划期限、规划范围、规模等，具体包括：

（1）地下空间总体布局：地下空间的分类、分级、设置标准、规模、布局、各类地下空间的联系与协调，地下空间利用与城市用地布局的关系。

（2）地下公共设施的布局：确定地下商业服务、文化娱乐、医疗卫生等设施的位置、规模及相互关系。

（3）地下工业仓储设施布局：确定因工艺、安全需要和其他要求设置的地下工业、仓储设施。

（4）人民防空设施布局：根据城市防护类别确定人民防空设施标准、规模和布局，并提出平战结合方案。

（5）地下交通设施布局：确定地下道路、停车场等交通设施的类型、规模、分布以及与地上道路交通系统的关系。

（6）地下市政基础设施规划：确定地下工程管线综合管沟、变电站、蓄水池、供热站等市政基础设施的位置、规模和布局。

（7）近期建设规划：确定建设项目、规模，进行投资估算，安排建设时序。

（8）远景规划：确定城市远景地下空间开发利用的目标和设施布局。

（9）实施规划的措施。

2. 规划图纸（比例 1/5000～1/25000）

（1）地下空间现状图：标明城市现状建成区范围，城市主次干道，各类现状地下空间的性质、类别、位置、规模。

（2）地下工程建设条件评价图：标明城市地形地貌、工程地质、矿藏、文物分布、地下水位埋深线等。

（3）地下空间利用规划总图：标明规划建成区用地范围、用地布局、道路系统，标明地下交通设施、公共设施、人民防空设施、工业仓储、市政设施、文物古迹等的位置、规模及与地上设施的关系。

（4）市政公用设施规划图：标明工程管线综合沟的位置、走向、断面及形式等；标明地下变电站、蓄水池、供热站等设施的位置。

（5）近期建设规划图：标明地下空间近期建设项目及其开发规模和时序。

（6）远景规划图：标明地下空间远景发展目标、方向和功能结构。

3. 规划附件

（1）规划说明书：介绍规划背景，分析建设条件，说明依据、指导思想、原则，说明规划布局、规划指标、建设时序和实施措施；

（2）基础资料汇编包括规划编制依据的原始资料、初步分析评价、其他资料、有关法规的名目等。

5.4 示例：南京市城市地下空间开发利用总体规划（2015—2030）

5.4.1 范围期限

规划范围为全市域，重点研究城镇建设用地范围。

规划期限为 2015—2030 年，近期至 2020 年，远期至 2030 年，远景展望到 2050 年。

5.4.2 规划原则

（1）科学适度原则。科学评估地下空间资源，明晰开发利用潜力；融合生态低碳、海绵城市理念，适度利用地下空间；针对不同片区地域特征，提出适宜的开发利用策略。

（2）集约高效原则。挖掘地下存量和低效资源，进行存量空间开发；强调功能业态的多元复合，综合利用地下空间；明晰地下空间的竖向构成，地上地下统一开发；提倡站城一体化建设，优化立体交通组织，提升城市运行效能。

（3）以人为本原则。人性化组织公共活动网络体系；营造舒适通达、环境优美、空气清新、辨识性强的地下空间。

（4）融合发展原则。地下空间与人防工程平灾、平战结合发展，平时服务于社会和经济发展建设，灾时用于民众应急疏散与临时掩蔽，战时服务于防御掩蔽；实现人防工程建设与城市建设的融合发展。

5.4.3 发展目标

以“科学适度、集约高效、以人为本、融合发展”为原则，以新区和枢纽地区建设为重点，以优化提升旧城区地下空间综合效能为突破，创新构建“地上地下一体化、功能类型多样化、设施系统网络化、空间环境人性化”的地下空间资源综合开发利用与保护体系，全面实现“生态持续、复合有序、精细舒适、安全便捷”的南京市城市地下空间开发利用总体目标。

5.4.4 发展策略

（1）整体统筹，衔接优化。针对地下空间的总体布局，必须从全局出发，统筹各类规划以及现有建设条件。统筹地上地下的城市空间格局、功能结构、生态与交通系统；统筹各类专项在地上、地下空间使用过程中的矛盾与冲突；统筹已建与新建地下工程。

（2）分类分区，差异引导。针对南京特大城市的特点，采用分区差异化的发展策略。生态保护策略：针对市域生态敏感地区，限制或禁止开发地下空间；发挥“海绵体”的作用，适度利用地下空间资源。文化保护策略：南京是十朝古都，历史文化资源丰富，应提出各类历史要素地下空间的管控要求，特别要注重地下文物的保护。老城旧区提升策略：结合地铁站点施工和旧城更新的机遇，进行系统开发，注重连通，统筹兼顾新旧建设，挖潜、盘活建成区地下“存量”资源和“低效”资源，提高土地利用效率。新区发展策略：结合地下轨道站点、商业中心，强化功能复合、立体开发，综合利用地下空间，同时完善地下设施配套。

（3）系统整合，立体开发。针对立体城市的构成特征，分析重点地下公共空间的构成要素，作为立体开发的具体策略。轨道为核心的地下综合体：轨道交通站点与周边区域实现综合一体开发。高度综合的交通换乘枢纽：巴士、小巴、的士、轨道交通等不同交通方式的良好衔接和换乘，并整合入公共空间和建筑内部。四通八达的立体连通网络：依托地下街为骨架，发展网络化地下步行与车行网络；节点交通立体发展，地上、地下、空中相结合；预留地上、地下出入口。多元复合的立体功能构成：地下空间业态多样，作为地上空间功能的扩展和互补；地下建筑须联系地面多栋公共建筑，如写字楼、购物中心、公寓、体育会所。

（4）科学控制，落实管理。针对地下空间规划管理，建立科学的南京地下空间规划管控体系，为规划管理提供技术依据；为下层次规划编制提供技术要点，更好落实总规要求。

5.4.5　发展规模

至2020年，南京地下空间总建筑面积约5400万平方米，年增400万平方米；
至2030年，南京地下空间总建筑面积约约8600万平方米，年增340万平方米。

5.4.6　地下空间总体结构

（1）总体规划结构。依托轨道交通线网，串联各城镇区（主城、副城、新城）的地下空间建设重点，形成“四城、七片、多点”多中心、网络化的地下空间总体结构。

（2）分区发展策略。

① 提升挖潜主城。主城区已基本建成；未来依托轨道线网建设，带动周边地块挖潜改造，提升地下空间开发的系统性与整体性，提高重点地区开发强度，丰富地下空间功能构成。

②优化完善副城。副城已有部分建成区，未来将依托轨道线网，一方面完善新区高标准的地下空间建设，实现地上地下一体化发展，同时对已建成区进一步优化，形成有活力的副城和地区中心。

③积极发展新城。新城正处于建设起步阶段，现存地下空间极少。未来随着地面建设的加速推进，围绕主要轨道站点和新城中心发展地下空间。

5.4.7　重点公共空间布局

依据地下空间规划结构中的多中心，结合地面用地布局，进一步明确各重点地区的边界，形成地下重点公共空间的布局，如图5.1所示。

（1）一级中心（四城）：包含新街口—鼓楼中心、南站—红花机场中心、河西中心、江北中心。鼓励地下公共设施规模化、多元化、一体化、高强度开发，建立畅达舒适的地下公共步行系统，形成网络化的地下城。

（2）二级中心（七片）：包含湖南路、下关滨江、夫子庙、东山副城中心、仙林副城中心、雄州中心、南京北站。鼓励地下空间较高强度、连片发展，建立主次分明的地下公共连通步道，形成功能复合的地下商业街区。

（3）三级中心（多点）：包括仙林大学城、迈皋桥、桥北、龙江等地区级商业中心，及南京站、机场等交通枢纽地区，形成以点状地下综合体为主的地下公共空间。

5.4.8　规划分区

依据地下空间资源综合评估与社会需求分析，在城镇建设用地范围内对各类地区提出开发利用管控区划，即重点发展区、一般发展区、限制发展区和禁止发展区，如图5.2所示。

（1）禁止发展区，是指原则上禁止地下空间开发利用的区域。包括重点生态功能核心区；一级饮用水源保护区及陆域；地下水（含温泉）保护区；长江洪水淹没影响区等。除地下轨道交通、地下道路等线型基础设施可以通过外，禁止地下空间开发利用。

（2）限制发展区，是指在限制件下进行地下空间开发利用的区域。包括长江二级饮用水源区及陆域，水源涵养区，紫金山、将军山、栖霞山等重点生态功能缓冲区等。原则

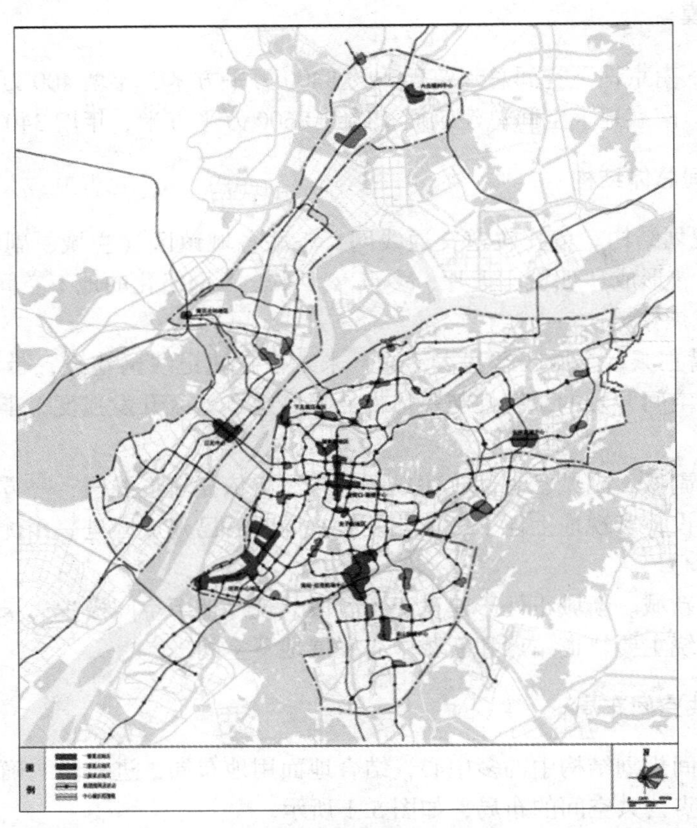

图 5.1　中心城区重点公共空间布局

上禁止大规模地下空间开发利用。

(3) 重点发展区是指结合各级中心，鼓励地下空间开发的重点区域。包括新街口—鼓、河西、江北、南站—红花机场中心地下城，片区及地区级中心等。

(4) 一般发展区，是指除禁止、限制、重点发展区以外的城市建设区域，地下空间开发利用以满足配建为主。

5.4.9　竖向分层

全市地下空间总体划分为浅层（0～－15.0m）、中层（－15.0～－40.0m）、深层（-40.0m以下）三个层次。规划期内鼓励浅层开发为主，适度开发中层，特殊情况可按需、有条件地进行深层开发利用。

5.4.10　地下交通设施

1. 地下道路交通系统

从打通交通干线重要节点和缓解重点发展片区交通矛盾的角度出发，对地下道路提出规划引导。保留现状隧道 29 处，规划隧道 9 处，远景预留隧道 3 处；建议在河西鱼嘴、江北中心、河西中心等重点地区，适当规划建设地下疏解道路和地下停车联络通道。

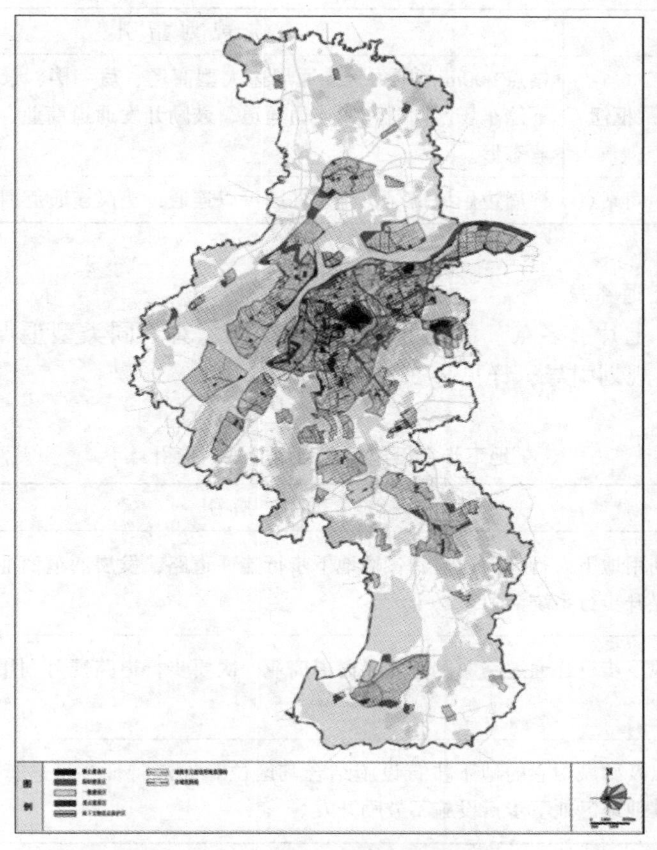

图 5.2　市域地下空间规划分区

2. 地下轨道交通系统

基于地下轨道站点，整合重点地下轨道站点周边地下空间资源，对各类型站点周边地下空间提出发展指引，详见表 5.3。

表 5.3　**各类型轨道站点周边地下空间开发规划指引**

站点类型	规划指引
市级综合客运枢纽	公路、铁路和航空客运枢纽站点 500m 范围内，宜将枢纽地下层与周边地下停车设施以及城市公交枢纽场站进行连通。同时做好连通道路的合理布局，鼓励发展通道商业，为地下换乘提供便捷的连通通道交通组织和视觉引导，提高换乘效率。
市级公共中心型换乘枢纽	站点 400m 范围内宜连通周边大型商场、写字楼、景区的地下层以及地下停车场，同时利用连通通道，鼓励开发通道商业、服务业等多样化的业态形。

续表

站点类型	规划指引
一般公共中心型换乘枢纽	站点300m范围内宜连通周边大型商场、写字楼、景区的地下层以及地下停车场，同时利用连通通道，鼓励开发通道商业、服务业等多样化的业态形。
一般换乘型站点及中间站点	视周边用地情况，有条件的可以连通，建议连通范围不宜超过200m。

3. 地下步行交通系统

结合“四城、七片、多点”的地下空间总体结构，对不同类型重点地区地下步行设施的复合利用提出规划引导，详见表5.4。

表5.4 地下步行设施复合利用的规划指引

重点地区	规划指引
四城	鼓励利用地下人行过街通道和各类地下步行连通道路，发展通道商业、服务业等多种业态，提升步行系统活力。
七片	主要地下步行连通道路两侧宜发展通道商业，次要步行道路视可利用和改造条件，适当开发。
多点	主城以及副城中心的地下步行设施结合其区位和人流特征，可进行适当的通道商业开发，其他地区地下步行设施不鼓励开发。

4. 地下公交场站

结合地下空间重点片区、城市中心区以及交通枢纽地区，规划建议8处地下公交场站。

5.4.11 地下公共服务设施

与地面市级和区级公共服务中心相对应，与地面、地下交通集散中枢相结合，与特殊使用需求相适应，结合地面使用功能，在地下重点公共空间，布局地下综合体、地下商业（街）、地下文体等设施。

5.4.12 地下市政公用设施

纳入南京现有综合管廊规划成果；确定各类地下市政公用设施的地下化原则，对部分110kV变电站、大中型垃圾转运站提出地下化指引建议。

5.4.13 地下防灾减灾设施

结合城区易涝点，完善地下蓄水设施；结合南京避难场所布局，进行地下避难场所选址；提出地下空间平灾结合与平战结合策略建议。

思　考　题

(1) 城市地下空间总体规划的原则有哪些？其规划期限如何确定？
(2) 如何制定城市地下空间规划的目标？其规划指标体系包括哪些指标？
(3) 简述城市地下空间规划的任务和内容。
(4) 城市地下空间规划应提交哪些文件？
(5) 简述我国目前在编制城市地下空间总体规划中存在的问题。
(6) 试解读你熟悉的某个城市或某个典型城市的地下空间总体规划。

第6章 城市地下交通系统规划

6.1 概述

从广义上看，城市交通是指人口、物资和信息在城市中的流动。交通是城市赖以生存和发展的基本功能之一，也是城市基础设施的重要内容。城市交通的通常含义是指人流的活动和物资的运输，简称为客运交通和货运交通。

城市交通还可以分为动态交通和静态交通。动态交通和静态交通是相互依存的两种城市交通形态。对于客运交通来说，步行或乘车属于动态，驻足或候车则为静态；对于货运，运输过程是动态，储存过程为静态；对于车辆，行驶中为动态，停放后则为静态。

本章重点介绍与城市客运有关的地下动态交通系统规划以及与停车有关的地下静态交通系统规划。

6.2 城市交通与城市发展

城市交通问题是城市发展过程中经常面临的主要问题之一，交通问题的合理解决既是缓解各种城市矛盾所必需，也是促使城市不断集约化、社会化和现代化，以及建设未来理想城市所依托。城市交通系统的地下化，已被实践证明是改善城市交通并使之进一步现代化的有效途径，同时也是城市地下空间开发利用的一个重要内容。

城市公共交通是随着公共马车的出现而开始的。17 世纪末，英国伦敦人口增加到 20 万人，城市已发展到一定规模，1634 年出现雇佣马车，车速 4. 8km/h；到 1828 年，伦敦开始有了公共马车，为了提高车速，保护道路，在路面铺上了石块。1870 年，日本东京有了公共马车，十年后又出现了铁路马车。由于车速和运力的提高，就有可能在一定的旅行时间内，将乘客运送更远的距离，于是引起城市规模的一次较大的扩展，同时出现了步行道路与车行道路分离的情况。1880 年，伦敦人口已增至近 600 万人，城市中开始建设有轨电车线路，车速达到 16km/h，线路可从市中心向外延伸 8km。交通圈半径的增加使城市规模进一步扩大，目前世界上的特大城市的交通圈半径基本都在 50km 左右。

20 世纪初，世界进入了汽车时代。汽车交通的普及，不但大大提高了城市交通的质量，而且比过去在更大程度上促进了城市的发展。然而反过来，城市人口的增加和范围的扩大，使汽车交通越来越不能满足对城市交通日益增长的需求。同时，所谓“社会汽车化”和“汽车文明”，也给城市造成了许多消极影响。在这种情况下，运量更大，更安全和更清洁的快速轨道交通（rapid rail transit）开始承担越来越多的城市客运交通量。第二次世界大战以后，许多国家的经济高速增长，城市出现了畸形发展，交通矛盾异常尖锐。

包括地下铁道、轻轨交通和郊区电车等在内的快速轨道交通系统有了很大的发展，在缓解城市交通矛盾中发挥了重要作用，甚至部分地代替了汽车交通。

从以上对城市交通演变的简单回顾可以看出，首先，城市交通的发展和变化，与城市本身的发展相一致。在一个时期能对城市发展起推动作用，在另一个时期可能又起了阻碍的作用，城市交通正是在这种与城市发展的矛盾激化与缓解过程中得到发展与进步。其次，在城市交通的发展过程中，在客运交通的主要方式上，经历了个人交通（步行、马车），到公共交通（汽车、电车），再到个人交通（私人小汽车），又回到公共交通（公共电车、公共汽车、地铁等）这样一个过程；从交通工具的主要类型上，也经过了从无轨（马车）到有轨（电车），再到无轨（汽车），又到有轨（快速轨道交通）的变化。当然，这并不是简单的重复或循环，而是反映了城市发展对交通不断提出新需求，以及城市交通本身的日臻完善和现代化。

20世纪中后期，美国、日本以及欧洲一些发达国家的大城市，由于高速发展，交通矛盾和环境矛盾急剧尖锐化，导致大量有条件的居民移出市中心，到郊区去居住。虽然获得了舒适和优良的居住环境，但却导致了城市中心区的衰退，同时也为这些居民带来新的问题，如通勤距离的增大耗费了大量的时间和精力，对小汽车的依赖造成了能源的消耗，吸引到郊区的企业和服务业造成新的环境污染，田园风光的逐渐消失等。这些情况促使一些学者考虑改变居住郊区化的途径，于是提出一些理论，其中一种称为“交通导向开发”理论（Transit Oriented Development，TOD），主张将区域发展引导到沿轨道交通和公共汽车交通网络布置的不连续节点上，把土地的开发利用和公共交通的使用紧密联系起来，使每个社区居民可以步行轻松到达公交系统的站点。TOD理论提倡集约使用土地，强调公共交通在城市发展中的导向作用。通过奖励容积率等方式使开发商自愿响应和配合公共交通与城市协调发展的规划。发展公共交通可以减少私人小汽车的出行量，节省停车场用地，减轻交通的拥堵，更有助于土地的集约化使用。这种TOD理论偏于理想化，在城市新开发区可能比较容易推行，而在矛盾高度集中的原有城市，特别是中心区，实行起来有很大困难，甚至很不现实。于是又有一种所谓“服务导向开发”理论（Service Oriented Development，SOD），主张哪里交通服务不能满足客流的需要，就根据需要在那里进行优先建设，是一种追随式的发展，是基于现状发展不足的一种后发反应。TOD理论比较适合美国的情况，而欧洲的情况优于美国，许多小城镇保持了紧凑而高密度的形态，被视为是居住和工作的理想环境，TOD理论并不完全适用；在日本，由城市铁路与市区的地下铁道网络方便地联系起来，使通勤时间长和能耗大的矛盾并不突出，因此TOD理论也不完全适用。

我国的情况与美、日、欧的差异很大，在城市发展进程中，多数情况属于SOD理论应解决的问题。也就是说，只有在迫切需要的情况下，才采取诸如发展公共交通，兴建轨道交通等“服务”措施，这些措施谈不上对城市发展能起到什么“引导”作用，只不过是减缓一些矛盾而已。当然，随着我国经济的发展，在大城市的一些新区，如新城、新开发区等的规划中，已开始引入TOD理论；而对于原有城市中心区，主要还是以缓解交通矛盾为主，仍以SOD理论为主。当然，在缓解矛盾的同时，兼顾城市的发展，例如在规划轨道交通网络时，考虑沿线土地的升值和城市的立体化再开发，也可作为交通对城市发展的一种“引导”。总之，在我国城市发展进程中，SOD应当是一种主要方式，但不论哪种理论，都不能简单套用。根据我国的实际情况，城市发展肯定是主导的，而交通只能是“服务”的，因此，应将城市交通与城市发展之间的关系理解为一种“互动”的关系，而不存在谁“引导”谁的问题，如城市轨道交通建设与地下空间开发利用之间，就是一种相互促进的关系。

6.3 城市交通的立体化与地下化

城市动态交通的各种矛盾和问题，在没有发展到十分严重时，可以简单地用增加公交车辆或适当拓宽道路等方法使之得到缓解，但在超过一定的限度后，单一的解决办法不但无助于问题的解决，还可能派生新的矛盾，因此，对动态交通必须加以综合治理，以提高行车速度为中心，通过调整城市交通结构，采用高效率的交通工具和扩大道路网等措施进行综合治理，才有可能取得成效。从国内外经验看，发展以快速轨道交通为主的公共交通，使动态交通立体化，是达到综合治理目的的有效途径。

当城市交通仅在平面上运行时，所占用的主要是道路空间。如果城市交通量超过了道路空间所能容纳的通过能力，就会出现交通的阻滞。解决这个问题的通常方法是增辟道路或拓宽原有道路，使交通用地在城市总用地中保持合理的比例。但是对于人口多和建筑密度很高，同时用地又十分紧张的城市，特别是中心区，增建或扩建道路并非轻而易举，除需增加用地面积外，大量原有建筑物的拆迁和原居民的搬迁，也会造成许多社会和经济问题。在这种情况下，唯一的出路是使城市交通立体化，在城市的上部空间和地下空间安排一部分交通量，以缓解地面上交通的矛盾。

城市交通的立体化包括局部立体化和完全立体化两种情况。局部立体化主要是解决由于道路平面交叉造成的车辆阻塞和人车混杂问题，例如建造立交桥、过街人行天桥和地道等。完全立体化是指在一定范围内将整条道路或铁路全部高架或转入地下。

城市高架铁路最早出现在纽约（1868 年），到 20 世纪六七十年代，高架铁路和高架道路在增加客运量和减少道路平面交叉等方面起到了积极作用。但是在实践中也暴露出高架道路的一些缺点。首先，高架道路在用地上并不能节省很多，因为高架路下部空间在 3~5m 范围内无法再用于动态交通，只能停车，若布置绿地，则会因高架道路的遮阳作用而发生困难。例如我国城市第一条高架道路在广州，为四线车道，地面道路原为六线车行道，高架路占用了两条车道后，实际增加的车行道仅有两条。其次，高架路（特别是高架铁路）在运行过程中产生较强的噪声，对沿路两侧一定范围内的居民造成噪声污染。据日本研究资料，高架铁路的噪声在距离中心线 50m 才能降至 75dB，但仍高于日本规定的标准（60dB），要到距离中心线 100m 以外才有可能达到 60dB 以下。此外，高架路在城市中穿行，对城市景观有较大影响，虽然也有人认为蜿蜒的高架道路是城市现代化的体现，但更多的人持相反的态度。例如，广州的高架路主要穿行在市中心区狭窄的人民路上，不但对街道景观起破坏作用，还由于高架道路的遮挡，使原来街道两侧的商店营业受到不利影响。上海老市区内修建的几条高架路也存在同样的问题。因此，在城市中心区和其他繁华地区，以及居住区附近，修建高架路是不适当的，应使高架路在城市边缘地区或地形起伏较大的地区发挥其优势。

近代城市利用地下空间发展快速轨道交通的历史，是从 1863 年英国伦敦建成世界上

第一条地下铁道开始的，这也说明地下空间在缓解城市交通矛盾方面的作用，很早就已受到重视。在以后的一百多年中，特别是在近几十年中，地下铁道、地下轻轨交通、城市公路隧道、越江或越海隧道，以及地下步行道等，都有了很大的发展。在许多大城市中，已经形成了完整的地下交通系统，在城市交通中发挥着重要作用。

城市交通在地下空间中运行有许多优点，可以大致概括为：第一，完全避开了与地面上各种类型交通的干扰和地形的起伏，因而可以最大限度地提高车速，分担地面交通量，减少交通拥堵；第二，不受城市街道布局的影响，在起点与终点之间，有可能选择最短距离，从而提高运输效率；第三，基本上消除了城市交通对大气的污染和噪声污染；第四，节省城市交通用地，在土地私有制或土地有偿使用制情况下，可节约大量用于土地的费用；第五，地下交通系统多呈线状或网状布置，便于与城市地下公用设施以及其他各种地下公共活动设施组织在一起，从而提高城市地下空间综合利用的程度。此外，地下交通系统在城市发生各种自然或人为灾害时，可比较有效地发挥防灾和救灾的作用。

地下交通系统存在的主要问题是造价高、工期长，内部发生灾害时危险性大。但由于地下交通具有某些地面交通所无法代替的优点，故仍然有了很大的发展，很多国家都在针对存在问题进行研究，用现代科学技术逐渐缩小其消极方面，使之在城市交通中起到更大的积极作用。

6.4 城市地下铁道系统规划

6.4.1 城市轨道交通的发展和地铁建设的条件

城市地下铁道（以下简称地铁）经过一个多世纪的发展，早已突破了原来的“地下”概念，多数城市的地铁系统都已不是单纯的地下铁道，而是由地面铁路、高架铁路和地下铁道组成的快速轨道交通系统，只是由于长期的习惯，仍沿用过去“地下铁道”的名称。在有地铁的城市中，线路完全在地下的很少，绝大多数城市的地铁线路，都在不同程度上包括有地面段和高架段，只有在通过市中心区时才采用地下段。即使像香港这样建筑密度非常高的城市，其二期地铁线路总长10.5km，也有1.2km在地面，1.9km为高架，地下段只有7.4km。

由于地铁线路的造价在各种交通方式中为最高，因此只有在其他交通方式无法代替的情况下，才有必要花费高昂代价修建地铁。

自1863年伦敦建成第一条地铁线路以来，至今已有近160年的历史，在近几十年中，得到了大规模的发展，地铁建成投入运营的城市数量不断增加，运营里程不断加长，其发展变化之快，以致很难准确获得世界各国地铁发展情况的官方统计资料。根据metrobits.org网站的统计，截至2020年6月，世界上已有228个城市建有地铁，已建成地铁线路761条，总里程16678km，车站13575个，平均站间距离1.30km，日均输送旅客1.2亿人次，其中地铁运营里程超过100km的城市有41个，见表6.1所示。目前还有许多城市的地铁正在大规模建设和勘测、规划设计中。

表 6.1　世界上运营里程超过 100km 的 41 个城市地铁系统

序号	城市	国家	开通日期	里程（km）	车站数	平均站间距（m）	日均输送旅客（万人次）
1	上海	中国	1995.4.10	632.1	394	1668	624
2	北京	中国	1969.10.1	572.0	344	1765	674
3	伦敦	英国	1863.1.10	402.0	270	1552	321
4	广州	中国	1999.6.28	386.0	229	1787	500
5	纽约	美国	1904.10.27	380.2	473	852	453
6	莫斯科	俄罗斯	1935.5.15	346.2	206	1785	655
7	首尔	韩国	1974.8.15	326.5	302	1114	690
8	东京	日本	1927.12.30	304.5	290	1099	850
9	马德里	西班牙	1919.10.17	293.0	289	1062	174
10	深圳	中国	2004.12.28	285.9	198	1505	36.2
11	重庆	中国	2005.6.18	263.6	154	1781	—
12	武汉	中国	2004.9.28	239.7	167	1498	20.0
13	新德里	印度	2002.12.24	239.0	183	1366	166
14	巴黎	法国	1900.7.19	219.9	383	599	418
15	德黑兰	伊朗	2000.2.21	215.1	117	1955	132
16	墨西哥城	墨西哥	1969.9.5	201.1	195	1099	441
17	新加坡	新加坡	1987.11.7	199.2	141	1465	218
18	香港	中国	1979.10.1	197.4	113	1935	396
19	孟买	印度	—	191.5	91	2253	—
20	华盛顿	美国	1976.3.21	189.9	95	2134	59.7
21	成都	中国	2010.9.21	179.1	138	1357	28.2
22	南京	中国	2005.8.27	177.2	114	1626	94.2
23	旧金山	美国	1972.9.11	174.6	45	4365	30.4
24	芝加哥	美国	1892.6.6	166.0	153	1145	60.8
25	天津	中国	2004.3.28	162.8	112	1522	17.5
26	科伦坡	马来西亚	1996.12.16	151.1	115	1374	29.9
27	大连	中国	2003.5.1	150.4	68	2350	12.1
28	柏林	德国	1902.2.18	147.4	195	797	138
29	釜山	韩国	1985.7.19	140.1	135	1078	87.7
30	巴塞罗那	西班牙	1924.12.30	139.4	178	835	107
31	大阪	日本	1933.5.20	137.8	133	1111	229

续表

序号	城市	国家	开通日期	里程（km）	车站数	平均站间距（m）	日均输送旅客（万人次）
32	台北	中国	1996. 3. 28	131. 3	117	1172	179
33	苏州	中国	2012. 7. 29	118. 9	96	1278	—
34	杭州	中国	2012. 11. 24	118. 0	83	1475	—
35	圣迭戈	智利	1975. 9. 15	117. 7	118	1051	175
36	圣彼得堡	俄罗斯	1995. 11. 15	113. 5	67	1831	215
37	曼谷	泰国	1999. 12. 5	112. 4	79	1518	67. 1
38	伊斯坦布尔	土耳其	2000. 9. 16	105. 9	82	1393	21. 4
39	斯德哥尔摩	瑞典	1950. 10. 1	105. 7	104	1047	84. 7
40	汉堡	德国	1912. 3. 1	104. 7	99	1102	54. 5
41	郑州	中国	2013. 12. 26	104. 0	61	1793	—

注：表中数据来源于非官方网站 metrobits. org，主要供学习使用，截止时间为 2020 年 6 月。由于统计时间差及统计口径原因，表中数据可能存在误差，准确数据请参照官方统计结果。

1995 年以前，我国（不含港澳台地区）有地铁运营的城市只有北京（39. 7km）和天津（7. 4km）。随着 1995 年 4 月上海第一条地铁线路的开通运营，我国进入了地铁建设新的发展时期，尤其是我国政府为应对 2008 年年末开始的世界金融和经济危机所提出的“一揽子计划”，为城市地铁建设提供了前所未有的机遇和加快发展的可能。到 2009 年年底，国务院就已批复了 22 座城市的地铁建设规划，即到 2015 年前后将新建 79 条地铁（轨道交通）线路，总里程 2259. 84km，投资 8520 亿元。2012 年 9 月 5 日，国家发改委又集中批复全国 25 项地铁（轨道交通）建设规划，新增投资超过 8000 亿元。随着我国城镇化进程加速及新一轮投资大幕开启，西部铁路以及城市地铁等基础设施建设成为我国发展的重点，投资规模十分可观。

根据中国城市轨道交通协会发布的《城市轨道交通 2019 年度统计和分析报告》，截至 2019 年，我国（不含港澳台地区）有 65 个城市的轨道交通线网规划获批（含地方政府批复的 21 个城市），其中有 63 个城市正在实施建设中，且已有 40 个城市建成并开通运营轨道交通线路 208 条，线路总长 6736. 2km，其中地铁运营线路总长 5180. 6km，占比 76. 9%，其他制式城市轨道交通（含轻轨、单轨、城市快轨、现代有轨电车、磁浮、APM 等）运营线路总长 1555. 6km，占比 23. 1%。此外，尚有在建城市轨道交通线路总长 7339. 4km。

经过 20 多年的发展，尤其是近十几年的快速发展，不仅上海、北京和广州的地铁（轨道交通）运营线路总里程跃居世界前三位，而且我国开通地铁运营的城市数量和总里程已经位居世界前列。表 6. 2 所示为截至 2019 年底，我国大陆已开通运营轨道交通的 40 个城市（其中开通运营地铁的城市 37 个）的线路规模、客运情况。

表 6.2 我国大陆城市已开通运营的地铁（轨道交通）概况

序号	城市	开通日期	线路总长度（km）	地铁线路长度（km）	车站数	日均输送旅客数（万人次）
1	北京	1969.10.01	771.8	637.6	359	1086.9
2	上海	1995.04.10	809.9	669.5	411	1064.3
3	天津	1984.12.28	238.8	178.6	157	144.2
4	重庆	2005.06.18	328.5	230	170	285.4
5	广州	1999.06.18	501.0	489.4	242	906.8
6	深圳	2004.12.28	316.1	304.4	201	490.8
7	武汉	2004.09.28	387.5	338.4	254	340.5
8	南京	2005.08.27	394.3	176.8	187	315.5
9	沈阳	2010.09.27	184.6	87.2	140	110.6
10	长春	2002.10.30	117.7	38.7	119	56.1
11	大连	2003.05.01	181.3	103.8	106	55.7
12	成都	2010.09.27	435.7	302.2	258	417.6
13	西安	2011.09.16	158.0	158.0	103	260.4
14	哈尔滨	2013.09.26	30.3	30.3	26	28.4
15	苏州	2012.04.29	210.1	165.9	151	100.2
16	郑州	2013.12.26	194.7	151.7	103	126.7
17	昆明	2012.06.28	88.7	88.7	57	58.6
18	杭州	2012.11.24	130.9	130.9	91	177.9
19	佛山	2010.11.3	28.0	21.5	25	0.4
20	长沙	2014.04.29	100.4	81.8	65	101.2
21	宁波	2014.05.30	96.9	91.3	66	51.1
22	无锡	2014.07.01	58.8	58.8	47	30.0
23	南昌	2015.12.26	60.4	60.4	50	48.0
24	兰州	2019.6.23	86.5	25.5	25	16.9
25	青岛	2015.12.16	184.0	50.0	95	51.7
26	淮安	2015.12.28	20.1	/	23	2.7
27	福州	2016.12.25	53.4	53.4	42	33.5
28	东莞	2016.5.27	37.8	37.8	15	14.7
29	南宁	2016.6.28	80.9	80.9	62	80.0
30	合肥	2016.12.26	89.5	89.5	77	68.5
31	石家庄	2017.6.26	38.4	38.4	31	26.2

续表

序号	城市	开通日期	线路总长度（km）	地铁线路长度（km）	车站数	日均输送旅客数（万人次）
32	贵阳	2017.12.28	34.8	34.8	25	13.9
33	厦门	2017.12.31	71.9	71.9	55	30.1
34	珠海	2017.10.15	8.8	/	14	0.4
35	乌鲁木齐	2018.12.30	26.8	26.8	21	8.6
36	温州	2019.1.23	53.5	/	18	3.1
37	济南	2019.4.1	47.7	47.7	24	5.0
38	常州	2019.9.21	34.2	34.2	29	9.6
39	徐州	2019.9.30	21.8	21.8	18	7.8
40	呼和浩特	2019.12.29	21.7	21.7	20	6.6
2019年底合计		/	6736.2	5180.6	3982	6637.1

注：表中数据主要来自中国城市轨道交通协会发布的《城市轨道交通2019年度统计和分析报告》。

地下铁道交通是在基本上不增加城市交通用地的前提下，解决客运量增长与交通运载能力不足矛盾的较理想的城市公共交通系统，这也是许多国家不惜花费高昂的代价建造地铁的主要原因。但是，对于一个城市是否需要建设地铁，是否具备必要的前提条件，存在两种评估标准。一般认为，人口超过100万人的城市就有建设地铁的必要；也有人认为，人口超过300万人时建设地铁才是合理的。这种评估方法大体上符合已建成地铁的城市情况。从世界上已建有地铁运营的城市看，超过100万人的城市最多，比例最高，人口在50万~100万人而有地铁的城市有一部分，少于50万人的城市极少。这说明，城市人口超过100万人后，一般就会出现建设地铁的客观需要。在人口不到100万人而建设地铁的城市中，现人口多数已接近100万，或有可能很快增长到100万。至于人口少于50万而修建地铁的城市，如芬兰的赫尔辛基（Helsinki）、挪威的奥斯陆（Oslo）、德国的纽伦堡（Nuremberg）等，应属于个别的特殊情况。

应当指出，按城市人口多少评估该城市是否需要建设地铁，只能看作一种宏观的、笼统的推测，而不能成为建设地铁的唯一依据，因为上述统计结果只能说明一个现象，并不能从中得出凡人口超过100万的特大城市都必须修建地铁的结论。据统计，我国大陆地区人口超过100万的特大城市有100多个，其中城区人口超过100万的城市已达78个（2017年），但是从交通状况看，并不是每一个都具备修建地铁的条件，其中有一些城市，是在新中国成立后的70多年中发展起来的，道路系统较完善，机动车辆不多，地面上各种原有的交通方式的潜力尚未充分发挥出来，虽然人口已超过百万，但除市中心区（一般也是旧城的中心）交通问题较多外，从总体上看，交通问题并未严重到必须修建地铁才能解决的地步。因此，根据发达国家的经验，评估一个城市建设地铁的前提应当是：在主要交通干线上，是否存在每小时单向客流量超过4万~6万人次的情况（包括现状和可以预测出的未来数字）；同时，即使存在这一情况，也只能是在采取增加车辆或拓宽道路、建设其他轨道交通等措施已无法满足客流量的增加或存在困难时，才有必要考虑建设地铁。

综上所述，城市地下铁道建设的必要前提，可以概括为以下几点：

（1）城市人口的增长以及相应的交通量增长，是推动地铁建设的重要因素，一般在人口超过一定规模（如300万）时，就应该对是否需要建设地铁的问题进行认真的研究。

（2）城市应具有足够的经济实力，因为地铁是一种公共交通基础设施，其建设周期长，投资大，运营管理成本高，盈利能力差，必须有足够的经济实力做依靠。

（3）不论城市人口多少，只要在主要交通干线上有可能出现特别大（如超过4万人次/h）的单向客流量，而采取其他措施已无法满足这一客观需求时，建设地铁线路才是合理的。

（4）地下铁道应成为城市快速轨道交通系统的组成部分，为了降低整个系统的造价，地下段的长度应尽可能缩短。

我国对申报建设城市地铁和轻轨的经济实力、人口规模及客流量等都做出了具体规定。2003年，国务院办公厅根据当时我国城市轨道交通发展的实际情况，颁发了《国务院办公厅关于加强城市快速轨道交通建设管理的通知》（国办发〔2003〕81号），通知规定，申报发展地铁的城市应达到的基本条件为：地方财政一般预算收入在100亿元以上，国内生产总值达到1000亿元以上，城区人口在300万人以上，规划线路的客流规模达到单向高峰小时3万人以上。而申报建设轻轨的城市应达到的基本条件为：地方财政一般预算收入在60亿元以上，国内生产总值达到600亿元以上，城区人口在150万人以上，规划线路客流规模达到单向高峰小时1万人以上。2018年，为进一步加强城市轨道交通建设的管理，国务院办公厅又颁发了《国务院办公厅关于进一步加强城市轨道交通规划建设管理的意见》（国办发〔2018〕52号），通知指出，城市轨道交通系统，除有轨电车外均应纳入城市轨道交通建设规划并履行报批程序。地铁主要服务于城市中心城区和城市总体规划确定的重点地区，申报建设地铁的城市一般公共财政预算收入应在300亿元以上，地区生产总值在3000亿元以上，市区常住人口在300万人以上，拟建地铁线路初期客运强度不低于每日每千米0.7万人次，远期客流规模达到单向高峰小时3万人次以上。而申报建设轻轨的城市一般公共财政预算收入应在150亿元以上，地区生产总值在1500亿元以上，市区常住人口在150万人以上，拟建轻轨线路初期客运强度不低于每日每千米0.4万人次，远期客流规模达到单向高峰小时1万人次以上。相比国办发〔2003〕81号通知的规定，国办发〔2018〕52号通知大幅提高了申报建设地铁、轻轨的城市应具有的经济实力，其他条件基本没变，这一调整符合我国经济社会发展的基本情况。

6.4.2 地下铁道的路网规划

地铁路网规划是全局性的工作，首先应当在城市总体规划中有所反映，根据城市结构的特点，城市交通的现状和发展远景，进行路网的整体规划，然后在此基础上，才能分阶段进行路网中各条线路的设计。

从广义上讲，地铁路网实际上是由多条线路组成的，可以互相换乘的城市快速轨道交通系统。在一些地铁非常发达的城市中，如北京、上海、广州、伦敦、纽约、巴黎、莫斯科、东京等，仅仅是地铁的地下段部分，就已经形成了一个比较完整的路网。在一些人口较少的城市和地铁尚不发达的大城市，地铁路网则比较简单，通常由一条或两三条地铁线路组成。但不管是大城市还是中小城市，在有地铁建设需求时，均需根据城市总体规划和发展预测进行相应的地铁路网规划。

1. 地铁路网规划的一般要求

（1）地下铁道的线路在城市中心地区宜设在地下，在其他地段，条件许可时可设在高架桥或地面上。

（2）地铁地下线路的平面位置和埋设深度，应根据地面建筑物、地下管线和其他地下构筑物的现状与规划、工程地质与水文地质条件、采用的结构类型与施工方法以及运营要求等因素，经技术经济综合比较确定。

（3）地铁的每条线路应按独立运行进行设计。线路之间以及与其他交通线路之间的相交处，应为立体交叉。地铁线路之间应根据需要设置联络线。

（4）地铁车站应设置在客流量大的集散点和地铁线路交会处。车站间的距离应根据实际需要确定，在市区为1.0 km左右，郊区不宜大于2.0 km。

2. 地铁路网的形态

地铁路网的形态多种多样，各个城市的地铁路网形态也各不相同，但归纳起来最基本的路网形态有放射状（或称枝状）路网、环状路网和棋盘状路网三种，一般城市地铁路网形态都属于这三种基本路网形态或其组合。早期建设的城市地铁，路网规划一般都是随着城市的发展而逐步形成的，因此很自然地从交通最繁忙的市中心区开始建地铁线，向四周扩展，待到城市规模已经很大，或是郊区出现卫星城后，这些放射形线路又自然地向外延伸。这种单纯的放射状路网，除个别的相会点外，较难实现各线路之间的换乘，于是就产生了建造能连接各放射状线路的环状线的需要。单纯的环状路网是少见的，只有在英国的格拉斯哥（Glasgow）有一条长10.4km的环状地铁线。因此，相当多城市的地铁路网成为一种由放射状和环状线路组成的综合型路网，这样一个发展和变化过程，与多数城市的同心圆式发展的团状结构是一致的，与地面上的道路系统的扩展规律也有共同之处。棋盘状路网形态由数条纵横交错的线路网组成，地铁线路大多与城市道路走向一致，线网分布比较均匀，其特点是客流量分散、增加换乘次数、车站设备复杂。一般情况下很难将整个城市地铁路网按棋盘状形态进行布置，往往在客流量大的区域将多条线路交叉形成局部的棋盘状路网形态，以分散客流。

图6.1是瑞典斯德哥尔摩的地铁路网示意图，是比较典型的放射状路网，由于没有环状线，换乘不够方便。斯德哥尔摩的多条放射状地铁线，只能在市中心的“T-中心”（T-centre）站才能互相换乘。图6.2是法国巴黎和俄罗斯莫斯科的地铁路网示意图，是由多条放射状线路与一条环状线组成的路网形态（也称为蛛网式路网形态），在环线内的中心区甚至形成了局部的棋盘状形态，换乘就方便得多。图6.3是我国北京的地铁（轨道交通）路网示意图，是一种典型的放射状线路+环状线路+棋盘状线路组成的综合型路网形态。

3. 地铁路网规划的原则

（1）适应城市总体规划，促进城市发展。以地铁（轨道交通）为骨架，促进城市空间的形成与拓展，并积极引导产业布局的发展，保障城区各功能组团之间、老区与新区之间的便捷通达性。

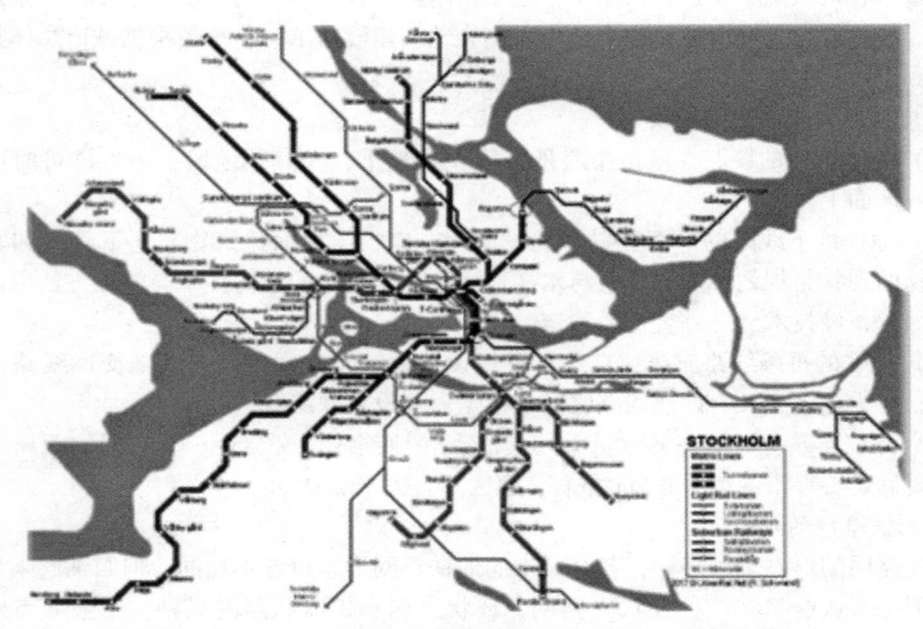

图 6.1　放射状地铁路网示例：斯德哥尔摩地铁路网示意图

（2）贯穿城市中心区，分散和力求多设换乘点并提高列车的运行效率。一方面，避免换乘点过分集中，带来换乘点过高的客流量压力；另一方面，尽量缩短人们利用地铁的出行距离和时间。

（3）尽量沿交通主干道设置。沿交通主干道设置目的在于接收沿线交通客流，缓解地面交通压力，同时也较易保证一定的客运量。

（4）加强城市周围主要地区与城市中心区、城市业务地区、对外交通终端、城市副中心的联系。地铁线路应尽量与大型居民点、卫星城、对外交通终端如飞机场、轮船码头、火车站等的连接。

（5）注重地下与地面交通的配套，避免与地面路网规划过分重合。当地面道路现状或经过改造后能负担规划期内的客流压力时，应避免重复设置地铁线路。

（6）协调地下交通与地下商业、休闲、娱乐、停车、防灾等空间的综合开发。

（7）整体规划，分期实施。根据城市现状及未来发展趋势，进行整体规划，然后根据城市社会经济发展状况，分期实施，必要时进行规划调整。

4. 地铁选线

地铁选线是对城市地铁路网的进一步细化，涉及平面位置和线型、纵向埋深、施工方案及与其他线路的关系等。

选线时，应避开不良地质现象或已存在的各类地下埋设物、建筑基础等，并使地铁隧道施工对周围的影响控制到最小范围。地铁线路的曲线段应综合考虑建设、运营、维修及经济方面的要求与影响，制定最优路线。

在确定地铁线路纵向埋深时，除应考虑工程地质水文地质条件、避开不良地质现象或已存在的各类地下埋设物、建筑基础等外，尚应考虑施工方法、线路交叉等方面的影响。

（a）巴黎地铁路网示意图

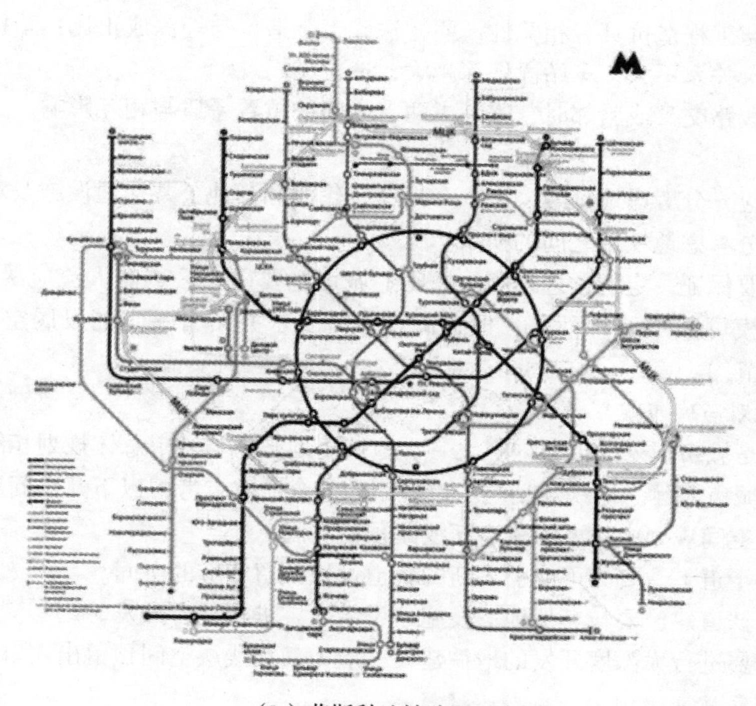

（b）莫斯科地铁路网示意图

图 6.2　放射状与环状综合的地铁路网示例

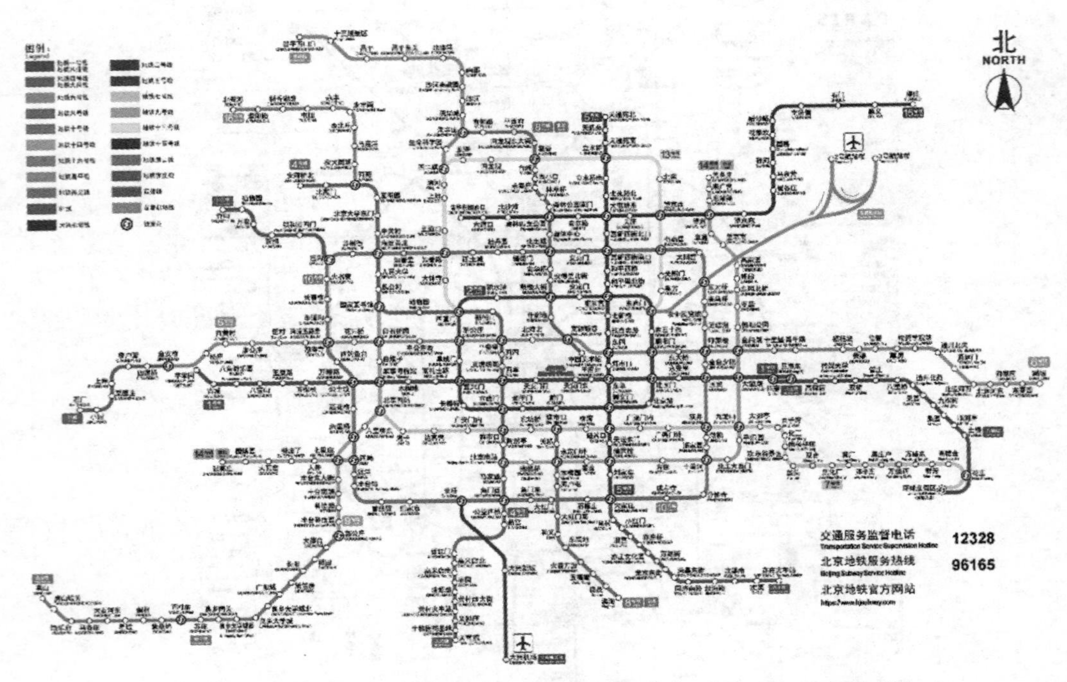

图 6.3　综合型地铁（轨道交通）路网形态示例（北京，2020 年 9 月）

施工方案与工程造价具有相关性。明挖法施工，造价与埋深成正比；暗挖法施工，隧道段埋深与造价关系不大，车站段埋深越大，造价越高。

两条地铁线路交叉或紧邻时，需考虑两者之间的位置矛盾与相互影响。

5. 车站定位

车站定位应充分考虑地铁与公交汽车枢纽、轮渡和其他公共交通设施及对外交通终端的换乘，应充分考虑地铁站之间的换乘。

车站定位要保证一定的合理站距，原则上城市主要中心区域的人流应尽量予以疏导。地铁车站的规模可因“地”而易，但在满足客流要求并留有一定的发展空间的前提下，尚应充分考虑节约。

6. 地铁规划与城市规划的结合

地铁规划是城市规划的主要内容之一，地铁规划必须与城市总体规划相结合，才能使地铁规划符合城市实际。地铁规划与城市规划的结合应重点考虑以下几个问题：

（1）地下空间规划中，要为轨道新线路预留空间。

（2）城市干道下，要为可能引入新的轨道设施预留相应的空间。

（3）地下铁道建设要与其他地下设施建设结合，进行综合开发。

（4）对需要进行大深度开发的地铁建设，应为其在浅层空间预留出入口。

7. 地铁路网规划示例

（1）日本东京是亚洲最早建成并开通运营地铁的城市，目前已经形成了完善的地铁路网，这与多年来逐步完善的路网规划是分不开的。早在 1919 年，东京就在城市规划中制定过地铁建设规划，到 1925 年形成了 5 条线路总长 82.4km 的地铁路网规划，并开始建设。1946 年对路网规划进行了调整，规划线路仍为 5 条，长度增加到 101.6km，1957 年又增加到 108.6km，但直到 1960 年，仅建成 34km。进入 20 世纪 60 年代，随着战后日本经济高速发展，东京首都圈的客运需求超过了预计水平，原规划的地铁线路无法满足未来发展需求，遂开始考虑对原地铁建设规划进行大的修订。1964 年将 1957 年制定的 5 条线路，总长 108.6km 的规划修订成 9 条线路，长度增加到 219km。到 1966 年，以 1985 年为发展目标，提出了建设总长度为 275km 的 12 条线路的规划方案；1970 年长度又增加到 284.9km。1972 年，仍以 1985 年为发展目标，制定了 13 条线路，总长度 320km 的地铁线网建设规划。随后东京的地铁建设执行的基本上是 1972 年的路网规划，虽然 1985 年和 2000 年也进行过规划调整，但主要是“东京圈以高速铁道为中心的交通网络建设基本计划”的制订和调整，市内地铁线路规划仅做局部修订。至 2000 年左右，东京地铁路网已形成网络，运营里程超过 250km，随后主要是对路网的完善。图 6.4 是最新的东京地铁运营线网示意图，运营里程为 304.5km，从图中可以看出一条类似环状线（名“大江户线”）将地铁放射线连接起来了，形成放射线+环线的路网形态；此外，地面铁路还有一条环状线（名“山手线”），也将地铁各放射状线路上的重要车站连接起来，形成一个地下与地上互相协调一致的城市快速轨道交通的综合路网。

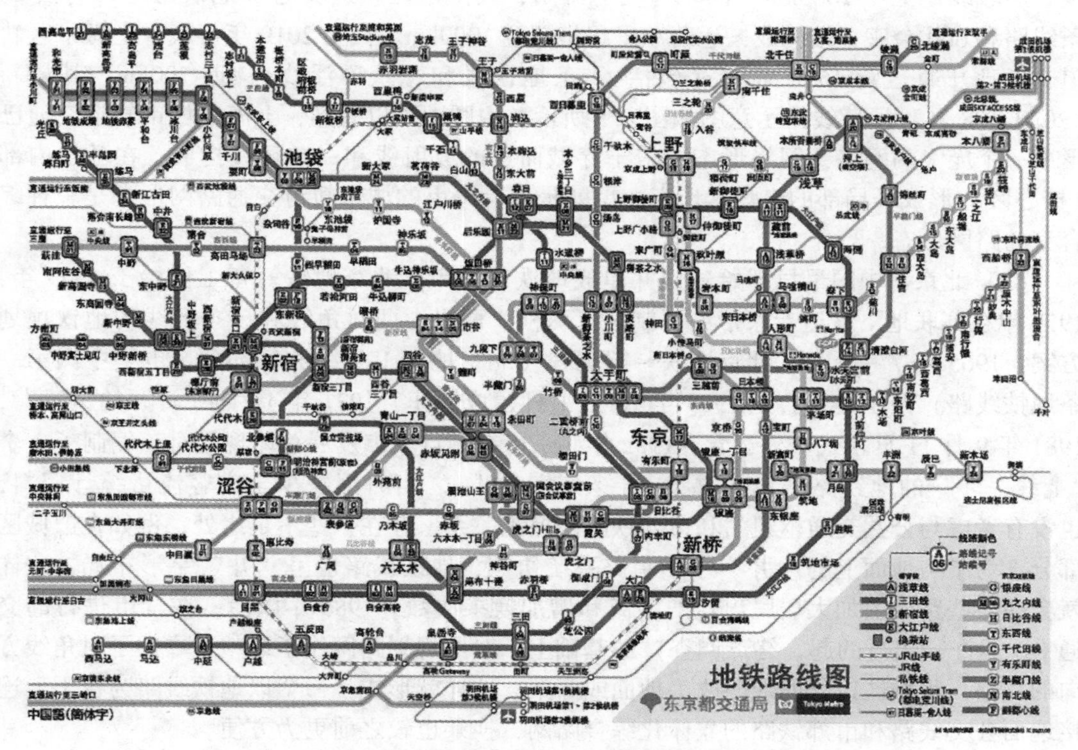

图 6.4　日本东京都地铁运营线网示意图（2020 年 6 月）

（2）上海的城市轨道交通网络是目前为止世界上规模最大的城市轨道交通网络。上海于 1956 年首次提出建造地铁的设想，并作出了横贯东西和纵穿南北的两条地铁线初步规划。1958年，苏联专家认为上海地基为软土地层，含水量大，不宜建设隧道工程。为此，上海市相关部门从1963年起至1970年代末期，历时近20年，在浦东塘桥、市内衡山公园和漕溪公园开展了三期试验，试验规模逐次扩大，为上海的地铁建设积累了丰富的资料和宝贵的经验，其中在漕溪公园地下进行的第三期试验建设了上下行总长1290m的地铁隧道，已经作为上海轨道交通1号线的正式路线使用。1985年，上海市城市规划部门提出的综合交通规划设想中，除在地面上规划7条快速干道和其他一些主、次干道，以及自行车专用道外，还提出了由4条径线，1条半径线和1条环线加1条半环线组成的地铁路网，总长176km。经过近20年的建设实践，在对路网规划的认识上已经从单纯的地铁路网发展到整个轨道交通路网，规划范围也从市区发展到市域。在2000年前后，完成了“上海市轨道交通系统规划”，并纳入2001年经国务院批复的上海市城市总体规划中。市域快速轨道交通由4条市域快速地铁线（市域R线）和几条支线组成，长度438km；中心城区轨道交通系统由4条市域快速地铁（中心城部分），8条市区地铁线和5条市区轻轨线组成，长度约480km；整个上海市轨道交通系统，由17条线路组成，全长约805km，中心城区长度约480km。随着城市建设的发展，上海市总体规划经过了多次修订，轨道交通规划也随之进行修订。最新的上海市总体规划是2018年公布的经国务院批准的《上海市城市总体规划（2017—2035）》。根据规划，未来上海将形成城际线、市区线、局域线“三个1000km”的轨道交通网络，其中市区轨道交通（地铁为主）将由24条线路和600余座车站构成，运营总里程将超过1000km。截至2019年年底，上海市区轨道交通已开通运营15条线路（包括14条地铁线和一条磁浮线），近700km，其最新（2020年8月）运营线路示意图如图6.5所示。由图中可以看到，上海的城市轨道交通已形成一个庞大的网络，网络形态由若干穿城而过的放射线和一条环线构成，在环线内部（核心区）形成了局部的棋盘状形态，也就是说上海市的城市轨道交通路网形态是一种综合型的路网形态。

（3）北京是中国最早开始建设并建成地铁的城市。北京地铁筹备工作始于1953年，1957年在苏联地下铁道专家帮助下制定了两横、两纵、两对角线和一条环线的地铁规划方案。1965年7月1日，北京地铁一期工程（北京地铁1号线的一部分，也是中国第一条地铁线路）开工建设，至1969年10月1日建成通车，1971年1月15日开始试运营，1981年9月11日正式对外运营。1982年北京市在制订城市发展总体规划时，编制了一个“七线一环”的地铁路网规划方案，8条线、236km。当时因缺少全市客流量统计资料，也没有考虑与公共交通枢纽站和市郊铁路的换乘关系，存在一些不足之处，例如在旧城区部分，为了与地面上的“井”字形道路系统协调，地铁线路也呈“井”字形布局，这样就会在某些路段上加大居民出行的距离和增加换乘次数。1986年以后，在全市进行的交通OD调查（出行的起、终点调查）的基础上，对原规划路网作了调整，增加了对角线方向的线路，将城区以外的线路改为地面或高架，这样就形成了一个以地铁线路为骨干，连接地面公交线路和市郊铁路的立体化综合路网，换乘也较之前更为方便。

1993年编制完成并经国务院批准的《北京市总体规划》中，北京市区轨道交通线网由12条线（“一环十一线”）组成，总长312.5km。1999年，城市规划部门又对其进行了必要调整，调整后的市区轨道交通线网由13条正线和3条支线组成，线网总长度为408km。此后，于2001年8月再次对原有规划线网进行优化调整，主要分为两个层次：

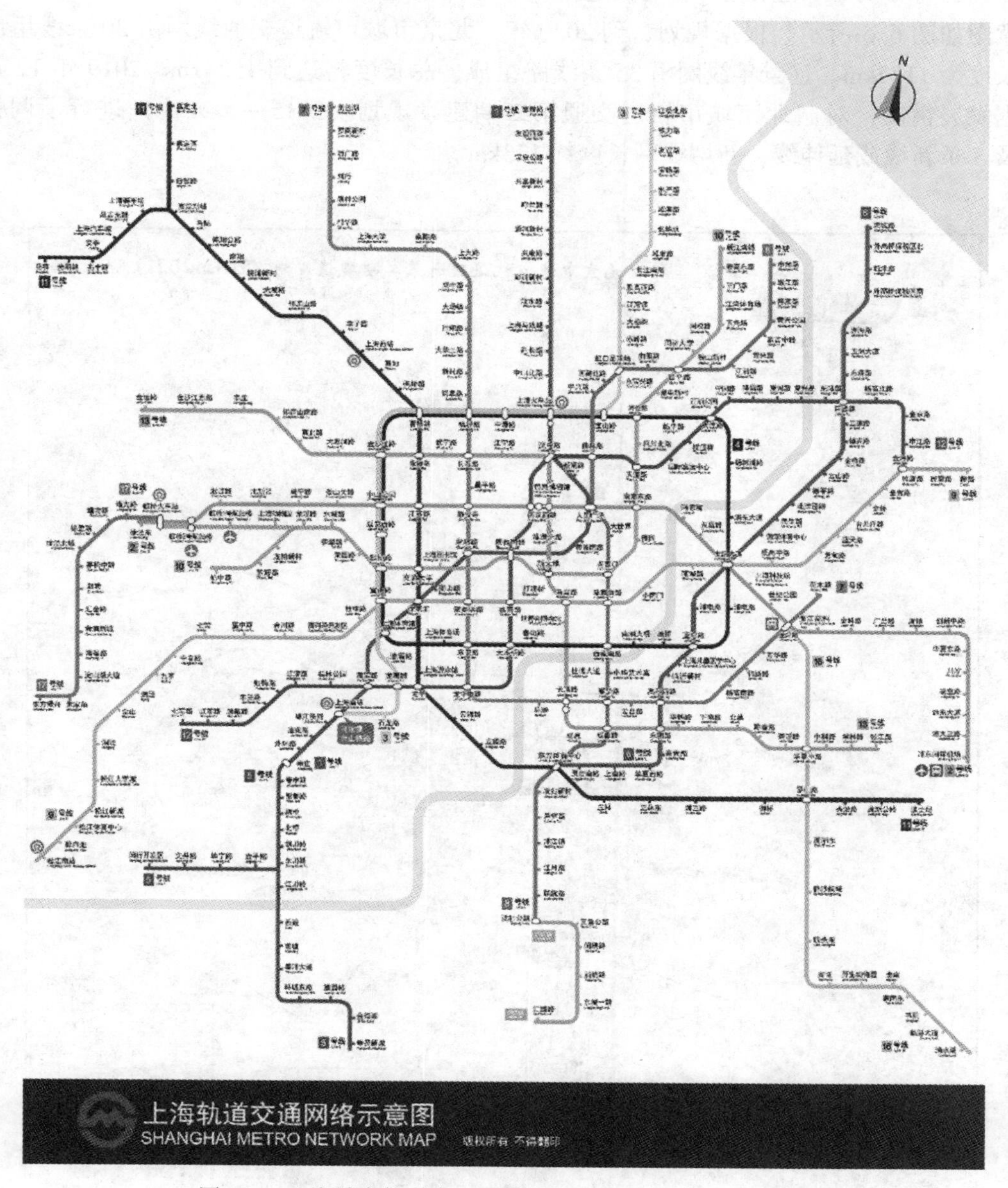

图 6.5　上海城市轨道交通运营线路示意图（2020 年 8 月）

第一层次是服务于市区的轨道交通运输系统，第二个层次是服务于远郊区县与市区之间的市郊铁路运输系统。调整后的市区轨道交通路网布局总体上呈双环棋盘放射形态，由 22 条线路组成，其中 16 条为地铁线路（M 线），6 条为轻轨线路（L 线），规划长度为 691. 5km；市郊铁路线网 2020 年规划规模为 300～400km，远景规划 2050 年规模应达到 600～700km。2013 年又对规划进行了调整，公布了《北京市城市轨道交通近期建设规划（2013—2020）》，在原有基础上新增 9 个项目，共 297km，使市区轨道交通路网规划长度达到 988. 5km。

2015 年 9 月，《北京城市轨道交通第二期建设规划（2015—2021）》获批，规划线网示意图如图 6.6 所示。根据规划，到 2020 年，北京市城市轨道交通线网由 30 条线组成，总长度为 1177km。远景年线网由 35 条线路组成，总长度将达到 1524km。2019 年 12 月，根据发展情况，对《北京城市轨道交通第二期建设规划（2015—2021）》进行了调整，涉及 5 条新线或延伸线，新增线网长度约 123km。

图 6.6　北京城市轨道交通第二期建设规划（2015—2021）示意图

截至 2019 年年底，北京市已开通运营轨道交通线路 21 条，运营里程 647.6km（地铁和磁浮线），其最新（2020 年 8 月）运营线路示意图如图 6.3 所示，由图可见，北京市城市轨道交通路网由两条环线和若干穿过中心城区的放射线组成，在中心城区构成棋盘状，路网形态符合双环棋盘放射形态的规划理念。

（4）天津市是中国第二个拥有地铁的城市。天津市第一条地铁于 1970 年 4 月 7 日决定建设（故称作“7047工程”），1970年6月5日动工，1976年1月10日试通车（不载客），1984年12月28日正式通车运营。2001年，天津市区至滨海新区的轻轨建设开工，《天津市城市快速轨道交通线网规划》通过评审，既有地铁线停运开始改造，标志着天津市新一轮的地铁（轨道交通）建设正式拉开序幕。2003年《天津市城市快速轨道交通线网规划修编》完成，规划线网由9条线路组成，其中4条线路为穿过核心区的放射线，2条线路为通过核心区边缘的放射线，1条线路为起自核心区的放射线以及穿过中心区腹地的填充线，2条半环线（位于中环与外环之间），线路总长234.7km，换乘站30座。

根据2015年批复的《天津市城市轨道交通第二期建设规划（2015—2020）》，到2020年，将形成14条运营线路、总长513km的轨道交通网络。2020年4月，天津市又对《城市轨道交通第二期建设规划（2015—2020）》进行了调整，对原规划中的6条线路进行适当延伸，并新增1条中心城区轨道交通线，增加里程约41.6km。

根据《天津市城市总体规划和综合交通规划》，天津市城市轨道交通远景年线网将由28条线路组成，总长度1380km。

截至2019年年底，天津市城市轨道交通已开通运营6条线路（包括地铁和轻轨），总长230.9km，其最新（2020年8月）运营线路图如图6.7所示。由图可见，天津市城市轨道交通已初步形成网络，线网由4条放射线（含1条半放射线）及2条半环线构成的环线组成，初步形成放射线加环线的路网形态。

（5）武汉市位于汉江与长江的交汇处，被长江和汉江分割为汉口、汉阳和武昌三镇，加上市内湖泊众多，使得市内交通历来不畅，尤其是三镇之间的跨江交通更成为市内交通的瓶颈。1984年，武汉市组织有关部门和专家，开始探讨武汉建设地铁的可行性。1992年10月，成立武汉市轨道交通建设办公室，着手编制《武汉市轻轨交通一号线首期工程项目建议书》及其规划工作，至1998年11月，由武汉市规划设计研究院完成《武汉轻轨交通一号线一期工程综合规划》，并于1999年10月，由当时的主管部门国家计委批准立项。2000年，武汉市提出了武汉市轨道交通的第一稿规划，根据该规划，武汉市轨道交通将以地铁为主，高架轻轨为辅，共规划了七条轨道交通线，总长约220km，设站182座左右。规划的7条线路分为镇间骨架线路（2条）、镇内骨干线路（2条）和镇间辅助线路（2条）三个层次，共有4条线路穿越长江，2条线路穿越汉江，可见从最初的规划开始，武汉市的轨道交通规划就特别重视跨江交通问题。同年12月，武汉市轨道交通一号线（高架轻轨）一期工程开始建设，2004年7月建成。2006年6月，利用武昌火车站改造的有利时机，武汉市轨道交通首个地下车站（4号线（地铁）一期武昌火车站站）开始建设。同年11月，武汉轨道交通2号线（地铁）一期工程试验段正式动工，成为武汉市首条开工建设的地铁线路，同时也拉开了武汉轨道交通（地铁）建设快速发展的序幕。

2008年，根据武汉市交通发展状况，相关部门组织力量对武汉市轨道交通规划进行了修编。经过修编的武汉市轨道交通线网规划，线路增加至12条，由3条市域快线和9条市区线路构成，总长530km，是原方案的两倍多，共设站309座。根据规划，主城区线网规模将达到333km，共有7条跨长江通道，其中6条位于主城区，比原有方案增加3条，以缓解日益严峻的过江交通状况。

2013年，为打造“国家综合交通枢纽”示范城市，助力“建设国家中心城市”，武

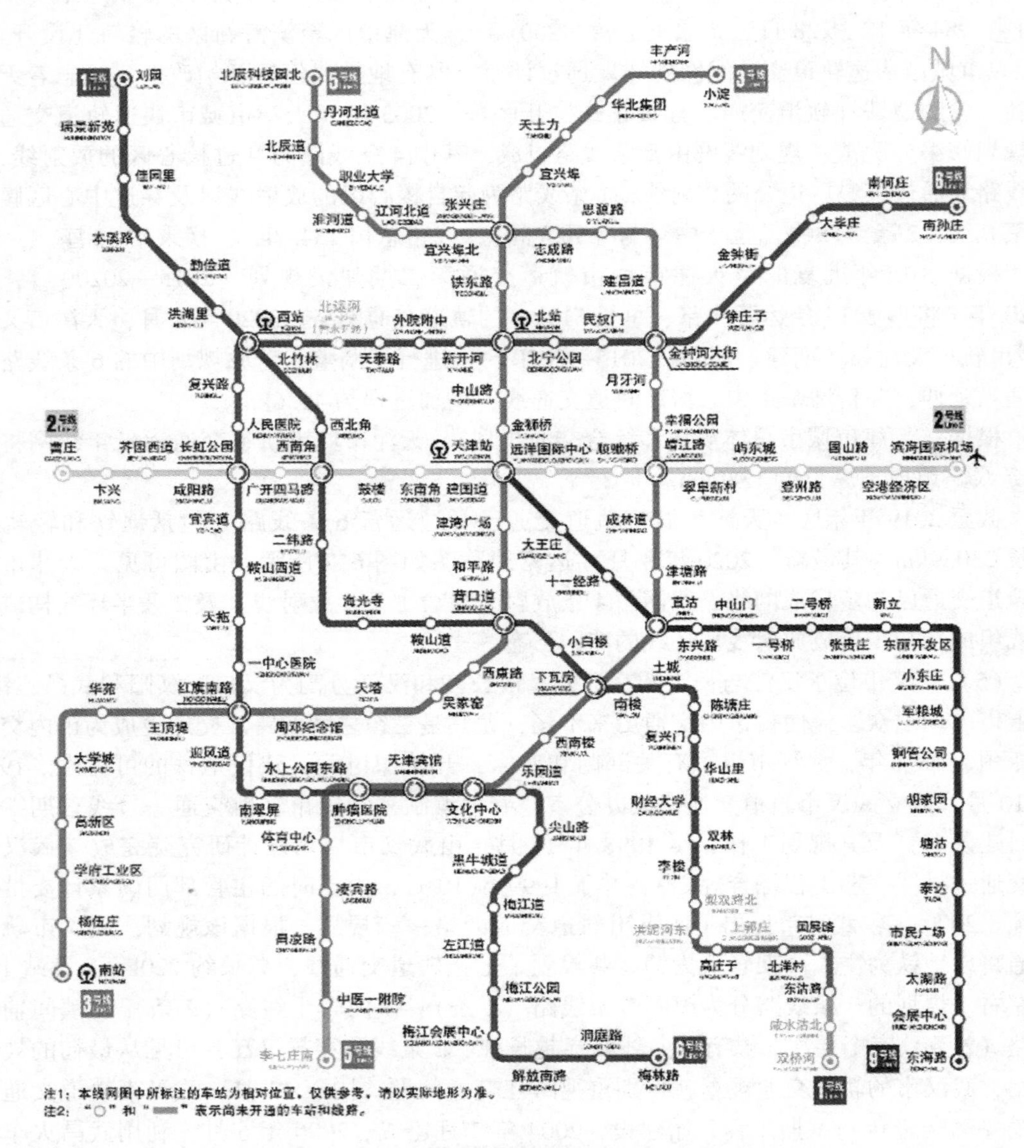

图 6.7 天津市轨道交通运营线路示意图（2020 年 8 月）

汉市开始第三轮轨道交通线网规划修编，规划到 2049 年，建成"一环串三镇，十射联新城"的轨道交通。根据《武汉市 2049 年远景战略发展规划》，到 2020 年武汉市人口将达到 1150 万～1200 万，到 2030 年将达到 1300 万～1400 万，到 2049 年将达到 1600 万～1800 万。届时，武汉将形成"大临港经济区""大临空经济区""大车都经济区""大光谷经济区"四大产业集群。为适应《武汉市 2049 年远景战略发展规划》，武汉市第三轮轨道交通线网规划修编形成两个方案，其中方案一由 22 条线路构成，总规模 981km，设站 567 座；方案二由 23 条线路组成，总规模 1009km，设站 571 座。经过广泛征求各方意见，最后综合了两个方案的优点，并充分考虑各方意见和建议，形成了《武汉市轨道交通远景年线网规划（2014—2049）》，规划由25条线路构成，总里程1100km（包括主城区地铁583km、地铁快线217km和市域快线300km），设站585座，如图6.8所示。由图可见，武汉市轨道交通远景年线网规划由一条环线加若干条放射线构成，其中在汉口区域内多条线路交叉局部形成棋盘状形态。总体来说，武汉市的轨道交通重点在于解决过江交通问题，但最终形成的路网形态仍然是环线、放射线的组合。

截至2021年6月，武汉市轨道交通已开通运营线路9条，运营里程约360km，车站241座，如图6.9所示。

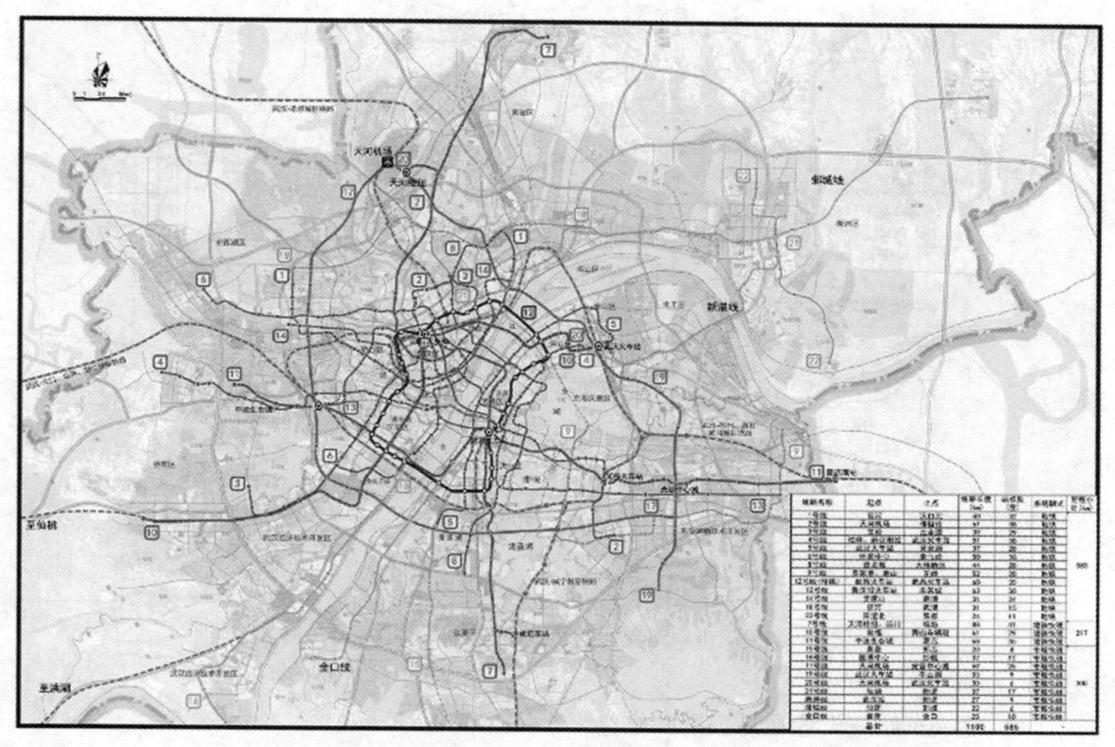

图6.8　武汉市轨道交通远景年路网规划图（2014—2049）

6.4.3　地铁车站规划

地铁作为大城市的重要交通手段，已广泛地应用于人们的通勤、通学、业务、购物、休闲等方面。地铁车站则是为地铁聚集和疏散客流的枢纽，也是连接周围地面空间和地下空间的纽带，因此，地铁车站的规划是地铁系统规划的重要组成部分。

1. 地铁车站规划的一般要求

（1）地铁车站设计，应保证乘客使用方便，并具有良好的内部和外部环境条件。

（2）设置在地铁线路交会处的车站，应按换乘车站设计，换乘设施的通过能力应满足预测的远期换乘客流量的需要。

（3）地铁车站的总体设计，应妥善处理与城市规划、城市交通、地面建筑、地下管线、地下构筑物之间的关系。

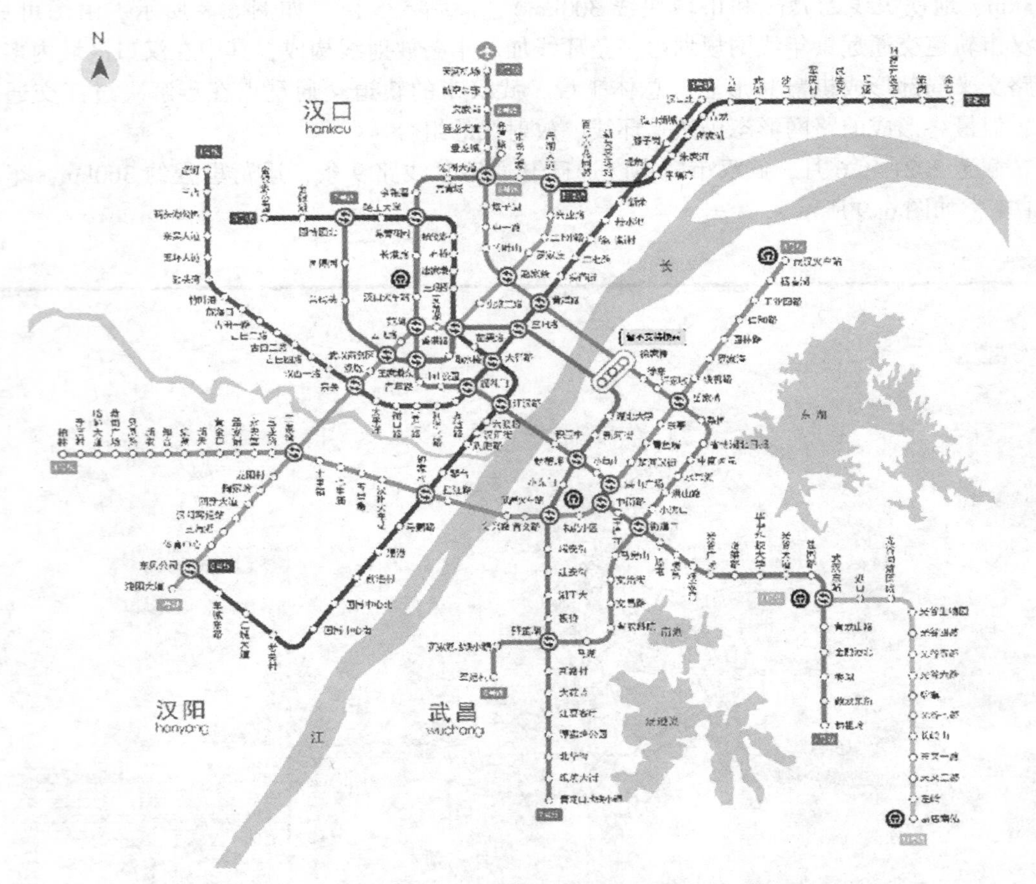

图 6.9 武汉市轨道交通运营线路示意图（2021 年 6 月）

（4）地铁车站应设置在易识别的位置。

（5）地铁车站应充分利用地下、地上空间，实行综合开发。

2. 地铁车站的类型

地铁车站按其埋置深度、地理位置、站台布置方式可以划分为不同的类型。

按地铁车站的埋置深度可以分为浅埋站和深埋站。浅埋站一般指采用明挖法或盖挖法施工的车站，其轨顶至地面的距离一般在 20m 以内。深埋站一般指采用暗挖法或盖挖法施工的车站，其轨顶至地面的距离一般在 20m 以上。

按地铁车站的地理位置可以分为终点站和中间站，中间站又可根据其是否可以直接换乘其他线路而分为一般中间站和换乘站。终点站一般处在城市的郊区，因需满足列车折返需要，故一般规模较大。折返车站的布置形式一般有两种，一种是小半径环线折返站，另一种是尽端式折返站，后者较为常用。在某些线路中会设有区间站，区间站也是折返站，常采用尽端式折返。

地铁中间站既有位于城市郊区的郊区站，也有位于城市中心区的中心站。一般而言，城市中心区的业务、商业活动较为频繁，客流量比较大，站点的规模应大些，而郊区站因客流量相应少些，其规模也应较小。如上海地铁1号线的中间站“人民广场”站，由于位于上海城区最中心，商业、旅游活动量大，所以其车站全长达300多米，而一般车站长仅需180m左右。

城市中心站，应对其附近的市街状况、输送要求、集中度等进行充分调查，车站的规模、构造和设施应尽量与之相适应，尤其是出入口数量、单位通行分布的合理性。另外，城市中心站是地下空间总体布局的依托，应尽量连通其周围的各类地下公共建筑，这样既能有效地疏散人流，又能充分发挥地铁客流量大的优势，带动周围地下空间的开发利用。

地铁换乘站也是城市中心站，当两条以上地铁线路交叉或相邻并设车站时，应完成车站的地下联络换乘，具体换乘方式应根据两个车站的位置等进行选择。

按地铁车站的站台布置方式可以分为岛式站台站和侧式站台站。岛式站台一般适合客流大的车站，侧式站台则反之。两者各有优缺点，在使用时应根据实际情况选用。

站台的宽度由乘客人数、升降口的位置和宽度等决定。一般的站台宽度，侧式站台为每边4~7m，岛式站台为6~12m。

站台的长度按最大列车编组长度决定，一般为：最大列车编组长度$+2x$（$x \geqslant 5$m）。

3. 地铁车站的旅客处理能力

在规划设计地铁车站时，要针对各种调查分析所得的基础资料，估算地铁车站的规模大小。其中出入口和升降口两项通行能力的计算比较重要。

（1）出入口。出入口应能比较直接地联系地面室外空间和内部地铁车站。每个车站直通地面室外空间的出入口数量不应少于两个，并能保证在规定时间内，将车站内的全部人员疏散出去。日本现营运的地铁车站出入口情况是：小时客流输送量1000~20000人的车站，其出入口数量3~6个；小时客流输送量20000~30000人的车站，出入口数量6~8个；小时客流输送量30000~50000人的车站，出入口数量8~12个。出入口有效净宽度平均2.5~3.5m。

我国的地铁设计规范规定，车站出入口的数量，应根据客运需要与疏散要求设置，浅埋车站不宜少于4个出入口。当分期修建时，初期不得少于2个出入口。小站的出入口数量可酌减，但不得少于2个。车站出入口的总设计客流量，应按该站远期超高峰小时的客流量乘以1.1~1.25的不均匀系数计算。

当然，地铁车站出入口的各部分（门、厅、楼梯等）应保证相同的通行能力，并以通行能力最差的一个数据，作为该出入口的实际通行能力。

（2）升降口。升降口起到连接站台和上部大厅及出入口的作用，出于疏散和防灾需要，升降口的数量不应少于2个，并应使其对旅客的处理能力能满足实际客流需求量要求。

4. 地铁车站位置

典型的地铁站通常是一个20~30m宽、100~200m长、10m多高的横亘于地下的大型设施，其本身就是发展大型地下空间的良好载体。由于地铁站的人流量很大，是地下空间系统中人流量最大的集散点之一，乘客通过地下空间系统到达目的地提高了集散效率，促使以地铁站为中心的地下空间系统不断向周围地区延伸。不仅站厅公用区和出入口与周围城市空间广泛连接，使地铁站本身承担公共空间的作用，而且地铁在城市交通中的核心地位，更促进了步行系统、公共停车等公共空间的地下化。因此，地铁站是地下空间系统的枢纽和建立地下空间系统的契机。

蒙特利尔地铁站的出入口很多，如麦吉尔车站，有 3 条地下通道和 5 个地面出入口，连接着附近的建筑物和街道，由于从几个不同的地方都可到达这一车站，因此使用效率很高。伦敦地铁车站最大的站厅面积达 7000m² 以上，出入口能分散人流，敞开的楼梯分设在广场、人行道、公交车站附近及周围大楼的首层，避免了地铁乘客穿越地面广场和运输繁忙的街道。

（1）站位与路口的位置关系。如图 6.10 所示，根据地铁车站与路口的相对位置，可以分为四种情况：① 跨路口站位；② 偏路口站位；③ 两路口站位；④ 道路一侧站位。上述四种情况适用条件各不相同，效果也不一样。其中第①种最常用，效果最好，第②③种其次，第④种应用最少。同时，前三种车站可兼作城市地下人行通道。

（2）车站出入口与主要建筑物的关系。地铁车站出入口与周围主要建筑物的空间关系一般有四种类型，建筑外、建筑侧、建筑下、建筑内，如图 6.11 所示。

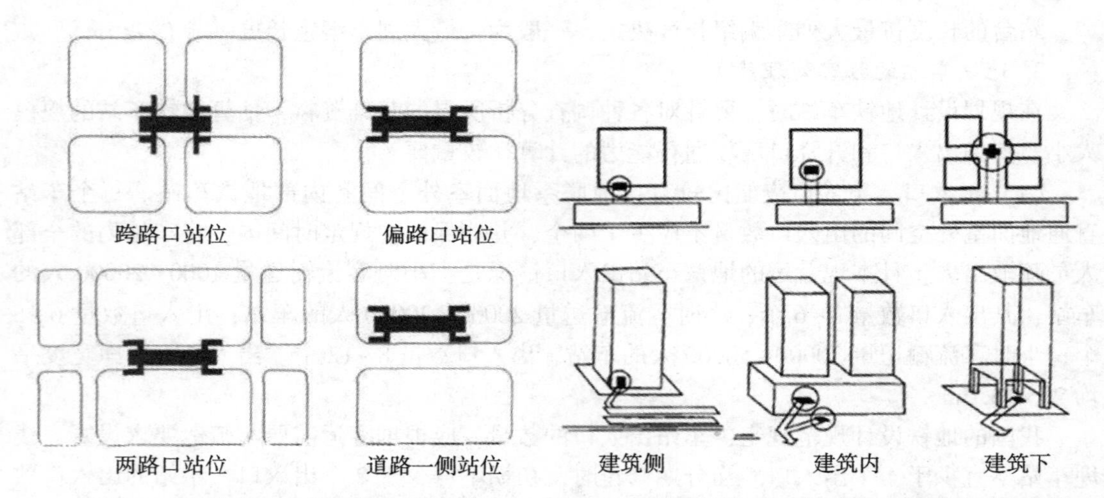

图 6.10　地铁车站与路口的位置关系　　图 6.11　地铁车站出入口与周围主要建筑物的空间关系

地铁出入口与建筑物的良好空间关系，具有多方面的优点：吸引更多乘客搭乘地铁，提高地铁的使用效率；使地面建筑成为地铁出入口的标志，提高地铁站的外部识别性；增强城市交通的疏解作用，使大量人流不需溢出地面就可快速集散，缓解地面交通压力；提高建筑的可达性和空间价值，支持高强度开发和城市功能的地下化。

（3）地铁车站与商业设施的空间关系。商业是地铁车站与其他城市功能之间良好的桥梁，善加利用，可以相互促进。与地铁车站连接的商业可分为地下商业、地面商业两类。

地下商业：分为站内和站外两类。地铁站内分为付费区和非付费区（可供自由通行，也称城市公用区）。站内商业通常设置在扩大的公用区内，主要供乘客顺路购物和等待时购物，建筑结构上属于地铁站的一部分，由地铁站统一管理。站外商业是指在地铁站结构体外的商业，与地铁站分开管理，一种形式是在地铁站通往其他建筑物之间的地下步道两边开设店铺，由于过多的商业人流将使步道拥挤，因此商店一般进深不大；另一种是与地铁站直接相通的周围建筑物的地下商业空间，规模可较大。如武汉轨道交通（地铁）2号线中山公园站就有一条通道直达武汉商业中心的地下商场，中南路站也有一条通道直达中南商业大楼的地下商场，乘客可不出地面直接前往武汉商业中心、中南商业大楼购物和消费。

地面商业：即地铁站地面出入口紧邻的地面商业空间，既可作为单一的商业建筑，亦可作为高层办公建筑的低层商业部分。如武汉轨道交通（地铁）2号线的宝通寺站和光谷站，分别紧邻亚贸商圈和光谷商圈等。

6.5　城市地下道路系统规划

6.5.1　地下车行道路系统

城市中大量机动车和非机动车行驶的道路系统，在近期一般不宜转入地下空间，因为工程量很大、造价过高，即使是在经济实力很强的国家，在相当长的时期内也不易普遍实现。当然，在长远的未来，如果能把城市地面上的各种交通系统大部分转入地下，在地面上留出更多的空间供人们居住和休息，是符合开发城市地下空间的理想目标的。在现阶段，在城市交通量较大的地段，建设适当规模的地下快速道路（又称城市隧道）还是需要的，可比较有效地缓解交通矛盾。

地下快速路是进入20世纪90年代逐渐发展起来的。例如，美国波士顿中央大道建成于1959年，为高架6车道，直接穿越城市中心区，逐渐成为美国最拥挤的城市交通线。每天交通拥堵时间超过10h，交通事故发生率是其他城市的4倍。高架道路对周围地区的割裂，加之严重的交通堵塞和高发事故率，使一些商业机构搬迁出去，由此带来巨大利税损失。为此，开展了隧道改造工程（Central Artery/Tunnel Project）建设。CA/T是在现有的中央大道下面修建一条8~10车道的地下快速路，替代现存的6车道高架路，如图6.12所示。

工程建成后，拆除地上拥挤的高架桥，代之以绿地和可适度开发的城市用地，将拥堵的时间缩短到每天早晚高峰时间的2~3h，基本相当于其他城市的平均水平，并降低城市12%的一氧化碳排放量，使空气质量得到改善，同时可提供300英亩以上的城市可开发用地和公共绿地。工程于1991年开工，2006年主体工程完工，2007年地面恢复工程完工。如图6.13所示为波士顿中央大道改造前后的俯瞰图。

图6.12　CA/T工程断面示意图

图6.13　改造前后的波士顿中央大道俯瞰图

俄罗斯莫斯科市由于市内交通量增大，需要修建第三条环形路，这条路贯通的最大难题是如何通过风景优美且文物古迹众多的列福尔地区，又不破坏当地的人文景观。经过专家论证和征求市民意见后，政府决定修建一条长 3km 的地下快速路，使三环路从 36m 深的地下穿过该地区。

日本政府 1966 年计划采用全线高架方案建设东京外环高速公路，长 85km。由于需要穿过 16km 的人口稠密的住宅区，沿线居民强烈反对兴建具有严重噪声和大气污染的高速公路；如采用地下方案，因要通过私有土地，使造价高于地面高架路 20%～30%，故迟迟不能实施，政府于 1970 年决定将建设计划冻结 30 年。到 2001 年，日本通过法律，规定 40m 以下的地下空间用于公共设施建设不再支付土地费，这才使修建地下快速路成为可能。日本国土交通省于 2003 年初决定投资 100 亿美元，在地下 40m 深处建两条宽 13m，双车道的环形快速路，长约 20km，比地面高架道路可节省投资 20%～30%，预计 8 年建成。工程于 2014 年获批，截至 2018 年 4 月，东京外环高速公路已开通了 34km 高架路段，即将开通 16km 回填式（浅埋）地下路段，而 16km 深埋（地下 40m）盾构隧道正在施工之中，其余路段尚在计划当中。

2000 年，我国高等教育进行了一次大规模重组，其中原武汉大学、武汉水利电力大学、武汉测绘科技大学和湖北医科大学合并组建新的武汉大学，原武汉测绘科技大学校区被调整为新武汉大学信息学部校区。由于武汉大学主校区和信息学部校区被八一路分割，且八一路从武汉大学正门前通过，每天交通高峰时段武汉大学校门附近机动车、非机动车及人流相互交织，使之成为武汉市最拥堵的路段之一，学校师生在车流中穿行也存在着极大的安全隐患，如图 6.14（a）所示。为此，经过武汉大学与武汉市相关管理部门多次沟通协商，决定将八一路武汉大学附近路段改为地下通行，建设双向 6 车道、总长 825m 的地下通道，且在地下通道设置一座公共汽车站，彻底解决校门附近的交通拥堵问题。工程于 2012 年 6 月开工，2013 年 11 月竣工通车，原八一路上通行的所有车辆在武汉大学附近路段均从地下通过，地面上的武汉大学信息学部校区与主校区已经连为整体，极大地保证了学校师生在两校区间的交通安全，也使得八一路的机动车通行更加顺畅。改造后地面景观如图 6.14（b）所示。

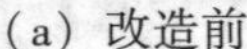

（a）改造前

（b）改造后（效果图）

图 6.14　武汉大学校门广场改造前后对比图

另一种情况是，当城市间的高速道路（urban express way）通过市中心区，在地面上与普通道路无法实现立交，也没有条件实行高架时，在地下通过才是比较合理的，但应尽可能缩短长度，减小埋深，以降低造价和缩短进、出段的坡道长度。例如，日本东京的高速道路4号线在东京站附近转入地下，与八重洲地下街统一规划建设，从地下街的二层通过，路面标高-8.7m，两条双车道隧道，各宽7.3m，使车站附近的地面交通和城市景观有了很大改善。法国巴黎有几条高速道路通过市中心，在列阿莱地下综合体中设站，实行换乘。

武汉市的南大门白沙洲大道是连接107国道南段、京港澳高速南段与武昌中心城区的快速路，三环以内已实现全程高架，但在通过武昌火车站（二环内）路段时，采用了地下通道形式，使得直行车辆得以快速通过武昌火车站路段，避免了与车站进出车辆之间的干扰，同时使车站广场景观大为改善。

还有一种情况是，城市的地形起伏较大，使地面上的一些道路受到山体阻隔而不得不绕行，从而增加了道路的长度，这时如果在山体中打通一条隧道，将道路缩短，从综合效益上看是合理的。我国重庆、厦门、南京等城市，都有这种穿山的公路隧道，青岛也有类似的规划，对改善城市交通是有益的。当城市道路遇到河流阻隔时，按常规多架桥通过，但是在一定条件下，建造跨越江河的隧道可能比建桥更合理。香港与九龙之间的交通往来频繁，但过去由于维多利亚海峡相隔，要经轮渡才能通过，修建了海底隧道后，缩短了渡海时间，也比轮渡安全。上海市由于黄浦江的分隔，使浦东地区发展缓慢。在20世纪70年代修建了一条越江隧道，当时从战备的角度考虑较多，实际上在平时使用中，对沟通黄浦江东西两侧的交通发挥了很大作用。20世纪80年代初，又开始建设第二条越江隧道，以解决浦东区与市中心区之间的客运交通问题，全长2261m，主要走公共汽车，通过能力为每小时5万人次。随后，随着浦东开发区的建立，又修建了多条穿越黄浦江的越江隧道。

武汉市被长江、汉江分隔为汉口、汉阳和武昌三镇，三镇之间的过江交通历来是市内交通的瓶颈，尤其是改革开放以来，武汉三镇之间交往日益频繁，人流、车流不断增大，过江交通问题更显突出。为此，除1957年建成的武汉长江大桥（公铁两用）外，武汉市自1992年起陆续建成了武汉长江二桥（1992年）、武汉白沙洲长江大桥（2000年）、武汉军山长江大桥（2001年）、武汉阳逻长江大桥（2007年）、武汉天兴洲长江大桥（公铁两用，2009年）、武汉二七长江大桥（2011年）、武汉鹦鹉洲长江大桥（2014年）、武汉黄家湖长江大桥（2015年）、武汉杨泗港长江大桥（2019年）、武汉青山长江大桥（2020年）共11座长江大桥。新建的11座大桥构成武汉市5条环线的过江通道，其中外环线主要为京港澳、沪渝、福银、杭瑞等高速公路过汉通道，四环线为过境货车绕城通道，对中心城区机动车作用不大。三环线及以内共7座长江大桥（含武汉长江大桥），而真正对武汉市内交通起决定作用的是武汉长江大桥及内环线和二环线的过江通道共5座长江大桥，这对千万级别人口的武汉市来说远远不够，但在三环线内继续建设长江大桥又受到防洪、航运等各方面限制，因此只能选择建设过江隧道。2008年年底，武汉长江隧道建成通车，成为万里长江下建成的第一条车行隧道。2018年10月，与武汉市轨道交通7号线共用过江通道的武汉三阳路长江隧道建成通车，成为武汉市建成的第二条车行过江隧道。两条过江隧道的建成，大大缓解了武汉市内环线内的过江交通压力。

当然，如果与地下轨道交通相比，地下道路的运量较小，因为单条车道单向客运能力仅为2400人次/h，两条车道宽的隧道也不过4800人次/h，还需要连续通风，而同样宽度的地铁隧道，可以双向铺轨，单向即可有 4 万~6 万人次/h 的运载能力。因此，用建地下道路分流客运量的做法应慎用，只有当地面人流量减少后，车流量仍然很大，现有道路设施已无法避免车辆严重拥堵的情况下，例如北京市的二环路和三环路、四环路某些路段，修建地下车行道路才是合理的。

近几年，由于城市发展迅速，交通矛盾突出，所以在规划和兴建城市轨道交通的同时，一些城市已将建设地下快速道路的问题提上议事日程，有的开始研究，有的进行规划，个别的已经开始实施。

北京市在制订地下空间规划的过程中，对建设地下快速道路网问题进行研究，针对中心地区二环路以内的交通拥堵的严重情况，考虑建设穿越中心区的地下快速路，重点解决缺乏南北向贯通干道的难题，从而提出了一个在 2020 年建设四纵两横的地下快速路网方案，供进一步研究论证，如图 6.15 所示。图中粗线为地下快速道路，环线为北京市现有的二、三、四环路线。

上海市为了缓解中心城核心地区的交通矛盾，在地下铁道路网之外，另规划了一个由六条线路组成的“井”字形地下快速路网，全长 40km，其中地下段 26km，4~6 条车道，如图 6.16 所示。上海地下快速道路网中通过外滩的一条隧道已经于 2010 年 3 月 28 日与外滩改造工程同时完工。地下快速路为双层 6 车道，使原来外滩地面上的 11 条车道减为 4 条，使到达车辆与过境车辆分行，不仅交通状况大大改善，还使公共活动空间扩大了 40%，开辟了四大广场，环境和景观都得到改善，成为继人民广场之后，为市民提供的又一个休闲游乐场所。

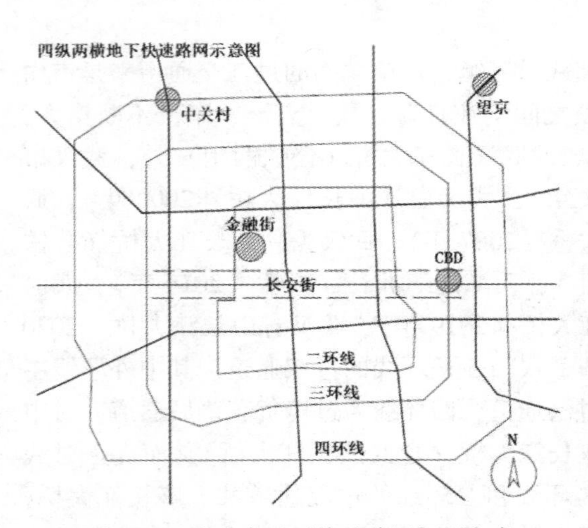

图 6.15 北京市地下快速路网规划方案

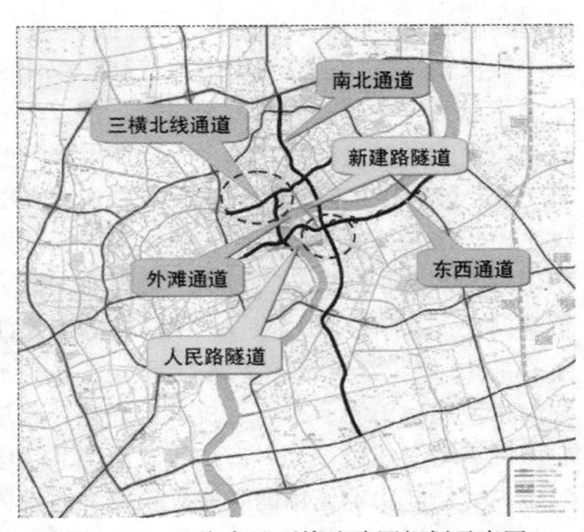

图 6.16 上海市地下快速路网规划示意图

应当指出的是，规划和建设城市地下快速道路网络，虽然国外有少量规划和建设实践，国内部分超大城市也已开始起步，但毕竟在规划理念上和一些关键技术上还缺乏成熟的经验，因此必须持慎重的态度，进行认真的研究、论证、试验，再逐步实施。在进行地下快速路网规划时，应与地面路网、高架道路、轨道交通等形成有机联系，实现有效对接，切实保证地下快速路网在解决城市中心区交通矛盾方面发挥应有的作用。

从长远来看，城市交通的地下化是地下空间发展的主要目标之一，只有这样，才能实现"车到地下，人在地上"的理想，给城市居民提供良好的休闲、娱乐和生活环境。因此，在城市地下空间远景规划中，在次深层或深层地下空间布置大规模的快速车行道路网络是未来的发展趋势。

6.5.2 地下步行道路系统

大量机动车辆还没有条件转移到城市地下空间中去行驶以前，解决地面上人、车混行问题的较好方法就是人走地下，车走地上。虽然对步行者来说，出入地下步行道要升、降一定的高度，但可以增加安全感，节省出行时间，减少恶劣气候对步行的干扰。

地下人行道有两种类型，一种是供行人穿越街道的地下过街横道，功能单一、长度较小；另一种是连接地下空间中各种设施的步行通道，例如地铁车站之间以及大型公共建筑地下室之间的连接通道。规模较大时，可能在城市一定范围内（多在市中心区）形成一个完整的地下步行道系统。

地下过街通道的功能与地面上的过街天桥相同，二者各有优缺点。在街道保持现状的情况下，建过街天桥较为适当，因为建造和拆除都比较容易，不影响今后街道的改建。地下过街通道一旦建成，很难改建或拆除，因此最好与街道的改建同时进行，成为永久性的交通设施。我国从1980年迄今，大多数城市建设了人行立交设施，其中多数为天桥。从使用效果看，有些行人不愿上、下桥过街，宁可走远一些再过街；有些天桥刚度较差，人走在上面会感到震颤，产生晕眩感；遇雨、雪天气时，上、下天桥则更不方便。从地下过街通道情况看，因一般埋置较浅，上、下时不如天桥费力，且不受气候影响，也不影响城市景观，所以效果较好。如北京天安门广场的地下过街横道虽然规模较大（长80m、宽12m），但对广场景观基本无影响。

我国现有的城市地下过街通道，多是单纯为解决过街安全问题而独立建造的，与地面街道的改造和地下空间的综合利用没有联系起来，以致在某些情况下，可能成为城市再开发的障碍。如天安门的地下过街通道，由于短期行为的结果，使沿东西长安街修建的第三期地铁线在这里不得不降低标高才能通过。在国外，很少有单纯为过街用的地下步行通道，而是多与地下商业街、地下停车库等结合在一起，发挥综合作用。

在美国和加拿大的一些大城市，为了改善地面交通，并结合当地的气候条件，在中心区的地下空间中，与地下轨道交通系统相配合，形成规模相当大的地下步行道系统，很有自己的特色。

美国的纽约和芝加哥是较早发展地铁的城市，分别在1904年和1892年开通了地铁。纽约地铁的是世界上车站数最多的地铁系统，市内有近500个地铁车站，早期陆续建造了一些车站间的地下连接通道，但因年代已久，环境和安全条件都较差，已不适应现代城市的要求，因此后来又新建和改建了若干条地下通道，主要集中在市中心的曼哈顿（Manhattan）地区，把地铁车站、公共汽车站和地下综合体连接起来。曼哈顿地区面积8km^2，常住人口10万人，但白天进入这一地区的人口近300万人，其中多数是乘坐通过这里的19条线路的地铁列车到达的，地面上还有4个大型公共汽车终始站。在交通量如此集中的曼哈顿区，地下步行道系统在很大程度上解决了人、车分流问题，缩短了地铁与公共汽车的换乘距离，同时把地铁车站与大型公共活动中心从地下连接起来，形成一个四通八达，不受气候影响的步行道系统，对于保持中心区的繁荣是有益的。1974 年建成的洛克菲勒中心（Rockefeller Center）的地下步行道系统，在 10 个街区范围内，将主要的大型公共建筑在地下连接起来。芝加哥的情况与纽约相似，但规模较纽约小。

美国南方城市达拉斯（Dallas）和休斯敦（Houston）都是 20 世纪中后期发展起来的大城市，由于人口和车辆的迅速增加，原有街道十分拥挤，在交通高峰时间内，人行道宽度只能满足步行人流需要的一半，在车行道上造成人车混杂的局面。达拉斯市气候不良，大风频繁，夏季最高气温高达 38 °C 以上，因此规划建设了 19 条不受气候影响的地下步行道，连接办公楼 13000m^2，商店 70000m^2，还有旅馆（共 13000 个房间）和停车库（共 10000 个停车位）。第二期又建设了 10 条地下步行道，所连接的建筑面积增加了一倍。达拉斯市除地下步行系统外，还有不少大型建筑通过空中走廊相互联通，形成一个空中、地面、地下三个层面的立体化步行系统，很有现代化城市的特点和风貌。休斯敦的地下步行系统也有相当的规模，全长 4. 5km，连接 350 座大型建筑物。

加拿大的多伦多（Toronto）和蒙特利尔（Montreal）等城市，也有很发达的地下步行道路系统，除 20 世纪六七十年代的经济高速增长因素外，主要因素就是哪里漫长的严冬气候。多伦多市的地下步行道路系统称作“通道”（PATH）。早在 20 世纪初（1900—1917 年），伊顿百货公司（Eaton Company）就建设了 5 条通向百货公司的地下通道。随后（1929 年），加拿大太平洋铁路（CPR）也效仿伊顿百货公司的做法，建立了皇家约克酒店（Royal York Hotel）和联合车站（Union Station）之间的地下通道连接。这一时期是多伦多市 PATH 发展的第一阶段，这一阶段建设的几条地下步行通道直到现在仍然是 PATH 的有效组成部分。二战以后是 PATH 发展的第二阶段，也是 PATH 的大规模发展期。在这个时期主要是建立地铁空间与 PATH 的连接，许多地铁车站的站厅和通道与邻近的商务楼、零售店等通过 PATH 连接到了一起。多伦多市市政府逐渐注意到 PATH 带来的经济和社会效益并看好其发展前景，为了鼓励 PATH 的建设，政府出台了两项激励政策：一是对于地下街区的开发强度的调整——地下空间开发的出租商业面积，可不计入大厦本身的商业营业面积；二是建设资金的补助——根据 1969 年城市市中心步行报告（On Foot Downtown），政府为 PATH 项目支付建设总成本的 50%。随着 1954 年地下铁道开始大规模建造，以及 20 世纪 60 年代末期到 70 年代初期金融区的再开发，地下步行道在 4 个街区宽、9 个街区长的范围内形成系统，两端的最长距离为 2. 4km。第三阶段为 PATH 的发展完善阶段，是 PATH 建设的成熟期。1980 年代初期，加拿大第一大厦（First Canadian Place）与里士满-阿德莱德中心（Richmond-Adelaide Center）之间的连接建立起来之后，PATH 串起了许多百货商店、酒店、办公大楼，以及地铁站等，形成了城市地下街道生活的 PATH 廊道系统。根据《吉尼斯世界纪录》（Guinness World Records）的记载，PATH 是世界上最大的地下商业综合体，其整体规模约 500000m^2，共有 27 条主要通道以及数不清的分支通道，最长的通道长达 10km，零售商业面积达到 371600m^2，拥有约 1200 家商户，提供 5000 个职位，联系了 5 个地铁站、1 个火车站、50 多栋建筑、6 个大型酒店和 2 个大型综合体、20 个地下停车场，以及多伦多市多个地标建筑和旅游景点，共有 125 个出入口。目前，多伦多市的 PATH 系统以其庞大的规模，方便的交通，综合的服务设施和优美的环境，已在世界上享有盛名，而且还在不断扩大和完善中，如图 6. 17 所示为 2012 年编制了《PATH 总体规划》基本框架及规划发展图。

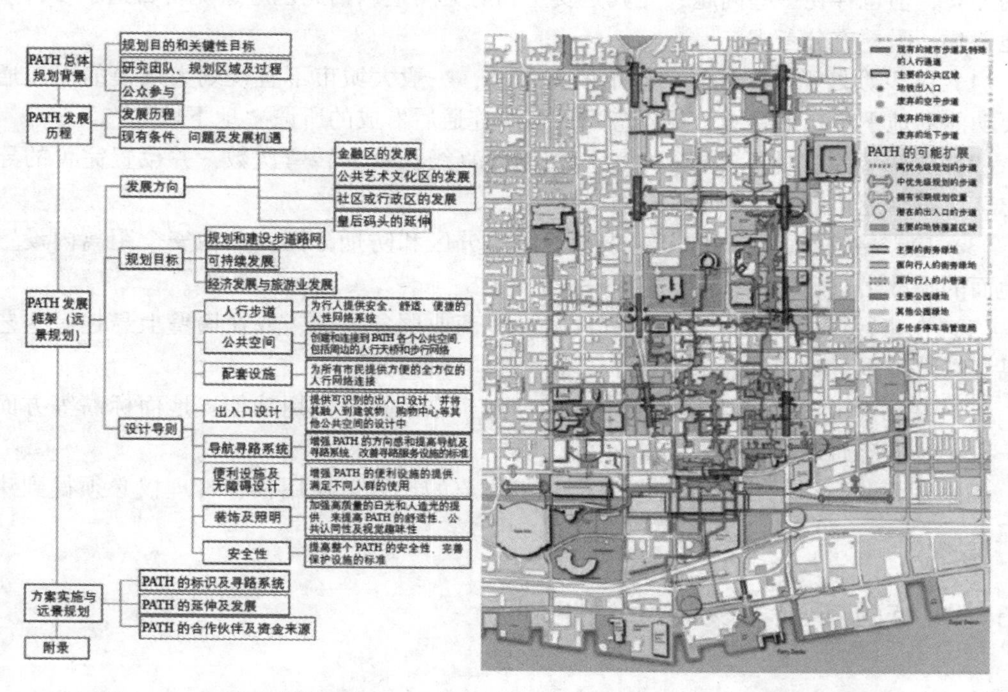

图 6.17　加拿大多伦多市《PATH 总体规划》基本框架及规划发展图（2012）

以上所列几个城市地下步行道系统的成功经验说明，在一定的经济、社会和自然条件下，在大城市的中心区建设地下步行道系统，可以改善交通，节省用地，繁荣城市，改善环境，综合效益明显，同时也为城市防灾创造了有利条件。但是要做到这一点，首先要有一个完善的规划，其次是设计要先进，管理要严格；其中重要问题是安全和防灾，系统越大，这个问题越突出，必须给予足够的重视，通道应有足够数量的出入口和满足疏散要求的宽度，避免转折过多，应设明显的导向标志，防止迷路。对于这些问题，加拿大的一些专家、学者至今仍在研究和改进之中。

目前我国许多大城市在进行地铁建设时，都会考虑将地铁车站站厅或出入通道通过地下步行通道（或商业步行通道）与周边商业和服务设施连接起来，方便乘客乘车的同时，也为周边商业和服务设施带来更多的客流。但这些通道往往独立存在，不成系统，也缺乏统一的规划。因此应尽快开展城市地下步行道系统规划研究，并重点考虑以下几方面的问题：

（1）明确地上与地下步行交通系统的相互关系。

（2）在集中吸引、产生大量步行交通的地区，建立地上、地下一体化的步行系统。

（3）在充分考虑安全性的基础上，促进地下步行道路与地铁站、沿街建筑地下层的有机连接。

（4）利用城市再开发手段，以及结合办公楼建造工程，积极开发建设城市地下步行道路和地下广场。

最后，应当说明的是，尽管加拿大和美国在建设大规模地下人行道路系统上有很多成功的经验，但也存在一些问题，尤其是安全和防灾问题，因此也应避免盲目追求步行系统的地下化，需要充分考虑：

（1）除少数处于严酷气候条件下的城市外，一般大城市不宜规划大规模的以连通为主要功能的地下步行道系统，更不应盲目追求连通后形成的所谓“地下城”。

（2）当需要设置地下步行道时，应控制其直线长度和转弯次数，并设置完善的导向标志，以减少迷路危险。

（3）应严格按有关防火规范要求设置防火分区和防烟分区，并在安全距离内设置直通地面的疏散出口。

（4）在步行道的一侧或两侧，宜设置一些商业服务设施，或在墙壁上悬挂一些艺术作品，以减少步行时的枯燥感和便于安全管理，降低犯罪率。

（5）在已建成的高层建筑地下室之间，由于在产权、使用功能、地面标高等方面很不一致，勉强连通是没有必要的。

（6）地下步行道的投资方必须落实，步行道的产权、使用权、管理权必须得到法律保障。

6.6 城市地下静态交通系统规划

6.6.1 地下停车设施

城市中的各种车辆，只能处于两种状态，即行驶状态和停放状态；在时间上，后者往往比前者要长得多。据前苏联资料，私人小汽车在一年中行驶300~400h，平均每昼夜1h，其余的23h处于停放状态。另据法国巴黎市航空摄影显示（1970年），在城市道路上行驶的汽车数量，仅占该市汽车总数的6.6%，其余均处于停放状态。车辆的停放，不论是在露天还是在室内，都需要一定的场地，即停车车位和进出车位所需的行车通道，这些面积的总和比车辆本身的投影面积要大2~3倍，如表6.3所示。

表6.3 汽车和自行车停放所需面积和高度①

项目＼车辆	小汽车	载重车	自行车
标准车型投影面积（m^2/辆）	9.0（5.0×1.8）	17.5（7.0×2.5）	0.95（1.9×0.5）
停车用地面积（m^2/辆）	18~22（20）	40~50（45）	—
停车所需高度（m）	2.2	2.8	2.0

① 童林旭．地下建筑学［M］．第二版．北京：中国建筑工业出版社，2012.

当城市汽车较少时，道路相对比较宽裕，在路边停车简单方便；车辆多到一定程度时，原有道路面积对于动态交通已不敷使用，同时相当大的道路面积被停放的车辆所占用，造成交通的紧张，于是就需要开辟集中的露天停车场，建设各种类型的停车库。

20 世纪 50 年代以后，许多发达国家的汽车工业迅速发展，到 1985 年年底，全世界共有各种汽车 4.6 亿辆，2013 年底则超过 10 亿辆。进入 21 世纪，我国汽车工业也得到了快速发展，尤其是 2003—2013 年十年间，我国已逐步发展成为世界第一汽车产销大国。根据国家统计局公布的数据，截至 2019 年年底，我国汽车保有量已达到约 2.6 亿辆，其中私人小汽车超过 2 亿辆，千人汽车保有量达到 180 多辆，达到全球平均水平。

在一个城市中，停车的需求主要有专用停车和社会停车（或称公共停车）两大类型。社会停车由于数量大，内容复杂，位置分散，对城市交通的影响最大。社会停车的需求量多集中在城市中心业务活动区、商业区；私人小汽车多的城市，居住区的停车需求量也相当大。有关资料表明，业务活动区、商业区、居住区停车需求量的比例关系大致为 1.5∶4.5∶1。在日本，由于私人小汽车用于购物活动的情况较少，这个比例为 4.5∶3.5∶1。结合我国情况，这一比例关系大体应为，居住区∶中心业务活动区∶风景名胜区∶交通枢纽附近∶大型公共建筑附近∶中心商业区=1∶1.5∶1.8∶2.5∶3.5∶5.0。这些比例关系说明，越接近市中心区停车需求量越大，同时土地价格越高，使停车设施的发展受到限制，形成越到中心区停车越困难的局面。这种矛盾尖锐到严重程度时，人们就可能因无处停车而不愿进入市中心，导致中心区繁荣的逐渐衰退。在我国，停车困难的问题在许多大城市中已开始出现，一旦私人小汽车迅速增多而不能适时采取相应的对策，不但动态交通进一步混乱，静态交通也会成为一个严重的障碍，制约城市现代化的进程。

国外大城市停车问题的解决，随着汽车数量的增多经历了几个阶段。最初为路边停车，然后是开辟露天停车场，20 世纪六七十年代，曾大量建造多层停车库；后来由于土地价格高涨而停车库的经济效益较低，又进一步发展了机械式多层停车库，以压缩车库建筑的占地面积。与此同时，利用地下空间解决停车问题逐渐受到重视，地下的公共停车库有了很大发展，在有些大城市中，逐渐成为主要的停车方式。

地下停车库的主要特点是容量大，基本上不占用城市土地。例如，美国 20 世纪 50 年代在芝加哥和洛杉矶等城市中心区建造的地下公共停车库，容量都在 2000 台以上，建这样大规模的停车库，在地面上几乎是不可能的。日本的地下停车库，容量在 200~400 台的较多，布置灵活，使用方便，营业时间内的充满度也较高。

地下停车库的位置选择比较灵活，比较容易满足停车需求量大的地区对位置的要求。从停车位置到达出行目的地的适当距离为 300~700m，最好不超过 500m。这样的距离要求使得在建筑密度很高，土地十分昂贵的市中心区，建设地面多层停车库相当困难，更不可能布置露天停车场。另一方面，大规模的地下停车设施作为城市立体化再开发的内容之一，使城市能在有限的土地上获得更高的环境容量，可以留出更多的开敞空间用于绿化和美化，有利于提高城市环境质量。

在寒冷地区，地下停车可以节省能源，对于我国半数以上地区冬季需要供热的情况具有现实意义。此外，地下空间在防护上的优越性，使大容量的地下停车库与民防设施相结合具有重要意义。

6.6.2 地下停车系统规划

在发达国家许多大城市，在20世纪五六十年代期间都进行了以改善城市交通为重点的大规模城市改造，进行了高速道路网的建设和与之相联系的普通道路网的改建，同时与道路系统相配合布置了停车设施系统，使城市交通面貌有了较大的改观。在力求保持中心区繁荣的前提下，减少车辆进入中心区的数量，将城市停车需求量较均匀地分散到中心区周围，有的还使部分中心区步行化。采取的主要措施就是在中心区外围修建一条环状高速道路，在环路内侧布置若干停车场，使多数车辆停放在中心区周围。如图6.18所示为美国沃斯堡（Fort Worth）市中心区改造方案示意图，除保留原有一些重要建筑物外，整个中心区进行了根本性的改造，在环路以内完全实现步行化。此外像美国的费城，德国的斯图加特（Stuttgart）等许多城市中心区，都进行了这样的再开发，取得了很好的效果。

中心区的步行化对于规模不太大的商业区来说是适宜的，在步行区内顾客完全解除了对交通安全的顾虑，有利于促进商业繁荣。如果环路以内的面积较大，步行距离较长，则可从环路上引入支路通向步行区边缘，在支路终点布置停车库，车辆停放后人可立即进入步行商业区，如图6.19所示。

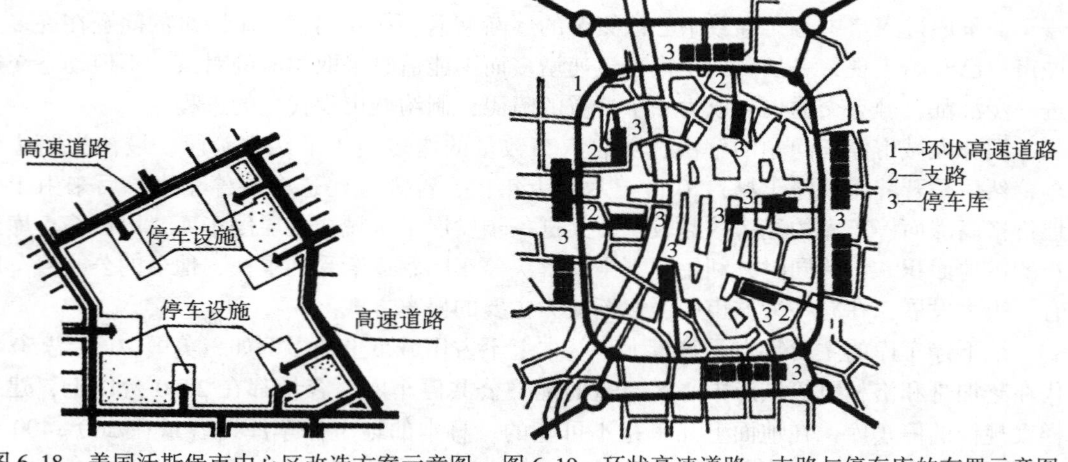

图6.18 美国沃斯堡市中心区改造方案示意图　图6.19 环状高速道路、支路与停车库的布置示意图

范围较大的城市中心区，其中除商业外还有许多金融和行政办公建筑，如果车辆只能停在中心区边缘，则大量从业人员进入中心区后要步行较长距离才能到达工作地点，有人指责这种措施过于严厉，对保持中心区繁荣不利，因此又发展出一种与道路网相配合的停车设施分级布置方式。

中心区的停车需求基本上有两种情况，一种是短时停车（例如1~2h），如购物、文娱、业务活动等；另一种是长时停车，在中心区工作的职工，需要停车一个工作日。对于短时的停车需求，应尽量在中心区内给予满足，而对于通勤职工，则要求在到达中心区边缘时将私人小汽车停在公共停车库内，然后徒步或换乘公交车前往工作地点。这两种停车方式可通过制定不同的收费标准加以控制，例如在中心区内停车费应高于其他地区。比较理想化的停车库分级布置方式如图6.20所示。图中停车库共分三级：在高速公路内侧布置大型长时间停车库，供通勤职工使用，停车后换乘公共汽车进入中心区；部分车辆可从高速道路转到一条分散车流用的环状路上，然后停放在环路附近的中等时间停车库中；再从环路上分出若干条支路，车辆沿支路可直达市中心区的最核心部分或步行区，停放到短时间停车库中。

对于城市地下停车设施系统综合规划内涵的分析，可以用图6.21所示的框图加以表达。

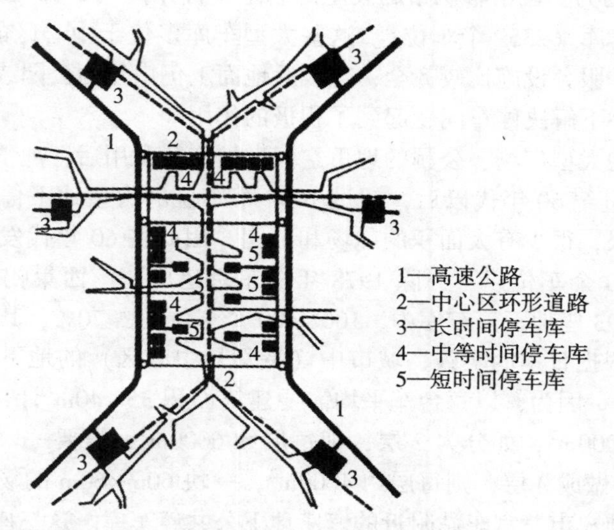

图6.20　城市中心地区停车设施的分级布置

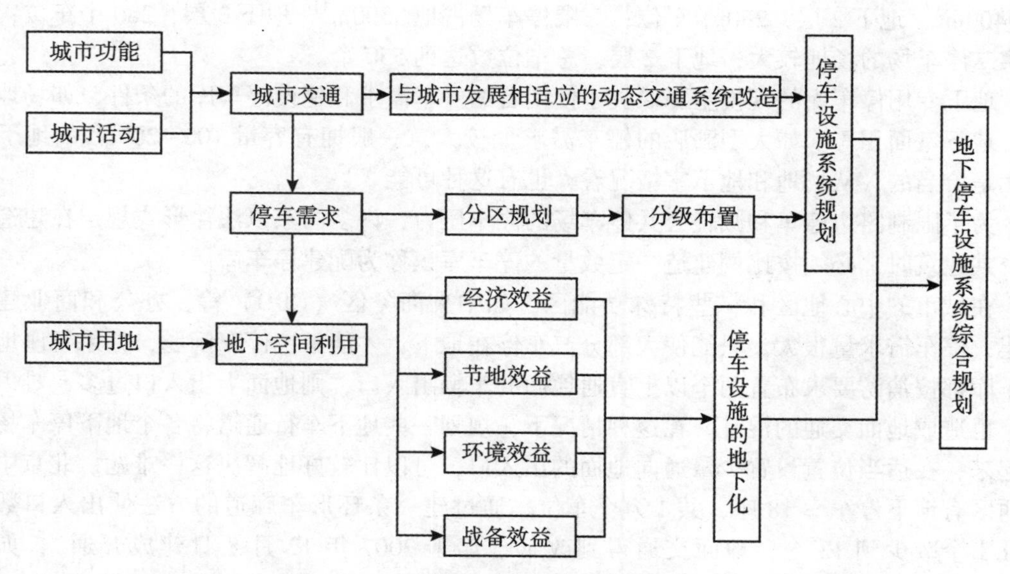

图6.21　地下停车系统综合规划分析框图

地下停车系统的规划，首要工作就是选址。当地下停车系统的位置选定后，则需要进一步确定停车库（场）的合理规模，这也是影响使用效果的重要因素。

地下停车库的规模，即停车库的合理容量的确定，涉及使用、经济、用地、施工等许多方面。假定在城市的某一地区存在1000个停车位需求，那么可以建一座大型停车库，车位数1000个；也可以建多座中小型停车库，其车位总数为1000个。到底哪一种方案最合理，应作综合的分析比较。

欧美的部分大城市，在20世纪50年代建造了一批大型地下公共停车库，车位数都在1000个左右，最大的为美国洛杉矶市的波星广场地下停车库（2150个车位）和芝加哥的格兰特公园地下停车库（2359个车位）。这些大型车库多位于中心区的广场或公园地下，规模大，利用率高，服务设施比较齐全，建成后地面上仍恢复为公园或广场，对在保留中心区开敞空间的条件下解决停车问题起到了积极的作用。

当城市中心区的大型广场、公园的地下空间已被充分利用后，地下公共停车库的单库规模日渐缩小，20世纪60年代以后，超过1000个车位的大型地下停车库已不多见。日本的大城市用地紧张，很少有大面积的广场和公园，因此在60年代发展起来的地下公共停车库规模多在400个车位以下，除1978年在东京建成一座西巢鸭地下公共停车库为1650个车位外，在93座地下停车库中，100~400个车位的占70%，其中100~200个车位的最多，占34%。根据日本的实践，城市中（特别是中心区）的地下公共停车库规模以300个车位较为适当。因为，以每台车平均需要建筑面积35~40m^{2}计，300个车位的停车库面积为10500~12000m^2，如分为2层，则每层约6000m^2，需要一块短边为60m、长边为100m的场地；如做成3层，则每层约4000m^2，一块60m×60m的场地即可容纳。比较典型的实例是日本神户市三宫车站附近的三座地下公共停车库。这三座停车库与其他城市不同，都是与地下街分开单建在三块空地之下，地面恢复为绿地，其中三宫地下停车场占地5400m^2，地下2层，250个车位；三限停车场占地3300m^2，地下3层，280个车位；三宫第二停车场的场地较大，地下2层，总车位数达到550个。

地下专用停车库的规模主要取决于使用者的停车需求和建设停车库的条件，如场地大小、地下室面积等。如大型酒店的停车需求量较大，一般拥有容量100~200台的地下停车库是恰当的，从场地和地下室情况看，也有这种可能。

为了限制路边停车和减轻公共停车场的停车压力，许多国家以法律形式规定在建造大型公共建筑时，必须按比例建造一定数量的停车库，称为配建停车库。

在城市的中心地区和一些特殊功能区，如中央商务区（CBD）等，办公和商业建筑密集，停车需求量很大，只能使大部分汽车停在地下，才能解决停车问题，如果每座地下停车库都按消防要求布置两个以上直通地面的车辆出入口，则地面上出入口过多，难以布局，也造成地面交通的混乱。在这种情况下，规划一些地下车行通道将各个地下停车场串联起来，在适当位置设置少量通向地面的出入口，可以比较好地解决这一难题。北京中关村西区有地下停车库18座，共1万个车位，通过建一条环形车廊道的方法使出入口数量从几十个减少到13个，地面交通得到改善（已于2007年12月8日建成开通），如图6.22所示。日本在规划密集的地下停车场时，也多采用这种用环廊连接停车场的方法。

应当说明的是，由于至今还没有有关地下停车系统规划的国家标准，有些基础性数据难以定量，如停车需求量占机动车保有量的多大比重；停车需求量中，地面停车与地下停

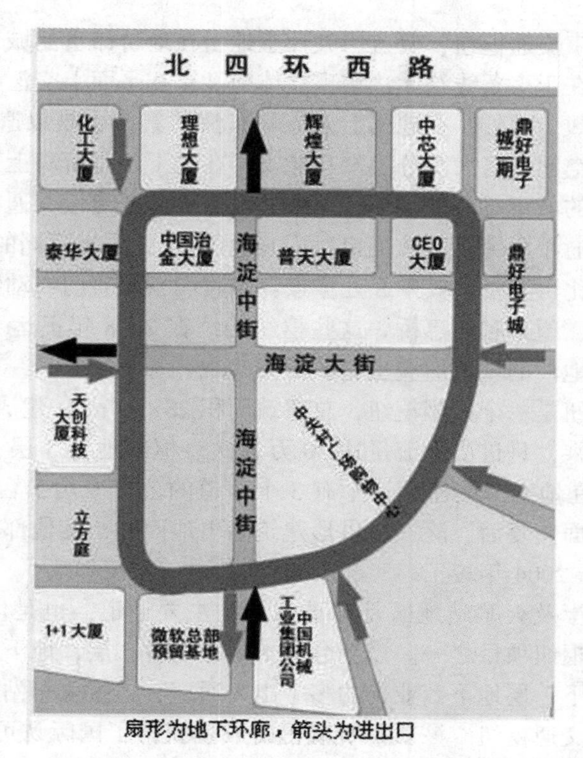

图 6.22　北京中关村西区采用地下交通环廊组织车辆出入示意图

车各占多少比例；地下停车中，社会停车与专用停车各占多少比例；居住区内停车数是否有一部分与居住区以外的停车数量重叠（即白天停区外，夜间停区内）；停车收费标准是多少，等等，这些问题如果不能很好解决，即使进行了规划和布局，也难免出现地面无处停车而地下车库又停不满，或白天可在工作单位停车，晚上回家后无处停车等令人无奈的现象。因此，有关的政府部门和规划、设计、管理人员都应做出努力，尽早使地下停车系统规划工作走上科学合理有效的轨道。

6.6.3　地下交通换乘设施

在城市交通中，各种不同交通方式和交通工具之间的换乘是一个很重要的环节，多种方式和工具间的综合换乘点称为交通枢纽。就换乘行为来说，换乘是动态交通中人流与车流的交叉点；就换乘设施来说，如车站、换乘大厅、水平与垂直的换乘工具等，则属静态交通范畴。

人们在出行过程中，都希望从起点直接到达终点，尽可能不经换乘，以减少体力和时间的消耗。但是在大城市复杂的交通系统中，换乘是不可避免的，而且换乘点往往成为人流和车流最集中、交叉与混杂最严重的场所，交通管理相当困难。因此，组织好换乘，为居民提供便利的出行条件，是城市交通的重要内容，尤其是在多种交通方式和交通工具、多条线路的交会点，每天有几十万人进、出、上、下的城市交通枢纽，更应当解决好换乘问题，不但方便居民的出行，而且对于改善动态交通状况和改善换乘地点环境也是有利的。

在地面上建设城市交通枢纽，要占用大片土地，在地价昂贵的城市中心地区是不经济的；同时，最大困难在于多条线路无法实现立体交叉，在平面上交汇必然要加大换乘距离和增加垂直换乘的次数。此外，在地面上人流和车流的集中也难以避免，环境难以改善。因此，开发利用地下空间，将大部分换乘功能安排在地下，是解决上述矛盾的最佳途径。

例如，在北京市的城市总体规划中，原来并没有改造或建设交通枢纽的规划。由于近年城市发展迅速，交通矛盾突出，故决定对中心地区24处大小不同的交通枢纽进行改造，对所在地段实行立体化再开发，其中8处重点：东直门、西直门、动物园、一亩园、北京西站南广场、六里桥、望京和四惠桥。这些枢纽陆续在2008年奥运会前建成后，大大方便了交通换乘，所在地段的城市面貌也有了很大改观。

如西直门交通枢纽是一个大型枢纽，总建筑面积$28\times10^4m^2$，建成后实现国铁、城铁、地铁、公交之间的换乘，日进出人流量达30万人次。枢纽地上3层，地下3层，换乘大厅面积$1.1\times10^4m^2$。在地上二层建成一个有3个车道的公交专用平台，有14条公交线路在上面实现换乘。地面恢复后，除一座拱形建筑高出地面外，其他部分均为绿地。整个工程投资29亿元，已于2004年竣工。

再如深圳罗湖口岸及火车站地区是深港往来的主要通道，也是世界上最大的陆路口岸，是深圳重大交通枢纽项目之一。该综合体地下地上各3层，地下二、三层分别为地铁站厅和站台，通过地下一层地下商业街的多个出入通道，连接火车站东侧候车大厅、联检楼和通往火车站西侧交通枢纽。该项目所取得的成就获得了国际认可和赞赏，于2006年7月获城市土地学会（Urban Land Institute，ULI）亚太区卓越奖。

在国外，结合地下综合体建设的同时解决多种交通方式换乘问题的实例是很多的，例如法国巴黎的拉德芳斯新城，整个地下空间就是一个停车场（共2.6万个车位）和换乘枢纽，有6条高速公路，2条地铁，3条公交线在此交会，在地下空间中实行换乘，并可方便地到达地面空间中去。日本许多城市的大型地下街等，都有这种做法，但像北京、深圳这样的以交通换乘为主要功能的立体化交通枢纽还是很有特色的。

思 考 题

（1）掌握城市交通、客运交通和货运交通、动态交通和静态交通等基本概念。

（2）明确城市交通与城市发展之间的关系。

（3）掌握交通导向开发理论（TOD）和服务导向开发理论（SOD）的概念、内涵及其适用条件。

（4）简述城市交通立体化的发展过程及其局限性。

（5）城市交通地下化的优、缺点有哪些？

（6）对于一座城市是否需要建设地铁，存在哪两种评估标准？其必要前提可以概括为哪几条？我国对大陆地区城市快速轨道交通的建设管理有哪些具体规定？

（7）地铁路网规划的一般要求、规划原则有哪些？路网形态有哪几种形式？

（8）地铁车站规划的一般要求有哪些？车站站位、出入口的布置应考虑哪些因素？

（9）地下快速路网有哪些优、缺点？规划时应考虑哪些因素？

（10）在我国大陆城市开展城市地下步行道系统规划研究时，应重点考虑哪些问题？

（11）针对地下步行系统的安全和防灾问题，在进行地下步行系统的推广建设时，需要充分考虑哪些因素？

（12）针对城市地下停车系统的规划，你有什么建议？

第7章 城市地下市政设施系统规划

7.1 城市市政设施概况

城市市政设施（urban infrastructure），也称为城市公用设施（urban public utilities），是城市基础设施的主要组成部分，是城市物流、能源流、信息流的输送载体，是维持城市正常生活和促进城市发展所必需的条件。

市政设施属于城市的公共服务设施，具有同时为社会生产和社会生活服务的双重性质，既是城市聚集化和社会化的产物，也是为城市获取更高的经济、社会和环境效益所必需的前提。因此，不论是建设新城市还是改造老城市，市政设施都应当首先实现现代化。

市政设施由几个大型且相对独立的系统组成，每个系统又包括生产（或处理）部分和输送部分。这些系统在城市整体循环系统中所处的地位，使之成为城市地下空间利用的传统内容之一。为了合理开发和综合利用城市地下空间，应当充分利用地下空间的特点，为市政设施系统的大型化、综合化和现代化创造有利的条件。

城市市政设施一般包括以下几大系统：

（1）供水（或称给水、上水）系统：包括水源开采，自来水生产，水的输送与分配的沟渠和管道，加压泵站等。

（2）供电系统：包括电能的生产、输送与分配的线路、变配电站等。

（3）燃气系统：包括天然气、人工煤气、液化石油气的生产、储存、输送与分配管道、以及调压设施与装瓶设施等。

（4）供热系统：包括蒸汽、热水的生产、输送与配送管道，以及热交换站等。

以上（2）（3）（4）项可统称为能源系统。

（5）通信系统：包括市内有线电话、长途电话、移动电话的交换台和线路，有线广播、有线电视、互联网的传送系统。

（6）排水系统：包括雨水和生产、生活污水的排放和处理系统，又称下水系统；污水处理后再利用系统，又称中水系统或再生水系统。

（7）固体废弃物排除与处理系统：包括生产和生活垃圾、粪便、废渣、废灰等的排除与处理系统。

以上（6）（7）项可统称为城市废弃物排除与处理系统，也称城市环卫系统。

城市市政设施的建设是随着城市的发展，在不断满足城市基本需求的过程中，从个别设施发展成多种系统，从简单的输送和排放发展到使用各种现代科学技术的复杂的生产、输送和处理过程。因此，一个国家或一个城市市政设施普及率和现代化水平，在一定程度上反映出该城市的经济实力和发达程度。同时，先进的城市市政设施对城市的发展和现代化也可以起到很大的推动作用。

欧美一些国家的大城市，在工业革命后发展较快，相应的城市市政设施发展也较早，特别是经过第二次世界大战后的城市重建和再开发阶段，市政设施的普及率和现代化程度都有很大的提高。

我国近代城市大多形成于半封建、半殖民地时期，虽然也有一些文化古城，但以现代标准衡量，城市基础设施十分落后。中华人民共和国成立后，我国绝大多数城市进行了相当规模的市政公用设施建设和改造，到改革开放初期，已得到了一定程度的普及，但不论是供应标准还是普及程度，都还与世界先进水平存在较大的差距。例如20世纪80年代初，我国城市自来水普及率为73%，居民日均生活水量只有143L（北京市为155L）。而在20世纪70年代中期，美国的芝加哥为833L，洛杉矶为685L，纽约为673L；日本的大阪为610L，东京为495L，全日本平均为331L。1982年北京市下水道普及率为27.3%，污水处理率为10%，全国城市污水处理率仅为2.4%。

改革开放至今，随着国民经济的发展和城市化进程的推进，我国城市市政公用设施获得了快速发展。截至2019年年底，自来水普及率98.78%，燃气普及率97.29%，污水处理率96.81%（2019年城市建设统计年鉴）。2020年年底，固定电话用户1.82亿户，移动电话用户15.94亿户。但是由于历史遗留因素较多，城市供水、供电、燃气、供热及排水和废弃物处理系统尚存在许多问题，如每年夏天遇强降雨，一些大城市内涝十分严重。

7.2　城市市政设施存在的矛盾和问题

城市市政设施的建设和运行，与城市的建设和发展之间，存在着一种相互依存的密切关系，如果处理得当，可以互相促进，按比例地协调发展；如果违反客观规律，则必将出现相互制约的后果。如果市政设施严重落后于城市建设，对城市的进一步发展将产生极大的阻碍。

城市的发展是一个非常复杂的过程，市政公用设施又是一些十分庞大的系统，要做到两者完全协调一致发展，相当困难。近代城市的发展已有几百年历史，然而在许多城市（特别是大城市）的发展过程中，市政设施存在不同程度的矛盾和问题。我国城市市政设施由于在总体上大大落后于发达国家城市，这些矛盾就更为突出，一般来说，表现在以下几方面：

1. 供需关系

城市市政设施建设对于某一个系统来说，是一次性的。当某个系统形成一定的容量、能力和规模后，在几十年的使用寿命（useful life）期内，其设备、管线口径、线路走向等都已相对固定，不易改变。然而，城市对公用设施的需求却随着城市人口的增长和城市规模的扩大而与日俱增，因此，经过一段互相适应的时期后，就会出现供与需之间越来越大的矛盾。为了缓解这一矛盾，只能增建新系统，或改建、扩建旧系统。

芝加哥是美国的特大城市之一，临密歇根湖（Michigan Lake），有440多万人口，是在不到100年时间里从一个湖边小镇发展起来的。这期间虽然曾花费数十亿美元修建了一些城市市政设施系统，但至今已远远落后于现代大城市的需要，其中雨水排除问题最为突出。在雨水集中时，全市有600多处地下污水溢出，漫流入河道后排入密歇根湖，造成饮用水源的污染。

再以北京市的供水系统为例。北京1910年开始有自来水，到1949年城区普及率为19.5%。到1983年，供水能力增加了18倍，普及率达到90.4%以上，但同时期内国民经济总产值增加了90.4倍，其中工业总产值增加近250倍，再加上水源不足等因素，使北京市的供水系统非常紧张，如果夏季干旱，日供水能力短缺$20\times10^4m^3$左右，不得不采取低压供水，工业限水，园林、环卫改为夜间用水等权宜措施，不仅影响工业生产，而且使许多住在四层楼以上的居民用水困难。在几个人口集中的繁华地区，供水系统仍在使用早年铺设的150mm或200mm口径的管道，即使水源充分，输、配水能力也不适应这些地区的需要，使供水十分紧张。

在城市的建成区，不论对公用设施系统进行增建、扩建还是改建，都会对城市交通和道路系统造成一些消极影响，而且经过一个时期以后又会出现新的矛盾。城市正是在这种供需矛盾激化与缓解的往复过程中得到发展，这就需要认识到这一客观发展规律，采取正确的政策和措施，把公用设施的相对落后对城市发展的消极作用减小到最低程度。

从国内外经验看，处理市政设施供需矛盾的方法一般有三种类型，即超前型、同步型和滞后型。超前型就是使市政设施的建设先于城市的发展，使各种系统都具有足够的规模，留有较充分的备用容量，使之在可以预见的时期内满足城市发展的需要。这种做法虽对解决供需矛盾比较彻底，但需要一次性投入大量资金，而且相当一部分资金在短期内不能发挥效益。同步型是指市政设施与城市平行建设，随生产和消费引起的需求而发展，这在理论上是合理的，但实行起来并不容易，特别是当城市发展失控，或资金严重不足时，就更难做到。因此，在现实生活中，滞后是相当普遍的。虽然这种做法有明显的缺点，但往往要在付出很大代价之后，才能从根本上认识到滞后型的不可取。因此，这三种做法不能绝对化，应视不同情况采取相应的措施。例如，在城市新开发区，采用同步型做法并适当留有一些余地；对于旧城区的改造，在其发展规模能得到控制的条件下，市政设施建设适当超前，使之一次达到预定的规模，以避免今后的改建或扩建；至于滞后型，虽有严重缺陷，但在某些情况下，如对于城市的盲目发展（特别是工业），可能在一定程度上会起一些限制作用。总之，不论采取哪一种措施，都需要有一个能受到严格控制的城市发展总体规划作为指导。如果城市发展失控，即使公用设施超前，也会无济于事。

2. 布置方式

多数市政设施系统是随城市发展逐步形成的，因而往往自成体系，互相之间缺乏有机的配合，例如排水能力与供水能力不适应；在一个系统内部，各个环节之间也可能不够协调，例如在排水系统中，处理能力往往小于排污能力等。这些系统的主要特点是分散，在建设和维修上常互相干扰，对城市交通和环境造成不良影响，使城市浅层地下空间的利用杂乱无序，因此分散布置是一种落后的方式，与城市的日益聚集化、社会化和现代化趋势不相适应，也不符合综合利用城市地下空间的原则，故应逐步改进，使之向综合化布置方式发展。

布置方式中一个重要的问题是管线的埋设和有关设施的地下化问题。到目前为止，除少数管道布置在管沟中外，大部分管线均直接埋设在土层中；为避开建筑物基础，多沿城市道路铺设，缺少适应发展的灵活性，不但维修和更换困难，还占据道路以下大量有效的浅层地下空间资源。

日本东京在1923年关东大地震后的重建过程中，曾对不同宽度道路下面的管线铺设方式制定了若干规则，一直沿用至今。虽然相对盲目随意埋设而言，避免了建设和使用过程中的一些混乱现象，但仍没有脱离分散直埋的基本做法，在建筑红线以内的人行道和车行道之下，几乎全部排满了各种管线，在地面以下5m深度范围内，已不可能再作其他用途。表7.1列举了日本东京几个大型公用设施系统的管线与城市的依附关系，几乎所有的管线是沿道路铺设的。

表7.1　　东京地下管线与道路的关系①

管线名称	总长度（km）	沿道路铺设长度（km）	沿道路铺设比率（%）	备注
电缆	3.305	3.239	98.0	属东京电力公司
电线	5.258	5.222	99.3	
煤气管	9.531	9.531	100.0	
上水管	13.030	12.979	99.6	
下水管	9.137	9.080	99.3	

电缆、电线的地下埋设率比其他管道要低，埋设率最高的英国和前联邦德国也只有62.6%和51.1%，从城市来看，只有伦敦、巴黎和波恩达到100%，其他多不超过70%。日本东京电力公司所属系统的地下化率为21.4%，日本平均只有1.9%。这是由于传统的电力输送多采用架空方式和埋设电缆的造价较高所致，例如在日本，电缆在地下管沟中布置要比在地面架设贵3~6倍。电缆、电线沿道路架设时，需占用一部分道路空间（宽约0.8m），影响城市景观，缺乏抗灾能力。又如，日本宫城县地震后，仙台市的电杆倾倒和折损的占2%，倾斜的占54%，高架的变压器损坏了29%；2014年9号超强台风"威马逊"在海南、广东、广西三省登陆，造成广东110kV及以上电路跳闸758次，倒杆或倒塔6500多根（座）。低压倒杆12000多根，线路受损近2000km，200多万户受到影响，其中湛江地区受灾严重，徐闻县供电全部中断。因此，虽然要花费较高代价，城市输、配电系统的地下化仍应成为公用设施现代化的目标之一。

在城市市政公用系统中，除管线系统外，还有一些生产、调节、处理设施，由相关的建筑物、构筑物组成，例如给水系统中的水厂、泵房，排水系统中的污水处理厂，电力系统中的变电站，燃气系统的调压站等。这些设施应随管线系统同时置入地下空间，在节约用地、保护环境、增强系统安全等方面带来很高的效益。例如，污水处理厂占地面积大，因为主要构筑物曝气池面积很大；其实，曝气池均为钢筋混凝土结构，只需加一顶盖，上面覆土绿化，就成了地下构筑物。又如，随着科技的进步，变、配电的各种设备都已能适应地下环境，变电站地下化成为可能；至于散热问题，如果在高压电缆廊道中设一套废热回收系统，将冷却水与废热交换成热水，供热力系统使用，或储存在地下空间中待用，节能效果明显。因此，应尽可能提高各类市政设施的地下化程度，使整个市政系统实现完全地下化。

① 童林旭．地下建筑学［M］．第二版．北京：中国建筑工业出版社，2012.

3. 系统事故

上述矛盾和问题所造成的直接后果，就是市政设施系统内的事故频发。一方面表现为设施能力长期不足，超负荷的运行使陈旧的设施经常发生事故，需要修理或改建；另一方面，由于分散直埋在道路之下，必须将道路挖开才能检修，不但降低道路的使用寿命，造成经济上的浪费，而且影响城市正常交通运行。

早期建设的公用设施，都是按照当时的需求量和相应的设计规范、标准进行设计和施工的，建成后的使用寿命一般在五六十年。在这期间，需求量的不断增长可能使一些系统超负荷运行，加快系统的损坏；同时，地面上车辆的增多，使管线的荷载加大，由于承载力不够而被破坏；加上材料的锈蚀、老化，使系统事故频发，年代越久，破坏率越高。

美国纽约是世界最大的城市，现代化程度已相当高，然而在城市公用设施方面仍存在落后于城市发展的情况。例如市中心的曼哈顿（Manhattan）区，供水管道的60%是在1900年以前铺设的，到20世纪40年代，平均每年损坏250次，20世纪70年代增加到450次。

据统计资料，在我国的城市中，一部分供水管道早已超过了使用年限。2010年，郑州市连续发生三次自来水管道严重爆管事件，其中11月22日，郑州市科技市场附近发生自来水管爆管事故，数百万人吃水受到影响，多家商户商品被淹。直接财产损失上千万人。燃气管道事故的危害性更大，2021年6月13日晨，湖北省十堰市张湾区艳湖社区集贸市场发生燃气爆炸事故，造成26人死亡，138人受伤。事故直接原因是天然气中压钢管严重锈蚀破裂并泄漏所致。

4. 对环境的影响

城市的环境污染主要是大气污染和水质污染，其原因是多方面的，由于公用设施能力不足和系统不完备（或称不配套）而造成的一次和二次污染是重要的因素。这种污染不但影响环境，还直接影响市容和卫生。在这个问题上，一些发达国家大城市在20世纪五六十年代曾经达到非常严重的程度，以后经过一二十年的综合治理，已经取得明显的成效。例如，英国伦敦的城市能源传统上以煤为主，20世纪50年代初开始出现酸雨，加上气候因素，造成严重危害。1952年12月，酸雨使4600人死亡，人们恐惧地称之为“毒雾事件”。1956开始治理到1965年烧煤比重降为27.5%，到1987年又降到5.1%，城市空气环境已大为改善。但1980年代数量持续增加的汽车取代燃煤成为英国大气的主要污染源，使得这场与空气污染的战争延续至今。

为了减轻城市的大气污染，主要途径是改变城市能源消费结构，以石油和天然气代替煤作为主要能源，建设集中供热和管道供气的大型工程，才能减少二氧化硫向大气中排放消除酸雨现象。在我国，以煤为主的能源消费结构一时不可能大幅改变，许多城市大气中的二氧化硫等有害气体的浓度超过标准很多，例如北京市中心区上空，冬季二氧化硫平均的浓度从1976年0.16mg/m^{3}上升到1983年的0.25～0.30mg/m^3，而国家规定的标准为0.15mg/m^3。近年来以北京为代表的许多大城市雾霾天气数量的持续增加，与不合理的能源消费结构更是密切相关。在这种情况下，通过采取集中供热并加强烟尘处理的方法，同时用燃气代替燃煤，才能在一定程度上使这一问题得到缓解。此外，汽车废气也是对大气的污染源之一，近年来我国汽车工业的快速发展和汽车保有量的迅速增加，也是导致雾霾天的重要因素。因此，相继采取了限购、限行等措施。经过20多年的治理，北京市的空气污染问题已基本得到解决。

城市排水系统和废弃物处理系统与城市水质的污染有直接的关系。加强系统的排污能力和处理能力，同时采取措施减轻废弃物在堆放、运输和处理过程中的二次污染，才能使生产和生活用水的质量得到保证。

瑞典在全国800万人口中，有246万城市人口的污水已得到处理，仅斯德哥尔摩地区就有排水隧道200km，地下污水处理厂6座。莫斯科、伦敦、巴黎等城市的污水二级处理率均在90%以上。日本在1979年的城市垃圾处理率已接近100%，其中焚烧占65.2%，24%被掩埋，0.3%转作肥料，7%由单位自行处理，因而大大减轻了垃圾对城市水源的污染。

我国在城市污水和固体废弃物处理方面，比公用设施的其他系统的发展相对更为落后，以致对城市水质的污染严重，例如在改革开放初期的北方城市河流和地下水中，曾经镉和汞的含量很高，各种细菌的含量也相当高。此外，未经处理的污水和简单堆放的垃圾，使蚊蝇滋生，臭气蔓延，对城市环境和卫生的影响也十分严重。近年来，随着国家对生态环境保护越来越重视，城市污水处理率已从1990年代初的不足15%，上升到2019年底的96%以上，达到或超过国际先进水平。但固体废弃物的处理仍以填埋为主，与国际先进水平仍有差距。

5. 管理体制与资金问题

城市公用设施在从无到有，从小到大的发展过程中，逐渐形成了每个系统的规划、设计、施工、运行和管理的独立体系，由市政局以及私人企业分头主管。这种分工虽然在系统的专业化方面起到一定的积极作用，但是在总体规划、综合布置、资金分配和协调各系统之间的矛盾等方面造成不少困难。使有限的投资难以发挥最大的效益，出现种种弊端。在一个系统内部，有时也分属不同部门，如能源的生产与分配，废弃物的排放与处理等。因此，城市规模越大，社会化程度越高，就越需要对公用设施系统加强统一的领导和管理，否则很容易造成城市生活的混乱，阻碍城市的正常发展。

城市对公用设施的建设、运行和维护进行一定的投资，并使之与向生产上的投资保持适当的比例，是维持城市正常生活和促进城市发展所必需。投资的多少当然取决于城市的经济实力，但是重要问题在于保持合理的投资比例，因为投资比例反映了市政设施与城市发展之间的内在关系。如果比例适当，城市发展就较快，较顺利；反之，若比例过高，则一时不能充分发挥效益，比例过低，将会出现种种不协调现象，“欠账”累累，居民怨声载道。

改革开放以来，我国对城市基础设施的投资逐渐提高，城市基础设施水平不断提高，尤其是2008年世界金融危机后，我国中央和地方政府均加大了基础设施投资的力度。目前我国部分特大、超大城市基础设施水平，尤其是硬件水平已达到或超过部分国际大都市的水平，但在管理水平上仍有欠缺，如条块分割，资金来源单一，政府负债过多等。

以上对城市公用设施系统存在问题的分析表明，根据市政设施的特点和现实条件，采取必要措施使之适应城市发展的需要，是城市化和城市现代化进程中所面临的紧迫的必须妥善加以解决的问题。从国外一些大城市已经采取的措施和发展趋向看，系统的大型化，设施的地下化，布置的综合化和废弃物的资源化，应当是从根本上解决矛盾，使城市公用设施现代化的主要途径。

市政公用设施系统一般由两大部分组成，即生产、存储、处理系统和输送管线系统。管线系统埋设在地下早已成为传统，主要问题在于分散、各自为政，浪费地下空间资源的同时，也不便于管理，其发展目标在于综合化。而生产、储存、处理系统通常位于地面建筑物、构筑物中，如各种机房、各类蓄水池或蓄水槽、液体燃料储罐，露天塔架等。这些地面设施主要问题是占用土地，存在安全隐患和影响环境、景观。如将这些设施转入地下，可在很大程度上解决这些问题，国内外的实践已经表明，地下化才是市政设施系统的发展方向。

7.3 城市地下供水系统及其规划

7.3.1 城市地下供水系统的特点

城市供水设施包括水源厂（或称取水泵）、加工厂，即平时所称的自来水厂和输水系统中的泵站、储水池等。

为了充分发挥大型供水系统的效益，把生产和输送过程中的渗漏和蒸发损失减到最低程度是必要的。在北京地区年降水总量中，约有24.1%形成地表径流，27.8%渗入地下，成为地下水的补给源，其余蒸发，即蒸发率在50%左右。也就是说，如果完全消除引水和输水过程中的蒸发损失，整个供水系统的能力和效益可提高约1倍。再以农业灌溉为例，北京市如有4/5的耕地采用地下预制钢筋混凝土管送水，则每年可节水$1.4\times10^8m^3$，相应还可节省电力，使农业成本降低。由此可见，如能实现蓄水和输水的地下化，虽然建设投资有所增加，但可大幅度降低水的蒸发，渗漏损失也小得多，从总体和长远上看，能获得较高的综合效益。

在自来水厂中，调节池和沉淀池不但占用大面积土地，而且蒸发和渗漏损失较大，如果这些水池置于地下，采用钢筋混凝土封闭水池，则不但可解决上述问题，还增加了水源的安全保障。至于泵房等建筑物，采用地下方案更能适应水泵的安装标高比较低的特点。

在水源有充分保障的情况下，整个城市的供水可由几个大型的配套系统分区负担，保证10%~20%的储备能力，同时使系统地下化，对于节约用水，节约用地和保证稳定供水都十分有利。供水系统设施的地下化，在美国、北欧国家和日本已有一定的实践，在我国近年已开始引起重视。

7.3.2 城市地下供水系统典型工程案例

美国的纽约市自建市至19世纪初，居民饮用水主要为井水和蓄水池水，很不卫生，1798年和1800年两次发生大规模传染病。1842年建成第一个供水系统，日供水能力$22.4\times10^4m^3$，对日后的城市发展起了重要作用。到1905年，第一个系统已不敷使用，经过30年的筹备和建设，于1937年建成第二个供水系统，日供水能力$180\times10^4m^3$。1954年起开始研究第三个供水系统的建设问题，总供水能力$220\times10^4m^3/d$。第三个供水系统工程完全布置在城市地下岩层中，开挖石方量$130\times10^4m^3$，浇筑混凝土量$54\times10^4m^3$，总造价约8.5亿美元。除一条长22km，直径7.5m的输水隧道外，还有几组为控制和分配用的大型地下洞室，每一组都是一项空间布置上相当复杂的大型岩石地下工程。

类似美国的大型地下供水系统，在北欧国家也比较多。例如，负担瑞典南部地区供水的大型系统全部埋于地下，埋深30~90m，隧道长80km，截面面积8m^2，靠重力自流，流量每秒5~6m^3。芬兰赫尔辛基（Helsinki）和挪威都有这样的大型供水系统，特点是水源也实现地下化，在岩层中建造大型蓄水库，既节省土地又可减少水的蒸发损失，效果显著。

日本从1887年开始在横滨修建城市供水系统，到1911年，全国自来水按照人口普及率为8%，1954年达到27%。此后进入经济大发展时期，供水系统也逐渐大型化，1990年全国普及率达到97.5%，人均日供水量434L。日本供水系统的地下化程度不及北欧国家高，但在软土层中用盾构法（shield method）建造的大截面地下输水管道在技术上比较先进。

我国水资源比较贫乏，全国人均水资源占有量仅为世界平均水平的1/4，有200多个城市缺水，严重缺水的有40~50个，日缺水量1200×10^{4}m^3，相当于全国城市日供水能力的1/4左右，严重影响工业生产，城市生活用水的水量、水质也都处于较低水平。在这种条件下，只要资金来源有保障，集中建设大型的地下供水系统是很有必要的，社会经济效益也很明显。

20世纪八九十年代，上海市的水源并不紧张，但98%取自黄浦江，由于黄浦江中、下游污染严重，即使经过水厂处理，也难达到合格卫生标准。为此上海市共投资十多亿元，分两期建设了黄浦江上游引水工程，总规模为540×10^{4}m^3/d，输水总管道采用现浇钢筋混凝土低压输水渠道，至各水厂的支管则采用钢管（包括穿越黄浦江的支管），直径3m，采用顶管施工。一期工程于1984年开工，设计日引水290~310×10^{4}m^3，于1987年7月1日建成通水；二期工程1994年7月开工，1997年12月19日建成通水。黄浦江上游引水工程的实施，取得了显著的社会、经济效益。取水点上移后，上海市供水水源水质获得很大改善，基本上可达国家规定的Ⅲ级水源水质标准，有机物含量较中下游原有水厂取水口的原水有所减少，使通过饮水发生和传播的疾病发病率相应降低。此外，由于受潮水上溯影响较小，氯化物降低，溶解氧增加，可降低心血管、脑血管、肾脏、高血压等疾病的发病率。在工业生产上，避免了咸潮机会，提高了产品质量，节约了动力和药剂费用。

进入21世纪后，为保障上海经济社会可持续发展、推进“创新驱动、转型发展”，上海市实施了原水供应“两江并举，多源互补”战略，在加强水源地建设和保护、提高城市供水服务能力方面取得了新的突破。2011年，上海市青草沙水源地原水工程建成通水，该工程包括青草沙水库、长兴岛域输水管线、长江原水过江管、五号沟泵站、陆域输水管线、严桥支线工程等，设计供水规模为719×10^{4}m^3/d，是目前国内供水规模最大的城市供水工程。青草沙水库位于上海长江口南北港分流口水域的长兴岛西北侧，水库总面积66.26km^2，环库大堤总长48.41km，有效库容为4.38×10^{8}m^3。整个工程的输水管线总长约232km，穿越长兴岛、长江、浦东新区。岛域输水管线由两部分组成，一部分为岛域干线，至长江过江管接收井，为两根直径5.5m的盾构隧道，单管长度5.5km；另一部分为岛域支线，至长兴水厂，为两根外径800mm的埋地钢管，单管长度约4.73km。长江原水过江管在上海长江隧道下游80m处，浦东侧越江点在五号沟，长兴岛越江点在新开河附近。陆域输水管线采用双主干线双管方案，总长约196km，分为6大单体工程：五号沟原水增压泵站工程、严桥支线等4条支线工程、黄浦江上游引水系统严桥泵站改造工程。

7.3.3 城市地下供水系统规划

1. 城市地下供水系统规划的主要任务

(1) 确定地下供水系统的服务范围和建设规模;

(2) 确定水资源综合利用与保护措施;

(3) 确定地下供水系统的组成和体系结构;

(4) 确定地下供水系统主要构筑物的型式和位置;

(5) 确定地下供水系统的工艺流程与水质保证措施;

(6) 制订供水管网规划及干线布置与定线;

(7) 确定废水的处置方案及对环境影响的评价;

(8) 进行供水工程规划的技术经济比较,包括经济、环境和社会效益分析。

2. 城市地下供水系统规划的主要原则

(1) 贯彻执行国家和地方的相关政策和法规;

(2) 地下供水工程规划要进行充分论证,并服从城市发展规划;

(3) 合理确定近远期规划和建设范围;

(4) 合理利用水资源和保护环境;

(5) 规划方案应尽可能经济和高效。

3. 城市地下供水系统规划的主要内容

根据城市规划编制层次,城市供水系统规划也分为总体规划和详细规划两个层次。

(1) 城市供水系统总体规划的主要内容:

①确定城市用水量标准,预测城市总用水量;

②平衡城市供需水量,选择水源,进行城市水源规划,确定取水方式和位置;

③确定供水系统的型式、水厂供水能力和厂址、竖向位置,选择处理工艺;

④布置配水干管,输水管网和供水重要设施,估算干管直径;

⑤确定水源地卫生防护措施。

(2) 城市供水系统(含地下供水系统)详细规划的主要内容:

①计算详细规划范围的用水量;

②布置详细规划范围内的供水设施和供水管网;

③计算输水管渠管径,校核配水管网水量及水压;

④选择供水管材。

7.4 城市地下排水和污水处理系统及其规划

7.4.1 城市地下排水和污水处理系统的特点

城市排水系统包括雨水和冰雪融化水的排除,以及生产和生活污水的排除两大部分。当雨水和污水排放量都很大时,各自成为单独的分流系统;当雨水和污水排放量较小时,可合并为一个系统,称为合流排水系统。

城市对排水系统的要求，主要在于其管道和泵站要有足够的排放能力，以及处理设施具有相应的处理能力。城市的排水与供水系统是互相关联的，排水量中的相当一部分，将补充到供水的水源中。因此如果只排放不处理，或处理率很低，就会造成供水水源的污染，出现恶性循环．如果处理系统仅能处理污水而不能处理雨水，同样也是不完善的，因为雨水经过空气和地表后，也会受到污染，不能直接作为水源使用。

污水处理系统包括雨水和生活污水处理系统。一个城市的污水处理率是其现代化水平的重要指标之一。20世纪80年代中期，北京市的自来水普及率已超过90%，下水道普及率为27.3%，但污水处理率仅为10%左右，这种明显的不平衡状态给城市生活环境造成极大的不便和危害。为此，北京市通过建设大型的地下排水系统和污水处理厂，较好地解决了城市排水能力不足和污水处理设施不配套的问题，充分发挥投资效益，改善城市环境。经过20余年的建设，截至2009年，北京市市区污水处理率已达94%，郊区污水处理率达51%。自2013年起，北京市先后实施了两个污水治理行动计划，时间节点分别为2013年至2016年、2016年6月至2019年6月，截至2018年年底全市污水处理率已达98.6%，其中污水处理厂集中处理率96.25%。

污水处理厂占地面积很大，其中以曝气池占地最多，只有地下化才能改变这种状况。北欧已有国家将污水处理厂的曝气池置于山体岩洞中，地面设施很少。在土层中建大型污水处理厂，工程造价可能较高，但如果与节约土地和减轻二次污染相比较，仍有相当大的优势，这就需要转变传统观念，进行认真的研究、论证。对于市区内的中小型污水处理厂，用地和环境问题更为突出，将其置于地下优势更加明显。

7.4.2　城市地下排水和污水处理系统典型工程案例

城市排水系统的地下化已经成为世界各国的共识。地下污水处理厂从诞生至今已有80多年的历史，随着相关研究的不断深入及工程技术的日渐成熟，地下污水处理厂在全球范围内得到了越来越广泛的应用。目前，世界上10多个国家稳定运行的地下污水处理厂有200余座，其中以芬兰、瑞典、韩国、日本等国家应用最多，我国也有20多座地下污水处理厂处于稳定运行中，取得了较好的社会、经济和环境效益。

芬兰自1932年开始建造地下污水处理系统，至20世纪70年代初，首都赫尔辛基已建成11座污水处理厂。1984年对污水处理系统进行改造，采取集中处理措施，使污水处理厂减为7座。1992年又将市区的污水处理厂合并为3座。1994年建成维金麦基中心污水处理厂，主要处理设施均在地下，曝气池洞室跨度17～19m，高10～15m，洞间壁宽10～12m。该污水处理厂至1994年年底可处理赫尔辛基市70万居民生活污水和工业污水，并有效地防止了异味和噪声对周围居民生活的影响。污水处理过程中的沼气，用于本厂的供电和供热。

瑞典从1940年开始在岩层中建设大型城市排水和污水处理系统，至今已达到相当高的水平，不论在数量上还是污水处理率上，在世界上均处于领先地位。仅斯德哥尔摩市就有大型排水隧道200km。瑞典排水系统的特点，除规模大外，主要表现为污水处理率高，而且污水处理厂全在地下。例如，斯德哥尔摩大市区共有人口240万人，拥有大型地下污水处理厂6座，污水处理率为100%。在其他一些中、小城市，也都有地下污水处理厂，不但保护了城市水源，还使波罗的海（Baltic Sea）免遭污染。虽然有些污水处理厂建在人口密集的居民区，但由于整个污水处理厂均处于地下并且全封闭，在臭气的收集和控制上有潜在优势，所以对地面自然景观、周围居民生活等均未产生影响。

根据2010年德国联邦环保局的统计数据，德国的地下排水管道总长达到540000km，专门的雨水排水管道长66000km。目前德国已建成综合性的排水及污水处理系统，每年可以处理$101\times10^8m^3$的污水和雨水。地下排水管道分为雨水污水合流管道和雨水污水分流管道，既可以防止城市内涝，同时还可以蓄积雨水，以便利用。在慕尼黑，共有13个地下蓄水池，总容量达$70.6\times10^4m^3$，这些地下蓄水池，不仅可以蓄积雨水，在暴雨来临时，还可作为暴雨进入地下管道之前的缓冲阀门，使雨水缓慢释放到地下排水管道，以确保进入地下排水设施的水量不会超过最大负荷。

日本神奈川县叶山镇污水处理厂位于三浦半岛的西半部。该镇三面环山，一面临海，平地不多，沿着海岸线形成市区，沿海的平地有稠密的居民区，丘陵区是近郊的绿地和风景区，海域是旅游资源和渔民谋生场所。考虑到地形因素，以及将污水处理厂对景观和居民生产、生活的影响控制在最小限度之内，该污水处理厂建在山体隧道中，成为隧道式污水处理厂，隧道的最大开挖断面为$420m^2$，是日本国内最大的地下洞室，且位于软岩地层。由于隧道式污水处理厂将绝大部分污水处理设施集中在隧道内，所以即使在平地面积较小的地区，也能够确保处理厂正常工作。

韩国近年来也建成了许多地下污水处理厂，这些地下污水处理厂消防设施齐全、除臭措施完善，除臭排风塔和观景平台合建，且高空排放，地下箱体顶部改建为公园及运动场所，厂区环境优美。

在20世纪90年代之前，我国城市下水道普及率和污水处理率都很低。与此同时，城市污水排放量却以每年7.7%的速度增长，年排放量已达350多亿立方米，绝大部分未经处理直接排入江、河、湖、海。据当时对9.5×10^4km河段水质进行的调查分析，受污染的占20%。我国每年因水污染造成的经济损失巨大，对生态环境也构成严重威胁。近几十年中，情况有了较大的改变，我国城市生活污水的处理率提高较快，至2019年年底已达96.81%，但污水泵站和处理厂，一般布置在地面上，二次污染（例如曝气池散发出大量臭气）较严重，同时占用大量土地，因此随着社会经济的发展，对环境的要求越来越高，污水泵站和处理厂转移到封闭的地下将是大势所趋。

进入21世纪后，为节约土地，保护环境，我国大陆许多城市开始建造地下污水处理厂。2009年我国大陆第一座半地下式污水处理厂——北京市大兴区天堂河污水处理厂一期工程建成投入运行（二期工程2016年建成）；2010年，我国大陆第一座全地下式污水处理厂——广州京溪污水处理厂建成投入运行。截至2019年，我国大陆已建成地下污水处理厂20多座，在建10多座。

城市污水经处理后排放，其中相当一部分可作为城市水源的补充或郊区农业灌溉用水，使污水资源化，与供水形成良性的循环系统，具有一定的经济效益。

北京市已在污水处理厂建设再生水回用工程，主要供给发电厂作冷却水，用于河、湖的补给水和植物及道路的喷洒。为此，北京市的污水处理厂目前已改称为再生水厂。

7.4.3 城市地下排水系统规划

1. 城市地下排水系统排水体制

在城市通常会产生生活污水、工业污水和雨水，这些污水和雨水可以采用一套沟道系统或者采用两套或两套以上的各自独立的沟道系统来排除，不同的排除方式所形成的排水系统的体制，简称排水体制，也称排水制度。排水系统主要有合流制和分流制两种系统，城市地下排水系统也同样包括合流制和分流制排水系统。

合流制排水系统是将生活污水、工业污水和雨水混合在同一套沟道内排除的系统，即雨污合流的系统。合流制又分为直排式和截流式。直排式是直接将收集的污水排放至水体(未经处理)，这类排水系统在世界各国城市老城区比较常见，但目前已很少见，一般都进行了截流改造。截流式是在临水体建造截流干管，同时在合流干管和截流干管相交前或相交处设置溢流井，并在截流干管下游设置污水处理厂。一般情况下，雨污合流干管中的污水（含初期雨水）都会进入截流干管输送到污水处理厂进行处理，然后排放；只有当合流干管中混合污水的流量超过截流干管的输水能力时，超出部分混合污水会经溢流井溢出，直接排入水体。世界各国城市老城区排水系统经改造后一般属于截流式雨污合流系统。

分流制是污（废）水和雨水在两个或两个以上管渠中排放的系统，有完全分流和不完全分流两种。完全分流制具有污水排水系统和雨水排水系统，污水系统收集生活污水和需要处理后才能排放的工业废水，其管道称为污水管道。雨水系统收集雨水和不需处理即可直接排放的工业废水，其管道称为雨水管道。世界各国一些新城或大城市新区新建的排水系统往往采用完全分流制。不完全分流制只有污水系统，没有雨水系统，这类排水系统只有在一些小城镇，且附近有可以快速消化雨水的地表水系时才适用。

相比较而言，地下排水系统的合流制系统造价低、施工容易，但不利于污水处理和系统管理。分流制系统造价高，但易于维护，有利于污水处理。

近年来，国内外对雨水径流的调查发现，雨水径流特别是初降雨水径流对水体的污染相当严重，因此提出对雨水径流也要严格控制，在此基础上派生出截流式分流制排水系统。截流式分流制雨水排水系统与完全分流制的不同之处在于，其具有把初期雨水引入污水管道的特殊设施。小雨时，雨水通过雨水管道直接进入污水支管或污水干管，与污水一起进入污水处理厂进行处理。大雨时，雨水跳跃污水干管排入水体。截流式分流制的关键是保证初期雨水进入污水支管或污水干管，中期以后的雨水直接排入水体，同时污水不能溢出泄入水体。截流式分流制可以较好地保护水体不受污染，且由于截流管仅接纳污水和初期雨水，其断面小于截流式合流制的截流管断面，进入截流管内的流量和水质相对稳定，也减少了污水泵站和污水处理厂的运行管理费用。

在一个城市中，有时采用复合制排水系统，既有分流制也有合流制的排水系统。复合制排水系统一般是在采用合流制排水系统的城市需要扩建排水系统时出现的。在一些大城市，因各区域自然条件、建设时期等可能相差较大，因地制宜、因时制宜地在各个区域采用不同的排水体制也是合理的。如美国的纽约以及我国的上海等城市的排水系统便是复合制排水系统。

我国城市排水方面，一直以来偏重于污水处理技术研究，对城市排水体制的关注较少。在对待城市排水体制和雨水问题上，主要还是停留在单纯“排放”的思考上，倾向于简单地考虑分流制来解决点源污染的控制，而忽视雨水资源的保护利用与城市生态的关系，忽视雨水的排放和非点源污染的关系。近年来，海绵城市建设已经上升为国家战略，这一战略的实施对雨水资源的保护利用、对城市生态环境的维护将具有重要意义。另外，我国在有关城市排水系统的工程规划与设计、管理与法规等方面的研究太少，急需加强。

2. 城市地下排水系统规划原则

城市地下排水系统的规划首先要根据地形和当地条件（水体条件、环境保护要求、工程投资等）确定排水体制，新城市和新区应尽量采用分流制，雨水收集后可就近排入附近水体，大大减轻污水管道系统和污水处理厂的负荷，从整体上和长远上看是经济合理的。对已经形成合流制的城市，可暂时保留其合流制排水系统，逐步改造。小城镇可采用合流制。个别单位和企业含有毒有害物质的废水应进行局部处理，达到排放标准后才允许排入城市排水管道系统。

(1) 城市污水管道规划设计应从区域性、系统性出发，远近期结合，集中与分散相结合。保护水资源，提高环境质量。遵循可持续发展战略，适应社会的发展需要。

(2) 城市雨水管道规划设计应坚持以最短距离就近排放，分散整治，防止集中的原则。山区、丘陵地区城市的山洪防治应与城市防洪、城市排水体系紧密结合、统一规划。

(3) 城市污水资源化和雨水利用的规划设计应将城市污水作为宝贵的淡水资源，充分考虑污水再生和循环利用的近、中、远期规划。国内外经验表明，城市污水经过二级处理和深度净化后作为工业生产用水和城市杂用水是缺水城市解决水资源短缺和水环境污染的可行之路。

2. 城市地下排水系统规划

(1) 排水管道布置：

①管道走向宜符合地形趋势，顺坡排水；

②管径大小需与街坊布置或小区规划相吻合；

③管网密度合适，排水路线最短，以求经济合理；

④污、雨水排放尽可能分散，避免集中；

⑤污水截流干管尽可能布置在河岸及水体附近。

(2) 选定排水出路：

①利用天然排水系统或已建排水干线为污、雨水排放的出路；

②要在流量、高程两方面都保证污、雨水能够顺利排出。

(3) 划分汇水面积：

①依据地形并结合街坊布置或小区规划进行污、雨水汇水面积的划分；

②污、雨水汇水面积不宜过大；

③污、雨水汇水面积的形状尽可能比较规则，且与地形变化紧密结合；

④划分污、雨水汇水面积需与比邻系统统筹考虑，做到均匀合理。

(4) 选择排水路线：

①排水管道的路线须服从排水规划的统筹安排；

②尽量避免排水管道穿越不容易通过的地带及构筑物。

（5）确定排水管道系统的控制高程：

①排水管道出口的控制高程（水体的洪水位、常水位、排水干管的内底高）；

②排水管道起点的控制高程（起点本身是低洼地带、有排水要求的地下室、管道计划将来向上游延伸等）；

③排水管道系统中，重要节点的控制高程（接入的支管、利用已建管涵与各种地下管线的交叉等）。

7.4.4　城市地下污水处理系统规划

城市污水处理系统主要包括排水泵站和污水处理厂。

1. 排水泵站选址和布置

排水泵站根据排水管网的要求布置，单独设置的排水泵站与周边设施的距离应满足规划、消防和环保部门的要求。泵站地面室外地坪的标高应按城镇防洪设防标准确定，且应比附近地坪高0.1~0.3m，并与周边道路接顺。泵房室内地坪应比室外地坪高0.2~0.3m。易受洪水淹没地区的泵站，其入口处设计地面标高应比设计洪水位高0.5m以上。当不能满足上述要求时，可在入口处设置闸槽等临时防洪措施（防止外面雨水进入，但也应注意站内雨水的排放）。

位于居民区和重要地段的污水、合流污水泵站应设置除臭装置。经常有人管理的泵站，应设隔音值班室，并配有通信设施。对远离居民点的泵站，应根据需要适当设置工作人员的生活设施。

泵站布置必须使进出水管水流顺畅。自灌式泵站应采用集水池与泵房合建，非自灌式泵站可采用集水池与泵房分建。泵站内的道路布置应满足设备装卸、垃圾清运、操作人员进出方便和消防车通道的要求。泵站进出口车行道与城市道路应衔接平顺，道路等级按汽-15级设计。

污水泵站的设计流量应按泵站进水总管的最高日最高时流量计算确定。雨水泵站的设计流量应按泵站进水总管的设计流量计算确定。当立交道路有盲沟时，其渗流水量应单独计算。

雨水泵站的设计扬程应根据设计流量时的集水池水位与受纳水体平均水位差和水泵管路系统的水头损失确定。污水泵站和合流污水泵站的设计扬程应根据设计流量时的集水池水位与出水管渠水位差和水泵管路系统损失以及安全水头确定。

2. 污水处理厂选址和布置

污水处理厂厂址的选择必须在城市总体规划和排水工程专业规划的指导下进行，以保证总体的社会效益、环境效益和经济效益。

（1）污水处理厂选址原则：

①污水处理厂位置应选择在城市水体下游的某一区段，使污水处理厂处理后尾水的排放对城市水体上、下游的影响最小；如果因为某些因素影响污水处理厂不能布置在城市水体下游时，污水处理厂的尾水出水口也应设在城市水体的下游。

②污水处理厂处理后的尾水是宝贵的资源，可以再生回用，因此污水处理厂的厂址要考虑便于尾水的再生回用。同时要根据污泥处理和处置的需要，考虑方便污泥处理处置和

安全排放。

③污水处理厂的方位，一般应位于城市夏季主导风向的下风侧，从而将对城市居民环境质量的影响降到最小。

④污水处理厂应选择工程地质条件良好的地段，便于工程设计、施工、管理和降低造价。

⑤污水处理厂选址时应尽量少拆迁、少占耕地，同时根据环境影响评价要求，厂址应与附近居民点有一定的防护距离，并以绿化隔离。

⑥厂址的区域面积不仅应考虑规划期的需要，尚应考虑将来扩建的可能。

⑦必须重视厂址的防洪和排水问题。一般不应在淹水区建设污水处理厂，当必须在可能受洪水影响的区域建设污水处理厂时，应采取防洪措施。污水处理厂的防洪标准不应低于城市防洪标准。另外，污水处理厂应具有良好的排水条件。

⑧有条件时，尽量将污水处理厂建在地下。

（2）污水处理厂布置原则：

①按照不同功能，分区布置，功能分明，并用绿化隔开。为减小占地，提高土地利用率，尽量采用集约化和组团式布置形式，减小占地面积。如分期实施，应考虑分期工程的有机结合，便于分期建设，便于用地控制和运行管理。

②力求流程能简捷、顺畅，进水点与系统总管顺接，出水点靠近排放口。

③鼓风机房、变配电间均应在主要负荷中心处，既节省投资及耗能，又便于管理。变配电间还应尽量靠近进线处。

④根据城市夏季常年主导风向进行全厂总图布置。建筑物尽可能南北向布置，变配电间避免开门朝西。考虑发生恶臭的处理构筑物，应置于常年风向下风，并进行必要的加罩脱臭处理。

⑤扩建工程应尽可能减小对原有处理系统的影响，扩建阶段确保现有的处理系统正常运行。

⑥污水处理厂地下化是发展趋势，如果技术、经济条件许可，应优先考虑将整个污水处理厂或部分构筑物（如发生恶臭的处理构筑物）置于地下。

污水处理厂的设计流量应根据城市排水体制确定。分流制系统污水处理厂设计流量即为旱流污水量。合流制系统污水处理厂提升泵房、格栅、沉砂池，按合流设计流量计算；初次沉淀池按旱流污水量设计，用合流设计流量校核，校核的沉淀时间大于30min；二级处理系统，按旱流污水量设计；污泥浓缩池、湿污泥池和消化池的容积以及污泥脱水规模，可按旱流情况加大10%~20%。需进行改造的污水处理厂的原有构筑物（特别是生物反应池）能力应按进出水水量重新核定。

在确定污水处理厂的高程时，应选择距离最长、水头损失最大的流程进行水力计算，并适当留有余地，以保证在任何情况下，污水处理系统都能够正常运行。计算水头损失时一般应以近期最大流量（或水泵的设计流量）进行计算；当管渠和设备考虑远期流量时，应以远期最大流量作为设计流量，并适当考虑备用水头。水力计算应以接纳处理后尾水的水体最高水位作为起点进行高程设计。此外，在进行高程设计时还应考虑到因维修等原因某组处理构筑物停止运行，而污水经其他构筑物处理或超越的情况。

7.5　城市地下能源供应系统及其规划

7.5.1　城市地下能源供应系统的特点

城市能源供应主要有供电、供热、供气和供油等几大系统，这些系统的不断完善，也是城市现代化的重要标志。尤其是城市集中供热和供气，不但可节省能源，减少浪费和减轻城市的交通运输负担，而且可以显著减少对大气的污染。

城市的供电系统，早期一般都是沿步行道架设明线和小型变压器，不但对行人构成一定威胁，影响市容整洁，而且由于架空线的电压不能过高，需逐级降压，功率损耗较大。随着城市化进程及城市的发展，采用地下电缆将高压电直送城市中心区的情况已成为趋势。如巴黎在20世纪60年代初，就已将大量225kV高压电送入市中心区，巴黎、伦敦、波恩、汉堡等城市供电的地下化率均达95%以上。日本城市供电的地下化起步较迟，但发展很快，不仅将电力输送电缆置于地下，还在东京、大阪等人口密集的大城市建设了许多地下或半地下变电站。

北京市在1982年建成110kV高压供电线路和变电站，但进入城区后，仍沿城市道路或绿地架设。上海市中心区供电十分紧张，但地面空间又非常拥挤，无法架设高压线路，故决定将220kV高压电从地下引入，在人民广场建成大型地下变电站。北京市也在20世纪末在国贸、隆福寺地区建造了110kV地下变电站，在王府井地区建造了320kV地下变电站，并相应建设了地下高压电缆沟，对节省用地和改善景观起到很好作用。

地下高压供电虽然优点很多，但其造价比在地面上架设要高得多，在日本高3~6倍，只有在城市具有一定经济实力时才能逐步实现。但是，当高压输电地下化后，如果能将散发在电缆廊道中的废热回收，可取得一定的经济补偿。据日本资料，275kV的高压电缆在地下廊道中每米每小时散热2000kcal，每分钟用270L冷水即可将其回收。东京电力公司所属系统的地下电缆废热回收量，一年相当于1.7万吨石油，具有一定的经济效益。

供热和供气管道，除某些大型工业企业仍采用地面上架设的方式外，在城市中一般均已实现地下化。至于一些配套设施，除大型锅炉房外，泵站、调压站，交换站等均宜布置在地下。目前我国正在研究实验的低温核反应堆集中供热装置，对进一步改变城市能源结构和减轻大气污染都能起到积极作用。这种设施很适合于地下化，不但可提高反应堆的安全性，还可缩小地面上安全隔离区的范围。如果能与地下储能的设想同时实现，解决热能在非供热季节的储能问题，将更容易使这项新技术得到应用和推广。

7.5.2　城市地下能源供应系统典型工程案例

随着城市的不断发展，城市用电负荷不断增大，为保证城市中心区域安全可靠用电，变电站必须深入负荷中心，但建设城市中心变电站困难很大，涉及用地、环境协调等问题难以解决，为此将其置于地下，建设地下变电站是不错的选择，可以解决城市中心区变电站与环境协调和选址困难的矛盾。

日本国土面积小、人口密度大，在地下空间开发利用方面取得了巨大的成功。在城市供电系统建设方面，除了将绝大部分输电线路入地外，还建设了众多的地下变、配电设施。据统计，截至2003年3月，东京电力公司已建成各电压等级的地下变、配电站共202座，其中500kV地下变电站1座，275kV地下变电站14座。

1987年，我国上海市第一座地下变电站——35kV锦江变电站建成投运，拉开了上海市地下变电站建设的帷幕。1992年，为地铁1号线配套的110kV上海体育馆、110kV人民广场地下主变电站建成投运；1993年，220kV人民广场地下变电站建成投运，规模越来越大。截至2010年，上海市已陆续建成地下变电站46座，其中以2010年建成投运的上海静安（世博）500kV地下变电站最具代表性。该地下变电站位于上海市静安区成都北路、北京西路、山海关路和大田路围城的区域之中，地处城市中心CBD地带，场址占地面积约$4.5\times10^4m^2$。地下变电站采用钢筋混凝土筒形结构体系，全地下布置，共四层，地面部分是静安雕塑公园。工程基坑开挖直径130m，开挖深度34m，顶板位于自然地坪下2m，采用逆作法施工。与地下变电站连通的世博电力隧道全长15.34km，由内径5.5m的盾构隧道（约8.84km长）和内径3.5m的顶管隧道（约6.14km长）构成，隧道沿线设置14座工作井。

瑞典在1978年全国集中供热率已达到43%，居世界最前列，其次为丹麦（30%）和芬兰（20%）。当时其他国家尚不到5%。斯德哥尔摩地区有120km长的大型地下供热隧道，市中心区和许多居住区都已实现集中供热，而且正在研究试验在供热系统中增加地下储热库，进一步提高能源的热效率，并为利用工业余热和开发太阳等新能源创造有利条件。

瑞典的有关公司在1983年为美国圣保罗市（San Paul）设计了一个大型供热系统，两年后建成。该系统向市中心75幢大型建筑物供应120℃的热水，由集中燃煤和燃油锅炉房提供热源，总供热能为280MW，双向管道总长度约16km，总造价4580万美元。

日本经过20年的经济高速发展，城市能源需求量急剧增长，到1973年“石油危机”时，全国城市一次能源供给量已从1958年的70×10^{13}kcal增加到380×10^{13}kcal，成为发达国家中仅次于美国的能源消费大国。在这种形势下，只有发展集中的大型系统才能满足迅速增长的社会需求。1885年创立的东京煤气公司，已成为垄断性的煤气和天然气供应企业，用户在100万户以上。东京的煤气普及率在1980年时已达到77.5%，都是由大型的地下管道系统供应的。日本城市的集中供热也发展很快，城市中心区和新开发的大型居住区，多已实现集中供热，有的还实现了部分集中供冷。例如，1976年在东京市中心大手町地区建设了集中供热和供冷系统，能源为天然气，供应范围$32hm^2$，包括42幢办公楼，4个车站，建筑面积共$170\times10^4m^2$，地下管道长约2km，埋深20~25m。空调机房全部设在地下，冷却塔则架设在大楼的屋顶上。

我国在改革开放后才提出了城市集中供热问题，至上世纪80年代末期普及率还相当低。如北京对民用建筑的集中供热在总供热量中仅占13.1%，由分散的小锅炉房供热占51.9%，家庭煤炉取暖占35%。当时北京市在改变炊事能源方面进展较快，炊事气化率已达90%，但其中使用瓶装液化石油气的比重较大，管道供气率仍较低。1988年起，从华北油田和陕西气田引入天然气，在市内实行集中供气，对于改变城市能源结构和改善城市环境起了很好的作用，并以较快的速度普及和发展。近年来，随着国家宏观政策的逐步调整，环境改善和保护问题已上升为国家战略问题，尤其在北京地区，为此采取了一系列的改进措施，包括清洁能源改造，为北京地区的环境改善发挥了巨大作用。根据相关报道，至 2018 年，北京市的集中供热面积已达到 $8.7\times10^{8}\mathrm{m}^{2}$，占比超过 50%，并基本实现了清洁能源改造。

7.5.3　城市地下能源供应系统的规划

为节约篇幅，本节主要介绍城市地下供电系统规划的原则、内容与深度，以及地下变电站选址等。城市地下供热、供气等系统规划可参考相关专业教材或著作。

1. 城市地下供电系统规划原则

城市地下供电系统是城市供电系统的组成部分，而城市供电系统规划是城市总体规划的重要组成部分，也是城市电力系统规划的重要组成部分，应结合城市总体规划和城市电力系统规划进行，并符合其总体要求。

城市供电系统规划编制期限应与城市规划相一致，规划期限一般分为近期 5 年，远期 20 年，必要时还可增加中期期限。

城市供电系统规划编制可分为供电总体规划和供电详细规划两个阶段。大、中城市可以在供电总体规划的基础上，编制供电分区规划。

城市供电系统规划应做到新建和改造相结合，远期与近期相结合，供电系统的供电能力能适应远期符合增长的需要，结构合理且便于实施和过渡。

发电厂、变电站等城市供电系统的用地和高压线路走廊宽度的确定，应按城市规划的要求，节约用地，实行综合开发，统一建设。

城市供电系统规划必须符合环保要求，减少对城市的污染和其他公害，同时应当与城市交通等其他基础设施工程规划相结合，统筹安排。

2. 城市供电系统规划内容

对每一个城市而言，由于城市具体条件和要求不同，其供电系统规划的内容是不完全相同的。因此，应根据每个城市的特点和城市总体规划的深度要求来进行供电系统的规划。

(1) 城市供电系统总体规划的主要内容：

①确定城市供电电源的种类和布局；

②分期用电负荷的预测及电力的平衡；

③城市电网电压等级和层次的确定；

④城市电网中的主网布局及其变电站的站址选择、容量及数量的确定；

⑤35kV 及以上高压线路走向及其防护范围的确定；

⑥绘制市域和市区电力总体规划图；

⑦提出近期电力建设项目及进度安排。

城市供电系统总体规划图纸包括：城市电网系统现状图、负荷预测分布图和城市电网系统规划图等。其中，城市电网系统规划图是城市供电系统总体规划的主要成果，图中应表示电源、高压变电站位置和容量、高压网络布局和线路走向、敷设方式、电压等级、高压走廊用地范围等。

(2) 城市供电系统分区规划的主要内容：

①分区用电负荷预测；

②供电电源的选择，位置、用地面积及容量、数量的确定；

③高压配电网或高、中压配电网结构布置，变电站、开闭所位置选择，用地面积、容量及数量的确定；

④确定高、中压电力线路走廊（架空线路或地埋电缆）宽度及线路走向；

⑤确定分区内变电站、开闭所进出线回数、10kV 配电主干线走向及线路敷设方式；

⑥绘制电力分区图。

城市供电系统分区规划的主要图纸为：分区规划高压配电网平面布置图，图中应表示变压配电站分布、电源进出线回数、线路走向、电压等级、敷设方式等。

（3）城市供电系统详细规划的主要内容：

①按不同性质类别地块和建筑物分别确定其用电指标，并进行复核计算；

②确定小区内供电电源点位置、用地面积（或建筑面积）及容量、数量的配置；

③拟定规划区内中、低压配电网接线方式，进行低压配电网规划设计（含路灯网）；

④确定中、低压配电网（含路灯网）线路回数、导线截面及敷设方式；

⑤进行投资估算；

⑥绘制小区电力详细规划图。

城市供电系统详细规划的主要图纸为：规划电网布置平面图，图中应表示详细规划范围内送、配电线路的走向、位置、敷设方式，公用配电所分布，电源进出线回数与电压等级，道路照明线路和路灯位置等。

3. 城市地下变电站选址及总体布置

根据国家现行行业标准《35kV～220kV 城市地下变电站设计规程》（DL/T 5216—2017）的相关规定，在城市电力负荷集中且变电站建设受到限制的地区，可结合城市绿地或运动场、停车场等地面设施独立建设地下变电站；也可结合其他工业或公共建筑物共同建设地下变电站。条件允许时，宜建设半地下变电站。

地下变电站选址应满足城市规划的要求，并与所在区域总体规划相协调；必须坚持节约集约用地的原则；符合消防、节能、环境保护的规定；应结合工程特点，积极稳妥地采用新技术、新设备、新材料、新工艺，促进技术创新。

地下变电站的站址选择尚应综合考虑工程规模、变电站总体布置、地下建筑通风、消防、防洪防涝、地质条件、设备运输、人员出入以及环境协调和保护等因素，做到安全可靠、先进适用、投资合理、节能环保。

地下变电站的总体布置在满足工艺要求的前提下，应力求布局紧凑，并兼顾设备运输、通风、消防、安装检修、运行维护及人员疏散等因素。当地下变电站与其他建（构）筑物合建时，还应充分利用其他建（构）筑物的条件，统筹设计。

地下变电站的主控室有条件时宜布置在地上，如受条件限制需布置在地下时，宜布置在距地面较近的地方。规模较大、层数较多的地下变电站可考虑设置载人电梯。

地下变电站主变压器的台数和容量应根据地区供电条件、负荷性质、用电容量和运行方式等综合考虑确定。变电站的主变压器不宜少于 2 台，也不宜多余 4 台。装有 2 台及以上主变压器的地下变电站，当断开 1 台主变压器时，其余主变压器的容量（包括过负荷能力）应满足全部负荷用电要求。地下变电站宜采用低损耗、低噪声电力变压器。根据防火要求，必要时可选择无油型变压器。

地下变电站宜分别设置大、小设备吊装口。大设备吊装口供变压器等大型设备吊装时使用，也可与进风口合并使用。小设备吊装口为常设吊装口，供日常检修试验设备及小型设备吊装使用。大设备吊装口的位置应具备变电站设备运输使用的大型运输起重车辆的使用条件。

地下变电站安全出口不得少于2个，有条件时可利用相邻地下建筑设置安全出口。

地下变电站的电力电缆通道应满足电缆出线数量要求，并应留有适当裕度。变电站的电源电缆有条件时宜通过不同的电缆通道引入站内。当地下变电站电力电缆夹层布置较深时，可采用电缆竖井将电缆引上，与站外电缆隧道（排管）连接。

7.6　城市地下综合管廊系统规划

城市地下综合管廊是指建于城市地下，用于容纳两类及以上城市工程管线的管状构筑物及其附属设施，根据管廊的规模大小，可以将电力、通信、燃气、给水、热力、排水、再生水等市政公用管线集中敷设在管廊内，并通过专门的吊装口、通风口、检修口和监测系统保证其正常运营，实施市政公用管线的“统一规划、统一建设、统一管理”，以做到城市公共地下空间的综合开发利用和市政公用管线的集约化建设和管理，避免城市道路产生“拉链路”等现象。

城市地下综合管廊在日本称为“共同沟”，在我国台湾地区称为“共同管道”，在我国大陆地区主要称为“综合管廊”，也称为“共同沟”“共同管道”“综合管沟”等。

7.6.1　国内外城市地下综合管廊建设概况

历史上形成的、城市公用设施自成体系分散直埋的布置和敷设方式，在世界上许多大城市中是普遍存在的。由此引起的种种弊端，长期得不到满意的解决。而在地下建设城市综合管廊，为解决这些弊端提供了一条有效途径。

早在一百多年前，地下综合管廊的雏形就在欧洲一些城市出现。巴黎在1932年发生霍乱流行后，决定建造大型地下排水系统，后来逐步延长，至今已有1500km。管廊为砖石结构，高2.5~5m、宽1.5~6m。在以排水为主的管廊中，还容纳一些供水管和通信电缆。伦敦的早期管廊，也有一百多年历史，长约3.2km，为一半圆形综合管廊。其容纳的管线除燃气管、自来水管、污水管外，还设有通往用户的管线，包括电力及通信电缆。

在19世纪时，城市矛盾还不像今天那样尖锐，城市的财力、物力也不如现在这样雄厚，加上多种管线共处一室，在缺乏安全监测设备的情况下，容易发生意外，所以在相当长时期内，城市地下综合管廊发展缓慢。只是到了近几十年，才具备了城市地下综合管廊发展的需求与实现的条件。到目前为止，世界上已经有许多城市建造了地下综合管廊，有的已达到相当大的规模。

西班牙马德里（Madrid）首期已建成92km长的地下综合管廊，除煤气管外，所有公用设施管线均进入管廊。市政当局在地下综合管廊使用20年后，认为在技术上和经济上都比较满意，因此进一步制定规划，准备沿马德里主要街道下面继续扩建。俄国的莫斯科已经建成130km长的综合管廊，截面高3m、宽2m，除煤气管外，各种管线均有，只是管廊比较窄小，内部通风条件也比较差。瑞典斯德哥尔摩市区街道下建有综合管廊30km，建在岩石中，直径 8m，战时可作为民防工程。前民主德国在 1964 年开始修建地下综合管廊，至 1970 年已建成 15km 投入使用，并在全国开始推广地下综合管廊的网络系统计划。此外，比利时的布鲁塞尔（Brussels）、美国华盛顿（Washington）、加拿大蒙特利尔（Montreal）等地，也都建有相当规模的地下综合管廊。

日本国土面积狭小，城市用地紧张，因而也更加注重地下空间的综合利用。东京在 20 世纪 20 年代的地震后重建中，曾在九段坂和八重洲两处共建造地下综合管廊 1.8km，在以后的 30 年中没有进一步的发展，除战争影响外，主要是当时的投资和管理体制不完备，与综合管廊有关的各公用设施企业之间的利害关系不均衡，且采用的挖盖（cut and cover）施工方法对道路交通影响也较大。20 世纪 50 年代以后，随着城市逐渐恢复并迅速发展，地下综合管廊建设问题再次被提上日程，东京遂于 1958 年开始继续兴建地下综合管廊。1963 年日本颁布了《关于建设共同沟的特别措施法》，规定在新建城市高速道路和地下铁道时，都应同时建设地下综合管廊，在城市道路改造时，也应同时建设地下综合管廊。到 1979 年，日本全国 14 个都、县、市中，沿城市高速道路修建的地下综合管廊总长 110.3km，沿一般街道的地下综合管廊长 26.5km，总长达 136.8km。到 2014 年年末，日本全国已建成的“地下综合管廊”总长约 1000km。较为典型的项目有东京临海副都心地下综合管廊，该综合管廊总长 16km，工程建设历时 7 年，耗资 3500 亿日元，是目前世界上规模最大、最充分利用地下空间将各种基础设施融为一体的建设项目之一。该综合管廊标准断面为宽 19.2m、高 5.2m 的矩形，把上水管、中水管、下水管、煤气管、电力电缆、通信电缆、通信光缆、空调冷热管、垃圾收集管等 9 种城市基础设施管道科学、合理地分布其中，有效地利用了地下空间，美化了城市环境，避免了乱拉线、乱挖路现象，方便了管道检修，使城市功能更加完善。

随着城市建设的不断发展，我国城市地下综合管廊也在不断发展。1958 年，北京市在天安门广场建设了我国第一条地下综合管廊，当时考虑的是天安门广场具有特殊的政治地位，为了避免广场的反复开挖而建设。该综合管廊长 1076m、宽 4.0m、高 3.0m，埋深 7~8m，内部敷设电力电缆、通信电缆、热力管道。1977 年，在修建毛主席纪念堂时，又建造了 500m 长的相同的市政综合管廊。

1994 年年底，国内第一条规模较大、长度较长的地下综合管廊在上海市浦东新区张杨路建成。该地下综合管廊为钢筋混凝土结构，矩形断面，全长约 11.125km，位于道路两侧的人行道下。管廊由燃气室和电力室两部分组成，其断面示意图如图 7.1 所示。

2002 年，广东省在制订广州大学城规划时，确立了大学城（小谷围岛）地下综合管廊专业规划。规划地下综合管廊建在小谷围岛中环路中央隔离绿化带下，沿中环路以环状结构布局，全长约 10km，干线断面高 2.8m，宽 7m（分隔成宽 2.5m、3m、1.5m 三个仓），如图 7.2 所示。管廊内主要布置供电、供水、供冷、电信、有线电视 5 种管线，预留部分管孔以备发展所需。工程于 2003 年开工，2005 年全部建成投入使用。

2010 年上海世博会的主题是“城市，让生活更美好”，副主题是“城市多元文化的融合”。为了建设好世博园区，2004 年启动了“2010 年上海世博园区地下空间综合开发利用研究”工作。通过研究，提出了园区“市政设施地下化”的建议：新建的雨污水泵站、水库、垃圾收集站、雨水调蓄池、变电站及部分燃气调压站等市政设施，采用地下式或半地下式形式。世博园区内所有市政管线入地敷设。为满足世博会办展期间市政建设需要，

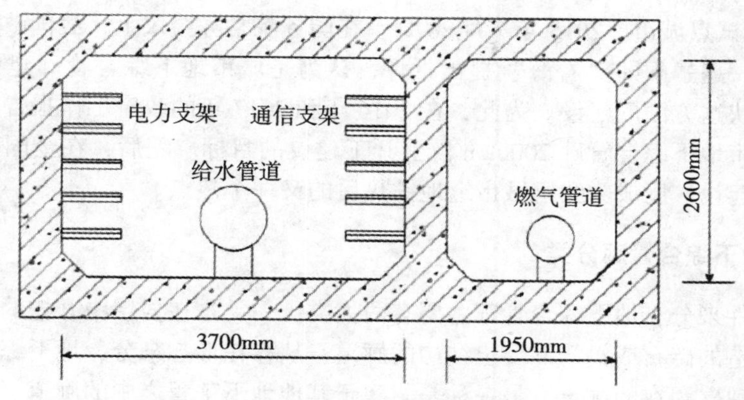

图 7.1　上海张杨路地下综合管廊断面示意图

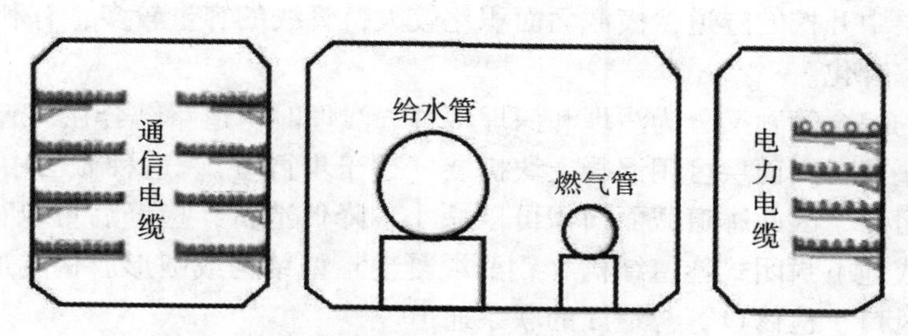

图 7.2　广州大学城地下综合管廊干线断面示意图

优化和合理利用地下空间，同时兼顾世博园区后续开发，减少市政设施重复建设量及避免主要道路开挖，提高市政设施维护及管理水平，在世博园区主要道路下建设综合管廊。综合管廊用于收纳沿途的通信、电力、供水、供热、垃圾输送系统管线。排水、燃气系统管线另行敷设。

随着我国经济的发展以及城市化进程的推进，城市基础设施难以满足城市居民日益增长的需求的状况已十分突出，我国各级政府已经充分认识到这一问题。国务院办公厅于 2014 年专门颁发了《国务院办公厅关于加强城市地下管线建设管理的指导意见》（国办发〔2014〕27 号）；2015 年又颁发了《国务院办公厅关于推进城市地下综合管廊建设的指导意见》（国办发〔2015〕61 号），要求各地全面推动地下综合管廊建设，到 2020 年建成一批具有国际先进水平的地下综合管廊并投入运营，反复开挖地面的“马路拉链”问题明显改善，管线安全水平和防灾抗灾能力明显提升，逐步消除主要街道蜘蛛网式架空线，城市地面景观明显好转。为此，2015 年 4 月，住房和城乡建设部在广东省珠海市举办了全国城市地下综合管廊规划建设培训班，全国各省（自治区、直辖市）住房和城乡建设行政主管部门主要负责同志、部分城市人民政府分管负责同志及城市规划建设主管部门负责同志共 350 人参加培训。在培训班上国内外著名专家对综合管廊的规划设计、建设标准、建设融资等内容进行了全面系统的讲解。同时，财政部与住建部公布了第一批地下综合管廊试点城市，包括包头、沈阳等十座城市。对于地下综合管廊试点城市，中央财政给予专项资金补助，连续三年，具体补助数额按城市规模分档确定，直辖市每年补助 5 亿元，省会城市每年补助4亿元，其他城市每年补助3亿元。2015年又公布了郑州、广州等第二批15个试点城市。2015年7月28日，在国务院常务会议上，我国政府总理李克强就部分大城市一遇暴雨即“看海”提出批评，认为是城市地下综合管廊建设严重滞后造成的，必须加快这方面的建设。为此，在2016年和2017年的政府工作报告中，连续两年提出了当年城市地下综合管廊2000km以上开工建设的目标。随后，在全国范围内的城市地下综合管廊建设，已成为我国城市继地铁热后的又一个热点。

7.6.2 城市地下综合管廊分类

从赋存条件来分，地下综合管廊主要有两大类，一类是在岩层中开挖的隧道，另一类是在土层中建造的砖石或钢筋混凝土结构的廊道；从存在形态来分，地下综合管廊也分为两种，一种是独立存在的廊道，另一种是附建于其他地下工程之中的廊道。

凡土层较薄，岩层埋藏较浅，地质条件又比较好的城市，都可以在岩层中修建综合管廊，因为在岩层中开挖的隧道，横截面面积比较大，管线的容量较多，有利于公用设施系统的大型化和综合化。

在土层中的综合管廊又分为浅埋和深埋两种。浅埋时与道路结合在一起，廊道顶部用预制盖板，铺垫层后，面层可用混凝土块拼装（适于步行道）。这种做法由于可以开盖操作而较少破坏道路，因此廊道截面面积可以减小，降低造价，检修后可以很快恢复路面。深埋时独立建成地下封闭式隧道结构（钢筋混凝土箱型结构或圆形盾构隧道结构等），预留吊装口、通风口、检修口等与地面的联系通道。

城市地下综合管廊根据其收纳的管线不同，其性质及结构亦有所不同。根据我国国家标准《城市综合管廊技术规范》（GB 50838—2015），综合管廊按照功能分为干线综合管廊、支线综合管廊和缆线综合管廊三种，如图7.3所示。

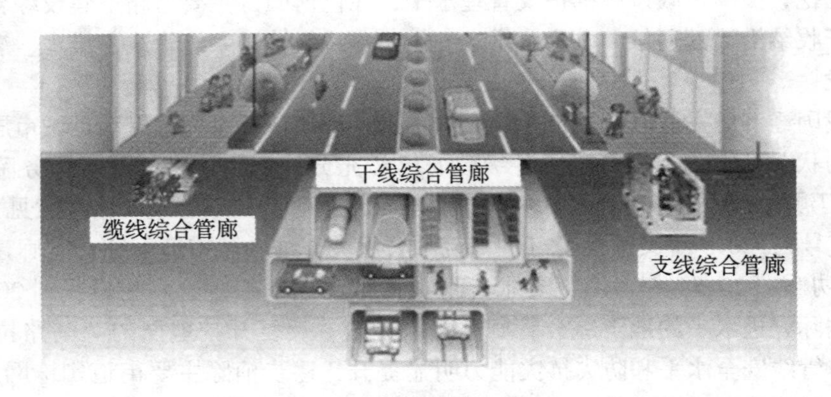

图7.3 综合管廊按照功能分类

1. 干线综合管廊

干线综合管廊主要收纳的管线为电力、通信、自来水、燃气、热力等管线，有时根据需要也将排水管线收纳在内。干线综合管廊内，电力从超高压变电站输送至一、二次变电站，通信电缆主要为转接局之间的信号传输，燃气管主要为燃气厂至高压调压站之间的输送，各类管线独立分仓，如图7.4所示。

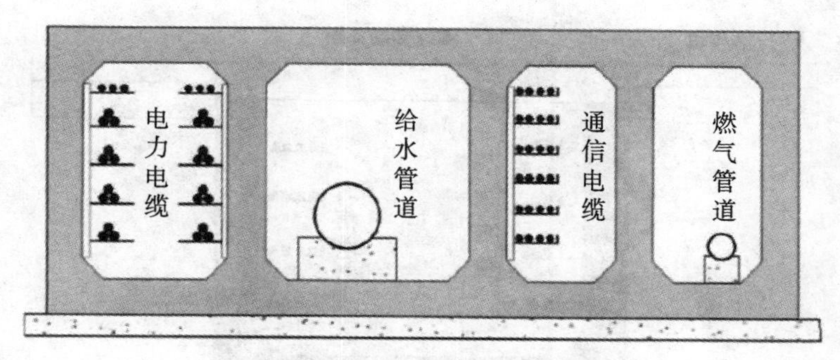

图 7.4　干线综合管廊断面示意图

干线综合管廊的主要特点为：稳定、大流量的输送；高度的安全性；内部结构紧凑；兼顾直接供给到稳定使用的大型用户；一般需要专用的设备；管理及运营比较简单。

2. 支线综合管廊

支线综合管廊主要用于将各种供给从干线综合管廊分配、输送至各直接用户，其一般设置在道路两旁，收纳直接服务的各种管线。

支线综合管廊的断面以矩形断面较为常见，一般为单仓或双仓箱型结构。综合管廊内一般要求设置工作通道及照明、通风设备，如图 7.5 所示。

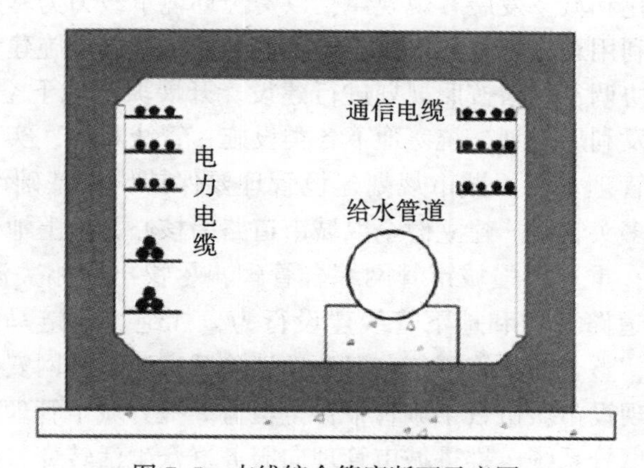

图 7.5　支线综合管廊断面示意图

支线综合管廊的主要特点为：有效（内容空间）断面较小；结构简单，施工方便；设备多为常用定型设备；一般不直接服务大型用户。

3. 缆线综合管廊

缆线综合管廊也称为电缆沟，主要用于将市区架空的电力、通信、有线电视、道路照明等电缆收纳至埋地的管廊中。线缆综合管廊一般设置在道路的人行道下面，其埋深较浅，一般在 1.5m 左右。

缆线综合管廊的断面以矩形断面较为常见，一般不要求设置工作通道及照明、通风等设备，仅增设供维修时用的工作手孔即可，如图 7.6 所示。

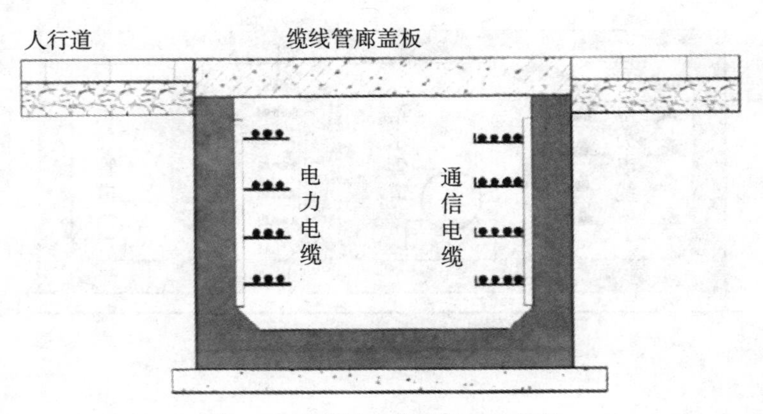

图 7.6 缆线综合管廊断面示意图

7.6.3 城市地下综合管廊规划

1. 城市地下综合管廊规划的政策指引

2014 年国务院办公厅颁发的《国务院办公厅关于加强城市地下管线建设管理的指导意见》(国办发〔2014〕27 号),明确要求在地下管线和综合管廊规划中,牢固树立规划先行理念,遵循城镇化和城乡发展客观规律,以资源环境承载力为基础,科学编制城市总体规划,做好与土地利用总体规划的衔接,统筹安排城市基础设施建设。强调城市总体规划对空间布局的统筹协调,严格按照规划进行建设。开展城市地下空间资源调查与评估,制订城市地下空间开发利用规划,统筹地下各类设施、管线布局,实现合理开发利用,提升基础设施规划建设管理水平。城市规划建设管理要保持城市基础设施的整体性、系统性,避免条块分割、多头管理。建立健全以城市道路为核心、地上地下统筹协调的城市基础设施管理体制机制,重点加强城市管网综合管理,尽快出台相关法规,统一规划、建设、管理,规范城市道路开挖和地下管线建设行为,杜绝"拉链马路"、窨井伤人等事件。在普查的基础上,整合城市管网信息资源,消除城市地下管网安全隐患。建立城市基础设施电子档案,实现设市城市数字城管平台全覆盖。提升城市管理标准化、信息化、精细化水平,提升数字城管系统,推进城市管理向服务群众生活转变,促进城市防灾减灾综合能力和节能减排功能提升。

2015 年国务院办公厅颁发的《国务院办公厅关于推进城市地下综合管廊建设的指导意见》(国办发〔2015〕61 号),明确要求推进城市地下综合管廊建设,统筹各类市政管线规划、建设和管理,解决反复开挖路面、架空线网密集、管线事故频发等问题。城市地下综合管廊有利于保障城市安全、完善城市功能、美化城市景观、促进城市集约高效和转型发展,有利于提高城市综合承载能力。各城市人民政府要按照"先规划、后建设"的原则,在地下管线普查的基础上,统筹各类管线的实际发展需要,组织编制城市地下综合管廊建设规划,规划期限原则上应与城市总体规划期限相一致。结合地下空间开发利用、各类地下管线、道路交通等专项建设规划,合理确定地下综合管廊的建设布局、管线种类、断面形式、平面位置、竖向控制等,明确建设规模和时序,综合考虑城市发展远景,预留和控制有关地下空间。建立建设项目储备制度，明确五年项目滚动规划和年度建设计划，积极、稳妥、有序地推进地下综合管廊建设。从2015年起，城市新区、各类园区、成片开发区域的新建道路要根据功能需求，同步建设地下综合管廊；老城区要结合旧城更新、道路改造、河道治理、地下空间开发等，因地制宜、统筹安排地下综合管廊建设。在交通流量较大、地下管线密集的城市道路、轨道交通、地下综合体等地段，城市高强度开发区、重要公共空间、主要道路交叉口、道路与铁路或河流的交叉处，以及道路宽度难以单独敷设多种管线的路段，要优先建设地下综合管廊。加快既有地面城市电网、通信网络等架空线的入地工程。

2. 城市地下综合管廊规划编制总体要求

城市地下综合管廊规划应根据城市总体规划、地下管线综合规划、控制性详细规划编制，与地下空间规划、道路规划等保持衔接，编制综合管廊工程规划应以统筹地下管线建设、提高工程建设效益、节约利用地下空间、防止道路反复开挖、增强地下管线防灾能力为目的，遵循政府组织、部门合作、科学决策、因地制宜、适度超前的原则。编制时应听取道路、轨道交通、给水、排水、再生水、电力、通信、广电、燃气、供热等行政主管部门及有关单位、社会公众的意见。

城市地下综合管廊规划应合理确定管廊建设区域和时序，划定管廊空间位置、配套设施用地等三维控制线，纳入城市黄线管理。综合管廊建设区域内的所有管线均应在管廊内规划布局。

城市地下综合管廊规划应统筹兼顾城市新区和老旧城区。新区综合管廊规划应与新区规划同步编制，老旧城区综合管廊规划应结合旧城改造、棚户区改造、道路改造、河道改造、管线改造、轨道交通建设、人防建设和地下综合体建设等编制。

城市地下综合管廊规划期限应与城市总体规划一致，并考虑长远发展需要。建设目标和重点任务应纳入国民经济和社会发展规划。综合管廊规划原则上五年进行一次修订，或根据城市规划和重要地下管线规划的修改及时调整，调整程序按编制管廊规划程序执行。

3. 城市地下综合管廊规划规范要求

（1）城市工程管线综合规划规范要求：《城市工程管线综合规划规范》（GB50289—2016）规定，当遇到下列情况之一时，工程管线宜采用综合管廊集中敷设：

①交通流量大或地下管线密集的城市道路以及配合地铁、地下道路、城市地下综合体等工程建设地段。

②高强度集中开发区域、重要的公共空间。

③道路宽度难以满足直埋或架空敷设多种管线的路段。

④道路与铁路或河流的交叉处或管线复杂的道路交叉口。

⑤不宜开挖路面的地段。

（2）电力工程电缆设计规范要求：《电力工程电缆设计标准》（GB50217—2018）规定，当遇到下列情况之一时，电力电缆应采用电缆隧道或公用性隧道敷设。

①同一通道的地下电缆数量众多，电缆沟不足以容纳时应采用隧道。

②同一通道的地下电缆数量较多，且位于有腐蚀性液体或经常有地面水流溢出的场所，或含有35kV以上高压电缆，或穿越公路、铁路等地段，宜用隧道。

③受城镇地下通道条件限制或交通流量较大的道路，与较多电缆沿同一路径有非高温的水、气和通信电缆管道共同配置时，可在公用性隧道中敷设电缆。

（3）城市综合管廊工程技术规范要求：《城市综合管廊工程技术规范》（GB 50838—2015）规定：

①城市地下综合管廊规划应符合城市总体规划要求，规划年限应与城市总体规划一致，并应预留远景发展空间，综合管廊工程规划应与城市工程管线专项规划及管线综合规划相协调。

②城市地下综合管廊工程规划应坚持因地制宜、远近结合、统一规划、统筹建设的原则。

③城市综合管廊工程规划应集约利用地下空间，统筹规划综合管廊内部空间，协调综合管廊与其他地上、地下工程的关系。

④城市地下综合管廊工程规划应结合城市地下管线现状，在城市道路、轨道交通、给水、雨水、污水、再生水、天然气、热力、电力、通信、地下空间利用等专项规划以及地下管线综合规划的基础上，确定综合管廊的布局。

4. 城市地下综合管廊总体规划

（1）基本原则：城市地下综合管廊规划是城市各种地下市政管线的综合规划，因此其线路规划应符合城市各种市政管线布局的基本要求，并应遵循如下原则：

①综合原则。城市地下综合管廊是对城市各种市政管线的综合，因此在规划布局时，应尽可能让各种管线进入管廊内，以充分发挥其作用。

②长远原则。城市地下综合管廊规划必须充分考虑城市发展对市政管线的要求。

③相结合原则。城市地下综合管廊应与地铁、道路、地下街等建设相结合，综合开发城市地下空间，提高城市地下空间开发利用的综合效益，降低地下管线综合管廊的造价。

（2）布局形态：城市地下综合管廊是城市市政设施，因此其布局与城市的理念有关，与城市路网紧密结合，其干线综合管廊主要在城市主干道下，最终形成与城市主干道相对应的地下综合管廊布局形态。城市地下综合管廊布局形态主要有以下几种：

①树枝状。城市地下综合管廊以树枝状向其服务区延伸，其断面尺寸随着管廊延伸逐渐变小。树枝状地下综合管廊总长度短、管路简单、投资省，但当管网某处发生故障时，其以下部分受到的影响大，可靠性相对较差，而且越到管网末端，质量越下降。这种形态常出现在城市局部区域内的支线综合管廊或缆线综合管廊（电缆沟）的布局。

②环状。环状布置的城市地下综合管廊的干线综合管廊相互联通，形成闭合的环状管网。在环状管网内，任何一条管道都可以由两个方向提供服务，因而提高了服务的可靠性。环状管网管路越长，投资越大，但系统的阻力越小，可降低动力损耗。

③鱼骨状。鱼骨状布置的城市地下综合管廊，以干线综合管廊为主骨，向两侧辐射出许多支线综合管廊或缆线综合管廊（电缆沟）。这种布局分级明确，服务质量高，且管网路线短，投资小，相互影响小。

（3）总体规划：城市地下综合管廊的建设应根据城市经济发展状况及发展趋势量力而行，因此规划工作应建立在对城市现状的充分了解及对未来发展的合理预测的基础上，把握适度超前的原则，以达到改善城市现状、促进城市发展并有效控制建设成本的规划目标，其规划流程如图 7.7 所示。

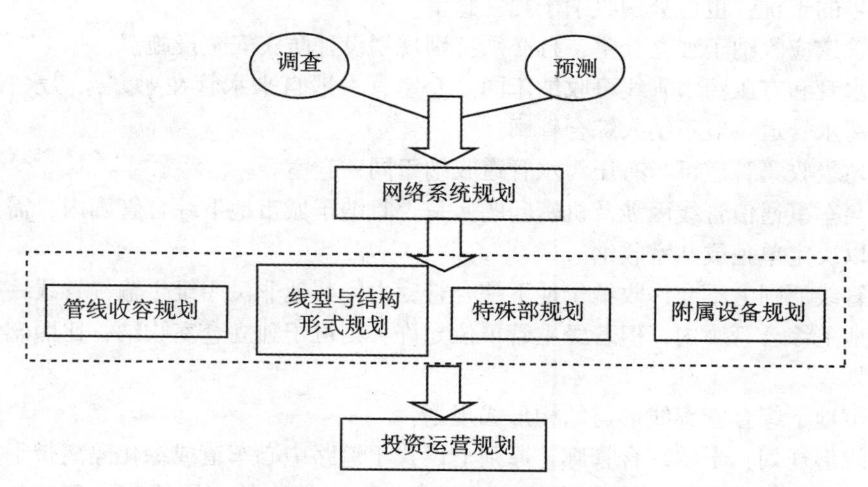

图 7.7　总体规划的规划流程图

城市地下综合管廊的规划是一项系统工程，从整体到局部，从建设期到运营期，在空间与时间上综合考虑、逐步深化，并始终注意规划的可操作性。

①城市地下综合管廊规划前的调查与预测。规划城市地下综合管廊必须从各种角度收集研究管线资料，可先选定特定路段为研究对象进行分析并进一步规划。如调查现有道路交通量的混杂情形，并预测将来施工时道路交通量的拥堵情形，现有地形及地质条件的调查；现有道路上构筑物的调查；既有地下埋设管线设施的种类及数量，增建、维修计划等的调查。

在调查的基础上，预测未来地下综合管廊目标需求量。在预测未来需求量时，必须充分考虑社会经济发展的动向、城市的特性和发展趋势。

②城市地下综合管廊网络系统规划。城市地下综合管廊网络系统对一个城市的地下综合管廊建设乃至整个地下空间的开发利用都具有特别重要的意义。网络系统规划应根据城市的经济能力，确定合适的建设规模，并注意近期建设规划与远期规划的协调统一，使得网络系统具有良好的扩展性。

在城市里并非每一条道路皆可设置地下综合管廊，首先应明确设置的目的和条件，评估可行性，选用适当的时机，参照管线单位提出的预估需求量；然后才能确定规划原则而进行网络系统规划。道路级别对地下综合管廊网络系统规划具有重要的指导意义，根据道路级别确定待纳入管线，并选取合适的地下综合管廊类型。一般而言，城市快速路宜优先规划建设干线综合管廊，以减少对交通动脉的反复开挖，并形成地下综合管廊网络系统的主体框架，以利于网络的延伸与拓展。

③城市地下综合管廊管线收纳规划。地下综合管廊内收纳的管线，因管理、维护及防灾上的不同，应以同一种管线收纳在同一管道仓室为原则。但因碍于断面等客观因素的限制，必须采取不同种类管线同仓室收纳时，必须征得各管线单位同意后进行规划，并采取妥善的防范措施。

各类管线收纳原则如下：

电力与电信管线（含有线电视）可收纳于同一仓室，但需布置于仓室的两边，防止对电信信号的干扰；也可分别收纳于独立仓室。

燃气管道应收纳于独立仓室，且必须特别规划设计防灾安全设施。

自来水管和有压污水管线可收纳于同一仓室，一般自来水管在上方，污水管在下方。重力流雨污水管道一般不纳入综合管廊。

真空垃圾收集管道可与有压污水管道收纳于同一仓室。

警讯与军事通信管线因涉及机密问题，是否收纳于城市地下综合管廊内，需与相关单位协商后以决定单独或共室收纳。

输油管线原则上不允许收纳于地下综合管廊内；其他非民用维生输气管线一般也不允许收纳于地下综合管廊内，但若经主管单位允许，则可于独立仓室收纳，比照燃气管线收纳原则规划。

④城市地下综合管廊线形与结构形式规划。

平面线形规划：干线综合管廊，原则上设置于道路中心车道或绿化隔离带下方，其中心线平面线形应与道路中心线一致，与邻近建（构）筑物的间隔距离一般应维持 2m 以上。干线综合管廊断面因受收纳管线的多寡或特殊部位变化的影响，一般需设渐变段加以衔接，其变化率 1∶3（横向∶纵向）。干线综合管廊的平面曲线规划，还应充分了解收纳管线的曲率特性及曲率限制。

支线综合管廊各结构体上方若以回填土方式来收纳煤气管时，回填土沟盖板原则上应设置于人行道上，但因特别原因在不影响道路行车安全及舒适时，亦可设置于慢车道上。

缆线综合管廊原则上应设置于人行道上，人行道的宽度至少 4m，其平面线形应与人行道线形一致。缆线综合管廊因沿线需拉出电缆接户，故其位置应靠近建筑线，但外壁离建筑物应有至少 30cm 以上距离以利电缆布设。

竖向线形规划：城市地下综合管廊干（支）线管廊竖向线形应视其覆土深度而定，一般标准段覆土深度应保持 2. 5m 以上，以利其他管线或构筑物交叉通过，特殊段的硬土深度不得小于 1m。管廊纵向坡度应维持在 0. 2% 以上，以利管廊内排水。干线综合管廊与其他地下埋设物相交时，其竖向线形可能变化较大，为维持所收纳各类管线的弯曲限制，必须设缓坡作为缓冲区间。

缆线综合管廊纵向坡度原则上应与人行道纵向坡度一致，竖向曲线必须满足收纳缆线敷设作业要求，特殊段（暗渠段）覆土厚度不小于路面（人行道）的铺面砖厚度。

结构形式规划：城市地下综合管廊干线管廊的结构形式，因施工方法不同或受到外在空间因素影响或收纳管线特性不同，而有不同形式。其结构外形依道路宽度、地下空间限制、收纳管线种类、布缆空间需求、施工方法、经济安全等因素而定。若采用明挖法施工，其结构形式以箱形为主；若采用盾构法施工，其结构形式以圆形为主。

支线综合管廊的结构形式一般采用较为轻巧简便的结构形式，从接户的便利性，地下空间规模、经济性、安全性、布设性、施工性等因素综合进行考虑。

缆线综合管廊一般采用单“U”字形或双“U”字形结构形式，采用现浇或预制结构拼装工法施工。

⑤城市地下综合管廊特殊部位规划。地下综合管廊网络构成后，尚需进行地下综合管

廊特殊部位规划，考虑其机能、配置位置、内部空间大小等，在满足必要条件的同时，还要与既有道路结构以及现场施工条件协调。规划特殊部位时，必须确定设置各种管线的数量所必要的内部空间与维修作业的空间、电缆散热、管线的曲率半径、规范及准则，同时必须考虑邻接既有的或将设置的构筑物的形状、尺寸等条件。特殊部位的种类与基本项目，如表 7.2 所示。

表 7.2　**城市地下综合管廊特殊部位的种类与基本项目**

区分	特殊部位名称	基本工程项目
埋设物方面	1. 电线电缆的分支部位	分支位置、数量、管径大小、最小弯曲半径（配管、电缆）作业空间
	2. 电缆接续部位	接续间隔、大小、最小弯曲半径、作业空间
	3. 管路（上、下水道）、阀、闸的设置部位	阀的形状、大小、作业（施工）操作空间最小弯曲半径
	4. 燃气管伸缩部位	设置间隔、伸缩量、形状作业空间
	5. 管线器材出入口部位	设置间隔、每条管线的长度、搬入方法
	6. 电缆的接引入口部位	设置间隔、接引方法、位置，接引口的形状、大小
管理方面	1. 出入口兼自然通风口部位	设置间隔、通气的空间风量（出入口大小）、阶梯及楼梯的设置空间，操作盘的设置空间、操作空间
	2. 强制通风部位	设置间隔、通风扇的形状大小、设置空间风量（换气口的大小）
	3. 排水井部位	排水设备的设置空间、配管的空间

⑥城市地下综合管廊管道安全规划。地下综合管廊在进行规划时，除考虑一般结构安全外，尚需考虑外在因素对管道安全的影响，如防洪、防侵入、防外力破坏、防盗窃、防火灾、防爆炸，以及有毒气体的防护、侦测等。

防洪规划：地下综合管廊防洪标准与综合管廊网络系统区域内的防洪标准一致，开口部如人员出入口、通风口、投料口等应设防洪闸门，防止洪水侵入，规划标准为百年一遇洪水。

防侵入、盗窃及破坏的规划：地下综合管廊是城市维生管线设备的载体，未经管理单位许可不准随意进入地下综合管廊内；规划时应做好开口部管理规划，以杜绝可能发生的侵入、盗窃及破坏。

防火规划：为防止地下综合管廊内收纳管线引发的火灾，除要求器材及缆线必须使用防火材料包覆外，管道内还应规划防火及消防设施。

防爆规划：根据地下综合管廊收纳的管线不同，管廊内可能会存在燃气、沼气等易燃易爆气体，为防止气体爆炸，事先必须有防爆的规划，如在管廊内采用防爆灯具、插头，安装易燃易爆气体监测预警系统等。

管道内含氧量及有毒气体侦测规划：对于地下综合管廊内含氧量及有毒气体侦测在规划阶段均应按照政府相关安全生产法令办理，以保证管道内作业人员的安全。

⑦城市地下综合管廊投资与运营管理规划。城市地下综合管廊建设投资大，运营和维护成本高，合理的投资与运营管理模式对推动地下综合管廊建设并发挥其作用至关重要。由于受到财政能力的限制，完全由政府承担地下综合管廊的建设费用势必难以迅速推动地下综合管廊的建设。因此，寻求多元化的投资模式、引入市场化的操作手段，成为推动地下综合管廊建设的关键。根据市政设施投资经营的一般经验，结合国内外地下综合管廊的成功运作模式，城市地下综合管廊的建设及运营应进行公司化运作。成立由政府控股的建设运营公司进行运作，有利于拓宽融资渠道，引入市场机制。

根据国内外的成功经验，如图 7.8 所示的运作模式是一种值得推广的方案。

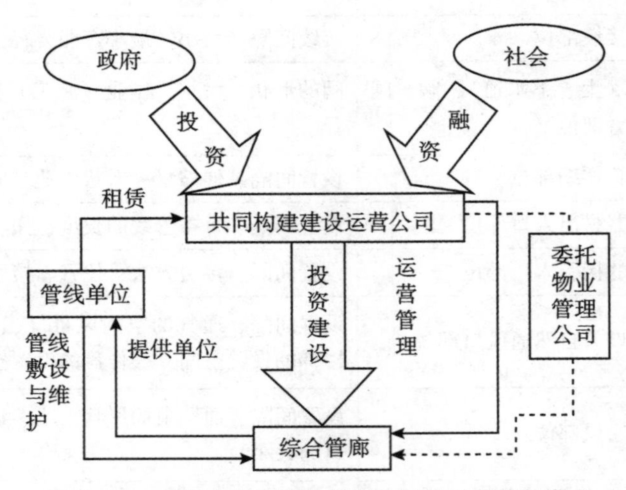

图 7.8　一种城市地下综合管廊投资与运营管理模式

5. 城市地下综合管廊专项规划

（1）编制原则。管廊专项规划是城市规划的一部分，是城市管线综合规划、地下空间开发利用规划的重要内容。管廊专项规划的编制应当符合城市总体规划，坚持因地制宜、远近兼顾、统一规划、分期实施的原则。

一般情况下，管线的专项规划在总体规划的原则条件下编制，综合管廊的系统规划根据路网规划和管线专项规划确定，在此基础上反馈给相关管线专项规划，经过多次协调最终形成综合管廊的系统规划。

（2）编制深度要求。以城市总体规划为依据，与道路交通及相关市政管线专业规划相衔接，确定城市综合管廊系统总体布局。合理确定入廊管道，形成以干线综合管廊、支线综合管廊、缆线综合管廊为不同层次主体，点、线、面相结合的完善管廊综合体系。明确管廊断面形式、道路下位置、竖向控制，并提出规划层次的避让原则和预留控制原则。

①干线综合管廊。一般设置于机动车道或道路中央（绿化带）下方，主要连接生产厂站（如自来水厂、发电厂、燃气制造厂等）与支线综合管廊。其一般不直接服务于沿线地区。沟内主要容纳的管线为电力、通信、自来水、热力等管线，有时根据需要也将排

水管线容纳在内。干线综合管廊的断面通常为圆形或多仓箱形，综合管廊内一般要求设置工作通道及照明、通风等设备。

②支线综合管廊。主要用于将各种供给从干线综合管廊分配、输送至各直接用户。其一般设置在道路的两旁，容纳直接服务于沿线地区的各种管线。支线综合管廊的截面以矩形较为常见，一般为单仓或双仓箱形结构。综合管廊内一般要求设置工作通道及照明、通风等设备。

③干支线综合管廊。一般设置于道路较宽的城市道路下方，介于干线综合管廊和支线综合管廊的特点之间，既能克服干线综合管廊不宜设置接口的问题，同时又可避免支线综合管廊多处接口的问题。应根据功能需要，合理确定管廊断面形式和尺寸，设置工作通道及照明、通风等设备。

④缆线综合管廊。主要负责将市区架空的电力、通信、有线电视、道路照明等电缆容纳至埋地的管道中，一般设置在道路的人行道下面，其埋深较浅，一般在1.5m左右。缆线综合管廊的截面以矩形（U形加盖板）较为常见，一般不要求设置工作通道及照明、通风等设备，仅设置供维修时用的工作手孔即可。

在进行城市地下综合管廊专项规划时，应与城市地下空间利用规划相协调，确定地下综合管廊与地铁、地下商业街、地下通道、地下车库、地下广场等城市地下空间的共建方式，并提出平面布置、竖向控制及交叉处理原则等。

(3) 系统布局。各城市可根据实际需求，因地制宜合理选择城市地下综合管廊建设区域，优化方案。对于地下管道敷设矛盾突出、经济实力较强的城市可以进行较大规模的建设，但应从前期决策、规划设计到建设实施做出详细论证。暂无条件建设的城市，也应遵循统一规划、分期实施的原则，先在重点地段进行试点建设，逐步推广。

城市不同区域对规划建设地下综合管廊的适应性是不同的，因此其规划布局要求也是不同的。

①城市新区：新建地区需求量容易预测，建设障碍限制较少，应统一规划，分步实施，高起点、高标准地同步建设城市地下综合管廊。

②城市主干道或景观道路：在交通运输繁忙及工程管线设施较多的城市交通性主干道，为避免反复开挖路面、影响城市交通，宜建设城市地下综合管廊。

③重要商务商业区：为降低工程造价，促进地下空间集约利用，宜结合地下轨道交通、地下商业街、地下停车场等地下工程同步建设城市地下综合管廊。

④旧城改造：在旧城改造建设过程中，结合架空线路入地改造、旧管道改造、维修更新，尽可能建设城市地下综合管廊。

⑤其他区域：不宜开挖路面的路段、广场或主要道路的交叉处、需同时敷设两种以上工程管线及多回路电缆的道路、道路与铁路或河流的交叉处，可结合实际情况适当选择。

(4) 附属设施布局。城市地下综合管廊附属设施包括三大类：附属用房，如控制中心、变电所等；附属设施，如投料口、通风口、人员出入口等；附属系统工程，如信息检测与控制系统（包括设备控制系统、现场检测系统、安保系统、电话系统、火灾报警系统）、排水系统、通风系统、照明系统、消防系统等。

①总体要求：按照规范设立防火分区，以防火分区为单元设置投料口、通风口、人员出入口和排风设施。各类孔口功能应相互结合，满足投料间距、管道引出的要求，同时需

满足景观要求。除缆线综合管廊外，其他各类管廊应综合考虑各类管道分支、维修人员和设备材料进出的特殊构造接口要求；合理配置供配电、通风、给排水、防火、防灾、报警系统等配套设施系统。

②附属用房规划要求：附属用房应邻近管廊，其间应有便捷的联络通道。附属用房可以采用地上式或半地下式建筑，但其功能必须满足管廊使用要求，同时满足通风、采光等建（构）筑要求，并与周边环境相协调。

③附属设施规划要求：地下综合管廊投料口、通风口、人员出入口的设置位置和大小应满足综合管廊内所收纳管线的下管需求，均匀分布，有防火分区时，每个防火分区应分别设置，宜设置在防火分区的中段。

投料口位置应靠近设备及大管径管道安放处，尺寸以满足设备最大件或最长管道的进出要求为宜。

通风口应注意与地面建筑物、构筑物、道路之间的关系，使之与周围环境协调。

人员出入口应开启方便，宜兼具采光功能、均匀分布。

具备人员出入条件的投料口也可作为人员出入口。

④附属系统规划要求：

a. 信息检测与控制系统：按照可靠、先进、实用、经济的原则配置城市地下综合管廊附属设备监控系统、火灾报警系统、安保系统、配套检测仪表、电话系统。

地下综合管廊设备监控系统：应能反映管廊内各设备的状态和照明系统的实时数据，同时具备管道报警、通信等功能。采集的信息包括温度、湿度、氧气浓度、易燃易爆气体浓度等；集水坑的水位上限信号、开/停泵水位；爆管检测专用液位开关报警信号；通风机、排水泵、区段照明总开关工况；投料口红外报警装置报警信号。

地下综合管廊火灾报警系统：报警装置可选择烟感报警器或缆式报警器，但应保证其安全可靠，具备报警功能。

地下综合管廊安保系统：投料口应设置探测器报警装置，其信号能通过控制器送入控制中心监控计算机，产生报警信号。

b. 排水系统：为排除地下综合管廊内积水，管廊应有一定的坡度，其坡向宜与道路、周边地势坡向一致。管廊最低点处应设集水坑，廊底应保证一定的横向排水坡度，一般为2%左右。

集水坑收集到的积水应通过排水泵提升排入就近雨水管内，条件许可时可重力排入附近水体，但必须有可靠的水封装置。

c. 通风系统：管廊应有通风装置，以便换气散热。

干线综合管廊或干支线综合管廊宜采用机械通风，在两个风机之间设进气孔进气。进气孔应设在能够形成空气对流的位置，可利用管廊出入口作为进气孔。支线综合管廊可以采用自然通风。

d. 照明系统：管廊内可采用自然采光或人工照明。绿地下的管廊上部宜采用自然采光。

e. 消防系统：管廊应按照规范设置防火墙，同时安装室内消火栓，并在人员出入口处配备干粉灭火器。当有管道穿过防火墙时，应按照防火封堵相关规范或技术规程执行。

6. 城市地下综合管廊与城市排水系统的结合

城市地下排水管道分为雨水管道和污水管道，一般情况下二者均为重力流，管道需按照一定坡度埋设，埋深较深，对管材的要求一般较低。采用分流制的排水系统，雨水管线管径较大，一般就近排入水体，因此雨水管一般不纳入地下综合管廊，而污水管道有可能纳入综合管廊。

城市地下综合管廊一般不设纵坡或纵坡很小（以满足管廊内排水要求）。若污水管道纳入综合管廊，则地下综合管廊就必须按照一定的纵向坡度建设，以满足污水的输送要求。另外，若将污水管道纳入地下综合管廊，污水管材要求需大大提高，以防止管材渗漏，同时污水管道还需设置透气系统、有毒有害气体报警系统、污水检查井等，管线接入口较多，会扩大地下综合管廊的断面尺寸，极大地增加地下综合管廊的造价。所以，若将地下污水管道纳入城市地下综合管廊内，就必须考虑其对地下综合管廊方案的制约以及相应的结构规模扩大化问题。

因此，能否将城市地下排水管道纳入城市地下综合管廊，需根据工程的地形条件和具体条件决定。若地形有坡度，且规划的城市地下综合管廊也有坡度时，能满足雨、污水等重力流管道按照一定的坡度敷设的要求，可以纳入雨、污水等重力流排水管道，但一般置于地下综合管廊下部独立仓室；若地形较平坦、从经济角度考虑，不宜纳入雨污水的重力流管道，除非采用压力管道输送。

思 考 题

（1）掌握城市市政设施及其包含的各大系统的基本概念。

（2）城市市政设施存在的主要矛盾和问题有哪些？

（3）城市地下供水系统的特点是什么？城市地下供水系统规划的主要任务、主要原则和主要内容有哪些？

（4）城市地下排水和污水处理系统的特点是什么？何为地下排水系统的排水体制？地下排水系统主要包括哪两种？地下排水系统规划的原则和内容有哪些？城市地下污水处理厂的选址和布置原则有哪些？

（5）城市地下能源供应系统的特点是什么？城市地下供电系统的规划原则和规划内容有哪些？城市地下变电站的选址和总体布置原则是什么？

（6）掌握城市地下综合管廊的基本概念，了解国内外城市地下综合管廊建设概况。

（7）城市地下综合管廊的类型有哪几种？各有什么特点？

（8）城市地下综合管廊总体规划编制的基本要求、规划原则、布局形态和规划内容有哪些？

（9）城市地下综合管廊专项规划的编制原则、编制深度要求、系统布局、附属设施布局等如何考虑？

（10）城市地下综合管廊如何与城市排水系统相结合？

第8章 城市地下物流系统规划

8.1 物流与现代物流系统

在城市中，除人的活动和出行形成人流外，其他一切物质的流动，如货物运输、邮件运递、废弃物运送、水流、气流、能源流、信息流等，都可统称为物流。最初“物流”的含义是将某种产品或货物从制造者送到用户，称为城市货运交通（urban freight tansport），也可称为传统物流。20世纪70年代以后，随着经济的高速发展，社会分工更加细密和物流速度更加快捷，出现了“现代物流”的概念，其特点一是使传统物流的各个环节系统化，形成一种链式的产业；二是与现代高科技结合，不断提高信息化和自动化水平，形成一种复杂的系统称为现代物流系统。

在国际上，美国、日本、英国、荷兰等国的现代物流系统发展较早、较快，物流市场也很活跃，在发展速度、管理水平，物流基础设施等方面，都处于领先地位。

我国在20世纪80年代初才引进了“物流”的概念，现代物流业起步较晚，但发展很快，特别是我国进入世界贸易组织（WTO）以后，大量国外物流企业进入中国，带来最先进的理论与技术，使中国现代物流业有了更快的发展，同时也面临严峻的挑战。物流学已成为一门新的学科，物流业已迅速从简单的运输业发展成为一种新兴的产业和新的经济增长点。在我国的物流领域已形成了自己对现代物流系统的较全面的认识，现代物流是以追求经济效益为目标，以现代化设备特别是计算机网络系统为手段，以先进的管理理念和策略为指导，通过运输，仓储、配送、包装、装卸、流通，加工及物理信息处理等多项基本活动，以最小的费用，按用户的要求，将物质资料（包括信息）从供给地向需要地转移，实现商品与服务从供给者向需求者转移的经济活动。

从物流的规模和服务范围区分，有国际物流、区域物流和城市物流三种，本章主要涉及城市地下物流系统。

8.2 地下物流系统

8.2.1 地面物流系统运行中的问题

迄今为止，虽然现代物流系统相对于传统城市货运已经有了很大的进步，但整个系统基本上是在地面空间中运行，对城市交通和城市环境产生一定负面影响，特别是其中的运输环节，在城市货运不断增加的情况下，影响就更为明显。大体上表现为以下几个方面：

（1）加大道路运输的负荷，加剧交通的拥堵。在城市交通中，货运与客运同时使用一个路网，在一条道路上，货车与客车是并行的，当客运量和货运量均超过了道路的设计能力时，必然出现互相挤占车道的情况。于是，车速下降、车辆拥堵，交通事故频繁等情况就会发生，如遇不良天气，情况将更为严重。以北京市为例，2004年，由公路和城市道路运输的货运量为2.84×10^8t。货运车辆占用的道路资源为道路总里程的40%左右；到2020年，货运量达到3.5×10^8t，货运占用的道路资源将达到50%，货运机动车出行量将会占机动车出行总量20%以上，这些都是城市交通和交通管理无法承受的。

近年来，随着我国电子商务的蓬勃发展，电子商务的业务量快速增长，已稳居世界首位，而电子商务物流行业（快递行业）也随之迅速壮大，迎来了快速发展的阶段。2016年以来，我国快递行业业务量以每年100亿件以上的速度增长，已连续6年超过美、日及欧洲发达国家业务量。仅2016年到2018年3年的时间，国内的快递企业总业务量就由312亿件增加到507亿件。2019年，快递业务量进一步增加到635.2亿件，同比增长24%。预计未来几年内，我国电商快递业务量仍然会保持两位数的增长态势。其结果是运输需求不断增长。当前的城市物流配送依然是以地面交通方式为主，这意味着快递公司的货车数量和货车配送的频次将不断增加，从而进一步增加城市道路运输的负荷，加剧交通拥堵的程度。

（2）增加货运过程中的不稳定因素，难以保证货运质量。城市对货运的最基本要求就是快速、准时、安全。从货运速度看，收货人一般都希望订货后在最短时间内收到货物，但如果因路况或天气不良而使行车速度下降或者发生拥堵，则难以在最短时间到货。某些鲜活货物，如水产品、蔬菜、水果、鲜花等，对运输时间的要求更为严格，根据中国科学院可持续发展战略研究成果表明，包括北京、上海等全国15个大城市中发生的交通拥堵，每天的相关损失费用达到10亿元人民币。

（3）加剧城市空气污染，加大环境保护难度。在城市道路行驶的机动车辆，从数量上看，客车，特别是小客车占多数，货车占少数，例如北京市在2004年机动车总量为220.6万辆，其中货车占8.3%，每天约有10万辆左右货车在路上行驶。但是，由于货车的排气量大，能源又多为柴油，其对空气的污染仍不容轻视。虽然城市空气的污染源主要来自工业废气，采暖燃煤烟气、汽车尾气和尘土。从北京市的监测资料看，空气中的一氧化碳和氧化硫，在早7点和晚8点前后出现高峰，而二氧化硫（主要来自燃煤）则在采暖季节的早8点和晚11点出现高峰。这说明在交通高峰时间内，汽车尾气是空气主要污染源。

（4）加大交通事故的发生频率，造成人员和货物的损失。交通事故已成为我国城市灾害中发生最频繁和损失最严重的人为灾害。北京市2019年共发生各类交通事故3108起，直接经济损失约3500万元，其中大型货车由于疲劳驾驶或超载引发的车祸发生率很高，造成的损失也很大。

8.2.2　物流系统的地下化

为了寻求地面物流系统上述几方面问题的缓解途径，近几年出现了将物流系统置于地下空间中的设想，在少数国家中开展了研究、试验和少量工程实践。例如，荷兰为了保证出口鲜花的质量，设计和修建了一条长13km的地下物流系统，将花卉市场与铁路中转站和机场连接起来，2004年已建成使用。最早的地下物流系统是英国建于1927年的地下邮政系统，长约10.5km，在其全盛期，该系统无人驾驶电动列车每天可以运送400万封邮件。由于使用率逐年降低，该系统于2004年停止使用，随后改建为英国邮政博物馆，已于2017年9月正式对外开放。1999—2018年，国际物流协会（ISUFT）已举行了8次关于地下物流系统（Underground Logistics System，ULS）的研讨会，其中2005年的第4次研讨会和2010年的第6次研讨会在我国上海召开，2018年的第8次研讨会在我国北京召开，说明我国地下空间与地下工程界已开始关注和重视地下物流系统问题。

物流系统的地下化问题，恰恰是针对地面上物流系统，特别是运输环节，存在的各种问题而提出的，因为地下物流系统在运输环节具有明显的优势，主要表现在：

（1）减少公路和城市道路上货运车流量，缓解交通压力，提高行车速度，降低交通事故发生率。意大利的一项研究表明，如果地下物流系统占整个物流系统的30%，则意大利高速公路交通事故将减少7%，事故致死人数将减少10%，致伤人数将减少5.5%。

（2）主要以集装箱和货盘为运输的基本单元，便于进行常规的或自动化的装卸作业和仓储作业。

（3）使用两用卡车（DMT）、自动导向车（AGV）等作为运输承载工具，无人驾驶，通过自动导向系统使各种设备和设施的控制和管理具有很高的精确性和自动化水平，可节省人力和运行费用。据英国资料，管道（或隧道）运输的运行费仅为道路运输的10%。

（4）有独立的、封闭的运输环境，不受其他车辆的干扰和恶劣天气的影响，保证货运的稳定性和可靠性。

（5）由于货运交通转入地下而避免了道路的扩建，对节约土地和工程投资都很有利。当前，英国货运道路造价为800万英镑/（车道·km），而用明挖施工的管道或隧道造价仅为125万英镑/（车道·km）。

（6）运载工具使用电力等清洁能源，减轻对城市的空气污染，同时，货运在地下空间中运行，避免了对道路沿线的噪声污染。

（7）由于货物送达准时，可靠，有利于电子商务、网络购物的发展。

总之，物流系统的地下化或部分地下化，经济、社会，环境等综合效益十分明显，有些优点甚至是地面货运无法替代的。当然，地下物流系统的一次投资有可能高于地面道路的增建或扩建，这就需要进行认真的可行性分析和综合比较，选择最适合于地下封闭运输的货品，规划最合理的运输路线或网络，采用最先进的信息化自动化技术，建立起快速、便捷、稳定、安全的地下物流系统是完全可能的，有广阔的发展前景。

8.2.3 地下物流系统的运输环节

运输是地下物流系统中的最重要环节，为了充分发挥地下物流的优势，运输环节必须做到快捷、轻便、节能、环保。为此，需要设计制造专用的运输工具和适应这种工具的形式、尺寸、结构等的地下通道。

1. 专用运输工具

地下物流系统的运输方式一般有自流运输，如液体燃料在管道中流动；气动运输，以压缩空气为动力，如在管道中吹送垃圾；以及常规车辆或特殊车辆运输。现在各国最常用的地下货物运输工具是一种自动导向车（Automated Guided Vehicle，AGV），车上放置小型标准集装箱或货盘，以蓄电池为动力，装有电磁或光学自动导引装置，能沿规定的路线自动行驶，同时还有车辆编程和停车选择、安全保护等装置，是可以独立寻址的无人驾驶运输车，直线行驶速度 1m/s。这种车的主要特点是：

（1）易于物流系统的集成。AGV 可十分方便地与其他物流系统实现连接，如 AS/RS（通过出/入库台）、各种缓冲站、自动积放链、升降机和机器人等。

（2）提高工作效率。采用 AGV，由于人工拣取与堆置物料的劳动力减少，操作人员无须为跟踪物料而进行大量的报表工作，因而显著提高劳动生产率。

（3）减少货物的损耗。AGV 运货时，很少出现物品或生产设备的损坏。这是因为 AGV 按固定路径行驶，不易与其他障碍物碰撞。

（4）经济效益高。采用 AGV，一般来说 2~3 年从经济上均能收回 AGV 的成本。

（5）线路布置方便。AGV 的导引电缆是安装在地面下或其他不构成障碍的地面导引物，其通道必要时可作其他用处。

（6）系统具有很高的可靠性。AGVS 由若干台小车组成，当一台小车需要维修时，其他小车的生产率不受影响，并保持高度的系统可利用性。

（7）节约能源与保护环境。AGV 的充电和驱动系统耗能少，能源利用率高，噪声低，对环境没有不良影响。

美国、日本以及欧洲一些国家的 AGV 发展已有几十年，我国 AGV 发展比较晚。20 世纪 70 年代中期，我国有了第一台电磁导引定点通信的 AGV。以后，国内越来越多的工厂、科研机构采用 AGV 为汽车装配、邮政报刊分拣输送、大型军械仓库等服务。

自动导向车（AGV）的构造如图 8.1 所示。

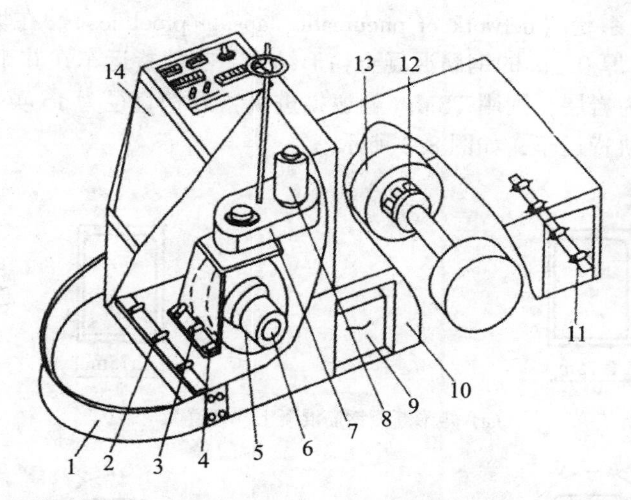

1—安全挡圈；2、11—认址线圈；3—失灵控制线圈；4—导向探测线圈；
5—驱动轮；6—驱动电动机；7—转向机构；8—导向伺服电动机；9—蓄电池；
10—车架；12—制动用电磁离合器；13—后轮；14—操纵台

图 8.1　无人驾驶自动导向车构造示意图

2. 地下物流运输通道的形式、尺寸和结构

在根据所运送货物的品种、重量、数量的不同而确定运输方式和运输工具后，就需要

为之提供与其相适应的地下物流运输通道，形成一种结构，使货运在其中运行。下面介绍国外使用较多的几种系统：

（1）德国的 CargoCap 系统。在直径 1.6m 的钢筋混凝土管道中行驶气动的密封舱，容器长 2.4m、宽 0.8m、高 1.05m，如图 8.2 所示。

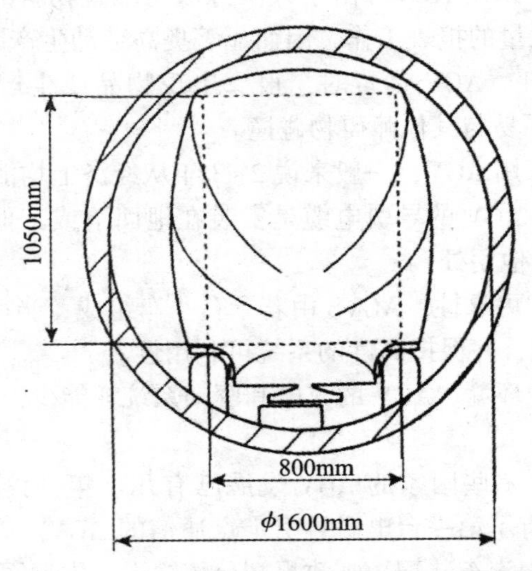

图 8.2　德国 CargoCap 系统标准断面示意图

（2）美国 PCP 系统（network of pneumatic capsule pipelines）。在城市以外，采用宽 2.75m、高 3.35m、厚 0.3m 的钢筋混凝土箱形结构，有轨货运车在其中行驶，在城市中，例如在纽约市地下为岩层，则用 TBM（隧道掘进机）开挖直径为 15 英尺的隧道，喷射混凝土衬砌后运行有轨货运车，如图 8.3 所示。

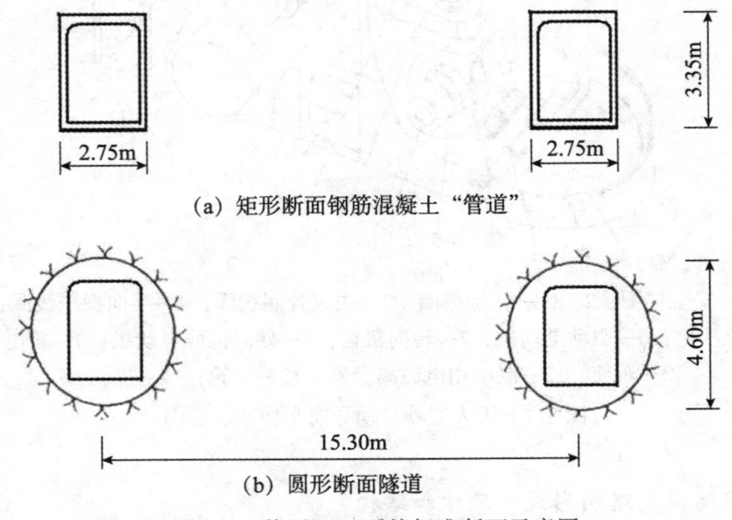

(a) 矩形断面钢筋混凝土“管道”

(b) 圆形断面隧道

图 8.3　美国 PCP 系统标准断面示意图

（3）意大利 Pipe Net 系统。适用于重约 50kg，体积为 200~400L 的货物运输，密封舱直径 0.6m、长 0.8~1.2m。在管道中电动行驶，管道置于一个矩形断面的钢筋混凝土箱形结构中。系统可以由 4 条平行的管道组成，两条常规使用，另两条备用或备修，每 10km 设转运站。此系统时速为 300km，运距 50km 时仅需 10min。

8.3　地下物流系统规划

城市地下物流系统能够有效缓解城市交通拥堵，并提升货运效率，同时节约土地、能源等资源，降低环境污染，减少交通事故。发展地下物流系统符合我国国家重大战略和“创新、协调、绿色、开放、共享”新治国发展理念。北京、上海等城市已尝试将地下物流系统列入城市地下空间规划纲要。2016 年，国家自然科学基金立项重点项目“新型城镇化导向下的城市地下物流系统集成与管理研究”，上海市科委立项社会发展领域重大科研项目“城市地下物流系统规划关键技术研究”，地下物流系统已成为国家自然科学基金重点资助领域，说明我国已逐步重视城市地下物流系统的研究。

1. 地下物流系统规划的主要内容

地下物流系统是物流系统的子系统，既有物流系统、交通系统、仓储系统及区域发展统筹规划内容，又有其相对独立的规划内容。具体包括：

（1）确定地下物流系统的适用范围和功能需求。地下物流系统的适用范围不同，所涉及的区域、功能需求及规模不同。按照地下物流范围的不同，应从战略层面上综合考虑不同层级的物流系统规划，确定需求量和需求类型。

（2）确定地下物流系统的物流类型、流量和服务对象。地下物流涉及能源与清洁水输送、城市垃圾及污水输送、日用货物运输、邮件传送等不同类型，同质及非同质物流，采用的输送方式和运载工具完全不同。因此，应确定物流类型，明确服务对象及流向，确定物流起止点及配置中心，对流量进行预测。

（3）确定地下物流系统的基本结构配置，明确地下物流系统与地面物流系统的关系。线形、环形及分支结构配置各有其自身的特点，采用何种配置结构，是管道还是隧道，单线还是双线，单管还是双管，应进行合理选择和确定。地下物流与地面物流应统筹规划，功能互补，且与交通系统、仓储系院、商业街、综合管廊等协调和相互融合。

（4）确定地下物流系统的形态、规模和选址。地下物流系统的形态应与地面、地下交通系统相衔接，形态基本一致，其规模由需求量决定，具有前瞻性和发展空间，选址应充分考虑地质条件的变化，考虑车站、码头、机场及港口的运输集散及仓储等的位置；对于城市地下物流，还应充分考虑地面建筑、文物古迹、主要街道布置、地面与地下交通，以及市政综合管廊/管线、地面物流系统、配置中心等的布置。

（5）确定地下物流系统的运输方式、运载工具选择。运输方式及运载工具的选择是由运输介质的属性决定的，城市地下物流系统应考虑与地下综合管廊、地铁及地下商业街等统一规划和设计，其他非城市地下物流系统应与铁路、车站、码头及机场、仓储等的规划设计协调统一。

（6）系统终端及整体布局。根据所用运载工具及其货物装卸方式、进站方式及物流管线布局方式，可以形成不同形式的终端。例如，运载工具可以通过斜坡进入终端，沿着终端内的环形路线运行并停靠在不同的码头装卸货物，之后重新进入环形路线运行并离开终端，或暂时停在终端内的停泊区。城市地下物流系统的整体布局取决于很多因素，如计划连接的不同区域的位置及其相互间的距离和障碍物，位于不同区域的终端数量、位置及其功能定位等，应实现物流网络的合理布局、物流通道的合理安排和物流节点的规模层级优化。

（7）物流信息及自动控制系统规划。地下物流的信息数字化及自动控制系统是实现地下物流系统自动化、智能化的关键，在地下物流系统规划设计时应充分考虑。

（8）总体发展战略与政策规划。

2. 地下物流系统规划的基本原则

地下物流系统规划应遵循以下基本原则：

（1）物流规划应与经济发展规划一致。不同层级的地下物流规划应与国家、区域及城市经济发展规划一致。国家在能源、水资源调配等方面的规划应纳入国家总体发展纲要和规划，并根据国际形势在宏观调控政策指导下进行微调；区域地下物流系统的规划应与区域经济发展规划一致；城市地下物流系统应与城市总体规划的功能、布局相协调。在城市规划中应充分考虑物流规划，同时物流规划要在城市总体规划的前提下进行，与城市总体规划一致。

（2）地下物流规划应坚持以市场需求为导向。只有遵循市场需求，才能设计、构建出有生命力的、可操作的物流系统，才能规划合理的物流基础设施，构建高效的信息平台。

（3）地下物流系统规划既要立足市场需求，又要考虑未来发展的需要。物流系统是为国家、地区及城市经济发展服务的，不同层级的物流系统既要考虑现实需求，又要有长远的战略规划，具有一定的超前性。城市地下物流系统要立足于城市经济发展现状和未来发展趋势的科学预测，使资源最大限度地发挥效益。

（4）地下物流与地面物流相结合，实现物流优势互补和协调发展。

（5）地下物流与地面地下交通等应规划一致，协调发展。地下物流系统应与地面交通、地下交通等相结合，充分发挥已有车站、码头、机场、配置中心、交通枢纽等优势，在制订区域发展规划中，应考虑地下物流系统；在城市发展规划中，地铁等地下交通、地下商业街、地下商城、仓储、城市综合管廊等应与地下物流统一规划。

（6）地下物流系统应与地质环境条件相适应。地下物流系统的建设涉及工程地质、水文地质及环境地质等多方面，要避免复杂的地质环境条件，防止次生地质灾害发生，确保环境的可持续发展。

8.4 地下物流系统与城市基础设施的结合

虽然国际上对现代城市地下物流系统的研究与实践已有二三十年，运输技术与隧道施工技术已经成熟，但至今仍无大规模地下物流系统建设实践，这说明世界各国对城市地下物流系统的应用实践非常慎重。因为地下物流系统工程技术复杂、建设耗资巨大，地下工程的建设与运营风险高，其综合效益和对城市的环境、交通的有利影响尚无实际案例参考，一旦投资不成功则损失巨大。为此，近年来我国学者除开展理论研究，从政治、经济、社会和科技等方面综合分析地下物流系统发展机遇，以及结合实际需求开展试点工程的可行性研究外，还结合我国城市基础设施建设快速发展的实际，在城市地下基础设施工程与地下物流系统结合方面开展了一系列的研究，包括地下物流系统与城市地铁系统的结合，地下物流系统与的城市地下综合管廊系统的结合，地下物流系统与城市人防系统的结合，地下物流系统与城市地下道路系统的结合，以及地下物流系统与其他城市基础设施的整合等。

1. 地下物流系统与城市地铁系统的结合

陈一村等（2020）认为，依托城市地铁的富余运能，结合地下物流系统实现协同运输，可以解决地铁沿线地区货物运输问题。针对地铁与地下物流系统协同运输的可行性进行了分析，提出了地铁与物流协同运输的可行方式：客货共线方式（包括地铁外挂物流车厢和单独物流列车组两种方式）、客货分线方式，并对这三种协同运输方式的优缺点进行了比较。通过考虑地铁客运特征、地下货物运输特征和城市货物需求等因素，提出可运用 K-means 聚类和 Dijkstra 算法来定量化分析三种协同运输系统对城市地铁客运和地面物流配送的影响，可为未来城市地铁和地下物流系统的协同规划建设提供参考。

李铖钰（2020）针对快递公司与地铁协同配送快件的可能性进行了分析研究，并就配送路径开展了优化研究。其出发点是为了降低快递公司运营成本，减少配送车辆带来的环境污染，提高地铁车厢利用率，增加地铁运营公司的非票价收入，提出快递公司与地铁公司在客流低峰期协同进行快件配送的模式，在集散中心的快件可以直接被货车配送到需求点，也可以通过将其运输至地铁始发站，由地铁运输到最佳转运点处转运，再进行配送。因此，整个过程的配送问题可以被描述为一级单配送中心到多需求点，以及二级多配送中心到多需求点的配送问题。以快递公司总成本最低为目标函数，建立快递公司与地铁协同配送快件的路径优化模型，结合配送中心、地铁站点、需求点的位置分布以及当日各需求点所需的快件量，选出地铁最优转运点，规划快件到达需求点的最优配送路径，并设计蚁群算法对其求解。以大连市为例，首先根据大连地铁的客流量情况，分析了大连地铁可以进行货运物流时间段、可预留空间以及可配送快件类型；其次，针对大连市公路网、地铁网、快件需求站点，求解得到快递公司与地铁协同配送时地铁的最佳转运点，得到协同配送和货车单独配送两种方案的成本等，对比得出在快递公司与地铁协同配送快件模式下，对于地铁公司来说，可以给地铁公司带来一定的非票价收入；对于快递公司来说，生产配送成本更低，货车行驶距离更短，对环境污染更小，相比于货车单独配送，更具有成本小和环保等方面的优势。

任睿等（2020）针对一类轴辐式地铁-货运系统（M-ULS）网络，提出三阶段布局优化方法。根据货流单一性、订单优先级和区域可达性指标，建立熵权-TOPSIS 模型筛选地下货运流量；考虑设施容量约束，以建设运营成本为目标，构建网络选址-分配-路径组合优化模型；设计集合覆盖精确算法、自适应免疫克隆选择算法和 Floyd-Warshall 算法进行求解，并基于南京市 GIS 数据实现了实景仿真。

2. 地下物流系统与城市地下道路、地下综合管廊系统的结合

李少杰等（2020），张凌翔（2020）认为，城市道路下方带状地下空间是轨道交通、地下道路、综合管廊及地下物流等市政设施的主要敷设载体。为了提高此类带状地下空间的高效、集约化利用，以国内某新区的开发建设为例，提出了城市地下道路、物流廊道与综合管廊一体化设计方案，如图 8.4 所示。研究结果表明，地下道路、物流廊道与综合管廊一体化设计具有工程可行性与系统合理性，能够提高城市地下空间的利用率，具有良好的综合经济效益。

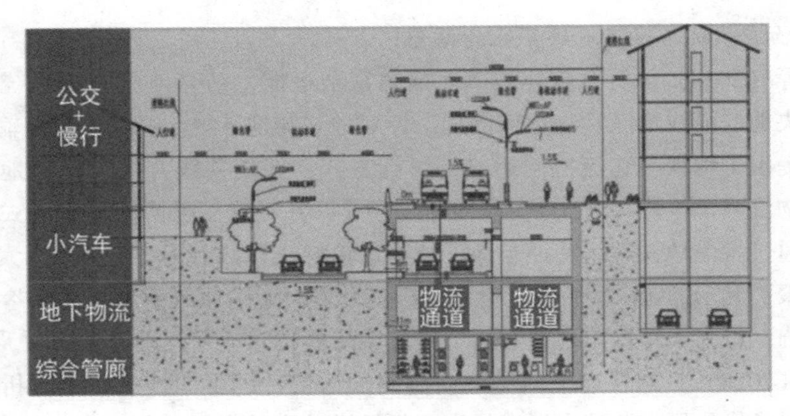

图 8.4 地下物流系统与城市地下道路、地下综合管廊系统共建断面示意图

3. 地下物流系统与人防系统的结合

兰婷、郑立宁（2020）针对部分老城区现存有大量闲置人防空间，平战结合功能难以发挥的实际，提出将人防工程复合利用，打造城市地下物流系统，构建军民平战结合的现代物流体系，平时作为地下物流系统的一部分，战时可作为战备物资的储存和运输系统，做到平时服务、急时应急、战时应战。基于既有人防基础设施的城市地下物流系统，既具有盘活传统基础设施的经济性，又是军民融合的典型。以某市老城区为例，提出基于人防设施的地下物流系统规划设想，为人防工程的改造利用提供了一种新的思路。

4. 地下物流系统与城市基础设施的整合

发展地下物流系统是满足物流发展需求、缓解货运交通问题的新途径。但在地下物流系统的实施过程中，建设影响因素复杂，从而导致单独新建的地下物流系统建设成本高，阻碍了实际应用的进程。张梦霞等（2020）对地下物流与城市基础设施整合的建设方式进行了探索，提出了在不影响原基础设施正常运营的情况下，通过适当改建与扩建，共享利用城市基础设施中的节点与通道空间的地下物流系统建设形式。选取了具有代表性的综合管廊、轨道交通和地下道路三种城市基础设施进行重点研究。

与综合管廊整合的地下物流系统规划中，研究对象主要为地下物流体系中的城市配送阶段。货物从分拨中心出发，通过与综合管廊整合的地下物流干线通道，到达配送中心，整合规划中需考虑的节点主要为配送中心，通道主要为干线通道。地下物流通道主要利用

综合管廊中的干、支线管廊线路。干、支线管廊位于人口及公共服务需求集中区，沿线物流需求较大，选择管廊干、支线作为物流通道能够覆盖城市主要的物流需求。地下物流系统与综合管廊整合的形式包括合仓形式和分仓形式，其中，合仓形式是指地下物流通道与管线在同一仓室中进行布局；分仓形式是指地下物流通道独立布局于不同仓室。两种整合形式各有优缺点，应根据工程实际确定采用何种整合形式。

与轨道交通整合的地下物流系统规划中，研究对象主要是地下物流体系中的城市配送阶段。节点包括了分拨中心与配送中心，通道主要为干线通道。地下物流系统与轨道交通整合的通道规划，主要为对轨道交通的线路选择。综合考虑轨道交通线路的运营时间、货物运输能力，站点转运的时间成本、通道改造可行性等，最终确定合适的轨道交通线路作为地下物流的通道。地下物流系统与轨道交通整合的形式包括客货混编和货运专列两种形式，其中客货混编是指在传统轨道交通列车尾部加挂货运车厢，通过客货共线运输的方式实现物流运输；货运专列是指通过在列车运行图中插入额外的货运列车，或是将货运列车替换客运列车用于物流运输的方式。这两种整合形式也各有优缺点。应根据工程实际确定采用何种整合形式。

与地下道路整合的地下物流基础设施规划中，研究对象主要为地下物流体系中的城市配送阶段。节点主要包括配送中心，通道则主要考虑干线通道。地下物流系统与地下道路整合的形式包括公共通道形式和专用通道形式。地下物流通道需根据实际情况，选择专用通道与公共通道中较为适宜的形式。在物流需求量较大、物流车辆发车频率较高的情况下，宜采用专用通道形式，避免货运车辆频繁进出配送中心对客运交通产生影响。在物流需求量不大的情况下，货运车辆对整体交通状况影响不大，可采用客货混行的公共通道形式。

通过网络覆盖、节点选址、通道选择、运营组织、对原系统影响等五个方面的分析比较，对地下物流系统与各种基础设施的整合进行横向对比，可供进一步研究和工程实践参考。

思考题

（1）掌握物流、现代物流的基本概念及其发展历程。

（2）地面物流系统中存在哪些问题？物流系统的地下化有哪些优缺点？

（3）目前世界各国最常用的地下货物运输工具——自动导向车（automated guided vehicle，AGV）有什么特点？

（4）目前国际上使用较多的地下物流运输通道系统有哪几种？各有什么特点？

（5）地下物流系统规划的主要内容、基本原则有哪些？

（6）目前我国许多学者研究了地下物流系统与城市地铁系统、地下道路系统、地下综合管廊系统、地下人防系统等系统的结合，你认为哪种结合最有可能实现？为什么？除此之外，你认为还有什么地下系统可以利用？

第9章 城市地下综合防灾系统规划

9.1 城市灾害与城市防灾态势

9.1.1 城市灾害

从成因上看，城市可能遭受的灾害有两大类，即自然灾害和人为灾害。自然灾害包括气象灾害，又称大气灾害，如干旱、洪涝、风暴、雪暴等；地质灾害，又称大地灾害，如地震、海啸、滑坡、泥石流、地陷、火山喷发等；生物灾害，如瘟疫、虫害；人为灾害，有主动灾害（如战争、故意破坏等）和被动灾害，即意外事故，如火灾、爆炸、交通事故、化学泄漏、核泄漏等。

在人类没有完全摆脱各种灾害的威胁之前，城市遭到灾害破坏的可能性是时刻存在的，只是随着灾害类型、严重程度和抗灾能力上的差异，在受灾规模、损失程度、影响范围、恢复难易等方面有所不同。因此，在致力于提高城市集约化和现代化水平的同时，不能忽视提高城市的综合防灾能力，把灾害损失降到最低程度。

由于城市的地理位置不同，聚集程度和发达程度也不相同，对各个城市构成主要威胁的灾害类型并不一样，更不可能各种灾害同时发生。因此，在研究城市防灾问题时，必须从本城市的具体情况出发。下面仅归纳城市灾害的几个共同点。

（1）对于高度集约化的城市，不论是发生严重的自然灾害还是人为灾害，都会造成巨大的生命和财产的损失，例如1906年美国旧金山市大地震（里氏9.3级），破坏范围达240km^2，市区500个街区和2.5万幢房屋全毁；1923年的日本关东大地震（7.9级）使14.3万人死亡，东京市几乎全被烧毁；1976年中国的唐山地震，是迄今为止世界上自然灾害对城市破坏最严重的一次，24万人顷刻丧生，整个唐山市毁于一旦。如果一个城市针对可能发生的灾害具有较强抗御能力，则对于同样严重程度的灾害，其后果可能是完全不同的。灾害对城市的破坏程度与城市对灾害的抗御能力成反比；或者说，灾害虽有巨大的破坏力，但城市面对灾害威胁并不是无能为力的，更不应无所作为。必须建立完善的城市防灾体系。

（2）城市灾害的发生，往往不是孤立的，在原生灾害与次生灾害（或称二次灾害）之间，自然灾害与人为灾害之间，轻灾与重灾之间，都存在着某种内在的联系。例如，地震和战争引起的城市大火，这种次生灾害的破坏程度甚至可能大于原生灾害。广岛在原子弹袭击后半小时，城市大火形成了火爆，仅在半径2km的火爆区内，5.7万幢房屋被烧毁，7万人被烧死；1995年的日本阪神大地震，死亡5000余人，也属于这种情况。又如，一个城市的防护措施不到位或防护措施不及时，轻灾害也可能发展成为重大灾害。1984

年印度博帕尔市农药厂的毒剂泄漏事故，如果工厂有良好的安全措施，或城市有完善的民防设施，灾害本可以限制在较小程度，但因不具备这些条件，结果使45t剧毒的甲基异氰酸酯在夜间漏出，造成2500人死亡，20多万人受伤，30多万人自发逃离，使城市一度陷于瘫痪，造成重灾的后果。此外，由于人类对生态、环境、土地等的无意破坏，可能成为诱发或导致某些自然灾害的原因，或加剧自然灾害发生的频度与强度，例如向大气中大量排放二氧化碳的结果，影响到全球气候，增加了水、旱、风等灾害发生的可能性；人为对地貌的破坏诱发滑坡；过量抽采地下水导致地面沉陷，等等。由此可见，城市防灾不能仅针对一种或几种主要灾害，而必须考虑到主要灾害与可能发生的其他灾害的关系，采取综合防治措施，以避免更大的损失。

（3）多数城市灾害都有很强的突发性，给城市防灾造成很大困难。例如在现代战争中，对战略核武器袭击的预警时间，在有先进侦测技术的条件下，最多只有三四十分钟，距离短的只能有几分钟；又如地震、爆炸等灾害，都是突然发生，在几秒钟内就会造成巨大破坏。因此，城市防灾必须对这种突发性的灾害做好准备，要做到这一点，必须建立先进的预测、预警系统；同时，提高城市中各基层单位和各个家庭的防灾和自救能力，对于应付突发性灾害造成的短时间城市瘫痪状态是较为有效的。

（4）灾害对于城市的破坏程度与城市所在位置、城市结构、城市规划，以及城市基础设施状况等有很大关系。一般有较长历史的城市，都是在一定条件下逐步形成的，所在位置并非人为所选择，例如在美国西部发现金矿后，加利福尼亚才在1850年成为一个州，大量城市在那里出现和发展，但当时还没有认识到该州处于大陆板块的边缘，是集中的地震发生带，以致现今有600万人口的旧金山市正处在两条大的活动断层之间，随时有发生强烈地震的可能。我国唐山市也是在发现煤矿后发展起来的，强烈地震的震中就在城市中心，这在震害发生前是没有预料到的。城市结构和城市规划对城市的抗灾抗毁能力有相当大的影响，例如带状城市在发生地震或大火时，破坏程度就低于团状城市；又如在房屋倒塌后如能保留通畅的道路系统和通信系统，对于减少由于救助不及时而造成的伤亡，以及加速灾后的恢复工作都是非常有利的；同样，如果城市供水、供电、供气等系统受到的破坏较轻，修复较快，则可以避免由于城市瘫痪而加剧的灾害损失。因此，历史上的和当代的严重城市灾害的教训，应当成为城市规划和城市建设中必须考虑的问题。

城市防灾（urban disaster prevention）是复杂的系统工程，应针对灾害的复合作用和全面后果，进行综合的防治。也就是说，要提高城市的总体抗灾抗毁能力，建立完善的城市综合防灾系统，这个系统是城市基础设施的主要组成部分之一，同时涉及城市规划、城市建设和城市战备的许多方面。

在建立城市综合防灾体系的过程中，地下空间以其对多种灾害所具有的较强防护能力而受到普遍的重视，越是城市聚集程度高的地区，这种重视程度就表现得越明显。

9.1.2　国内外城市防灾概况

国外对于城市防灾，虽然一般都有一定的组织和措施，但在相当长时间内，与人口、资源、环境、生态等所谓全球性问题相比，不论在对灾害的认识深度上，还是在应采取的防灾措施和应投放的资金问题上，都还没有受到足够的重视，直到近几十年来才开始有所转变。1987年联合国大会通过的开展“国际减轻自然灾害十年”活动的第169号决议，号召在20世纪最后10年中，通过国际上的一致努力，在现有科学技术的最新水平上，将各种自然灾害造成的损失减轻到最低程度。经过10年的努力，人类防灾减灾能力大大增强，防灾意识大大提高，成为人类共同抗拒灾害的良好开端。1989年在日本横滨召开的“城市防灾国际会议”，对城市防灾问题的各个方面进行了广泛的讨论和国际交流，提出了“让21世纪的城市居民生活在安全与安心之中”的口号，在一定程度上反映了人类驾驭自然、战胜灾害的信心和努力方向。进入21世纪后，全球继续开展“国际减灾”行动，把减灾十年的工作引向深入，为在21世纪世界更加安全而努力。

一些发达国家大城市，都能根据自己城市的特点，制定相应的城市防灾战略和防灾措施，例如西欧和北欧一些国家，特别像几个中立国如瑞士、瑞典，在东西方在欧洲严重对峙的背景下，为了防止全面战争中受到波及，都以建立完整的城市民防体系作为城市防灾的主要任务，这一体系不但可使城市在战争中生存下来，而且对于平时可能发生的各种城市灾害同样具有较强的抗御能力。同时，发达国家的许多城市，正在不断用最新科学技术使城市防灾系统现代化，其中普遍的是使用计算机技术和信息技术。

发达国家的城市防灾正在从孤立地设置消防、救护等系统向综合化发展，主要包括：对可能发生的主要灾害及其破坏程度进行预测；把工作的重点从“救灾”转向“防灾”，建立各种综合的防灾系统；加强各类建筑物和城市基础设施的抗灾抗毁能力；提高全社会的组织程度，使防灾救灾系统覆盖到城市每一个居民等。

近年来，世界范围内的灾害发生频度、强度和危害程度都有不断升高的趋势，灾害种类也有所增加。例如2004年发生了印度洋特大海啸，由于缺乏防范，造成23万余人的伤亡；又如2001年“9·11”事件，在人为灾害中增加了“恐怖袭击”的灾种；2008年中国四川发生汶川大地震，震级强度和损失的严重程度堪比1976年唐山大地震。针对这样的灾害态势，世界各国无不在加强自己国家和城市的防灾减灾工作。从总体上看，在灾害没有发生之前，建立并加强综合防灾减灾体系和应急管理机制及体制，是较为一致的努力方向，其主要做法和经验是：

（1）构建完善的法制体系。例如日本的《灾害对策基本法》，美国的《国土安全法》（2002年），俄罗斯的《自然与人为事件国土与人口保护法》，瑞士的《瑞士联邦民防法》等。

（2）建立协调有效的应急管理组织机构。例如美国的“国土安全部”（2002年），俄罗斯的“联邦紧急事务部”（1994年），中国的“应急管理部”（2018年）等。

（3）组织专业化的应急救援队伍。例如德国有民防专业队伍6万人和志愿者150万人，法国有民防专业队伍20万人和预备役人员8万人，俄罗斯有民防部队和非军人民防组织等。

（4）建立完善的预警机制与透明的新闻发布制度。

（5）加强社会自救互救的宣传、组织与演练活动。

我国地域辽阔，处在多种地形、地质和气象条件下，从整体上属于自然灾害多发国，人类所面临的各种自然灾害，在我国几乎都频繁发生，并造成很大的危害，而且呈逐年上升的趋势。由旱、涝、风、冻灾害所造成的直接经济损失，在20世纪50年代是362亿元人民币，60年代是458亿元，70年代是423亿元，80年代为560亿元，90年代已超过1000亿元（以上均按1990年价格折算）。1998年我国长江、嫩江、松花江、闽江、西江等流域发生了历史上罕见的洪涝灾害，直接经济损失1600亿元，在付出了巨大代价和牺牲后，才保住了沿江的大城市，避免了更大的损失。2003年，全国因各类自然灾害造成2145人死亡，倒塌房屋348万间，直接经济损失达1886亿元。在2000—2001年间，国内各种事故发生197万起，死亡24.7万人，直接经济损失每年在1000亿元以上。2007年淮河全流域洪灾和2008年整个中国东部、南部的冰雪灾害，直接经济损失超过1000亿元。根据应急管理部的统计数据，2019年，我国全年各种自然灾害（主要为洪涝、台风、干旱、地震、地质灾害等）共造成1.3亿人次受灾，909人死亡或失踪，528.6万人次紧急转移安置；12.6万间房屋倒塌，28.4万间严重损坏，98.4万间一般损坏；农作物受灾面积19256.9千公顷，其中绝收2802千公顷；直接经济损失达3270.9亿元。

我国城市面临的主要自然灾害是震灾、洪灾和风灾，主要人为灾害在平时是交通事故、火灾、爆炸和化学事故，近年又增加了恐怖袭击的威胁。

我国位于环太平洋地震带与欧亚地震带交界处，是世界内陆地震频率最高，强度最大的国家之一。现在全国基本烈度7度（可造成明显破坏）及以上的地区占国土面积的32.5%，6度以上的占79%，有46%的城市和许多重要矿山、工业设施、水利工程面临地震的严重威胁。1976年的唐山大地震，伤亡数十万人，使整个唐山市瞬间变成一堆瓦砾，还波及天津、北京等地。2008年的四川汶川地震，伤亡也达数十万人。

自古以来，洪灾就在我国频繁发生，是中华民族的心腹大患，这与所处的自然地理条件密切相关，全国大部分地区属于季风气候区，造成雨量的分配在地域和季节上都很不均匀，使主要河川的径流量在一年内的不同季节差别很大，很容易造成洪灾。

我国的长江、黄河等六大水系的中下游流域面积有100多万平方千米，都是国民经济最发达地带，沿江河集中了几十座超大城市、特大城市和大城市，都在不同程度上受到江河洪水的威胁，其中武汉、南京、上海、郑州等十余座城市的地面高程都在最高洪水位之下，还有200多座城市容易受到水害。水灾成为在我国发生最为频繁、影响范围最广、损失最为严重的自然灾害之一，然而多数城市的防洪抗洪能力却相当薄弱，这种状况如不能逐步改变，将成为国民经济的沉重负担，给人民的生命财产造成巨大损失。

台风及由之引起的飓风、暴雨、巨浪、风暴潮等，对我国人口最密集、经济最发达的沿海地带造成严重危害，年均直接经济损失在20世纪50年代不足1亿元，到20世纪90年代增至100亿元以上，1997年达300多亿元。2019年仅1909号超强台风“利奇马”就给我国浙江、山东、江苏、安徽、辽宁、上海、福建、河北、吉林9省（市）64市403个县（市、区）造成直接经济损失515.3亿元。我国的海岸线长达1万多千米，几乎全部朝台风可能登陆的方向，其中东南沿海一带更为集中，每年都不止发生一次。台风的影响范围虽不及洪水大，但对于正面承受台风袭击的城市来说，因打击过于集中，仍将遭受严重的破坏。当前，在灾害预报中，对风灾的预报已经比较准确和及时，但如果城市抗灾能力脆弱，即使有几天准备时间，也难以避免遭受巨大损失。

在没有发生自然灾害的情况下，城市中经常发生的人为灾害，如火灾、爆炸、交通事故、化学泄漏、核事故等，都会在不同程度上造成破坏和生命财产的损失。如果人为灾害与自然灾害复合发生，则破坏将更为严重。

从以上概况可以看出，我国城市灾害的防治形势十分严峻，但是，在城市总体规划中，除对防洪、防空等有一定要求外，缺少综合防灾的内容，在对城市结构、规模、布局、人口、用地等的宏观控制方面，较少考虑防灾要求；生命线工程和工业设施的防灾措施，则基本上处于空白状态。同时，城市的防灾标准普遍偏低，一些单项城市防灾系统，在数量和质量、人员、设施上达不到现代城市的标准，使城市的救灾能力薄弱。此外，在城市中缺少统一的防灾组织和指挥机构，以及专业的救灾人员，一般都是在遇重灾时由市领导人员组成临时指挥部，调集没有救灾经验和设备的部队紧急救灾。

以上所分析的情况和问题表明，我国的城市安全还没有充分的保障，城市综合防灾的观念还没有完全树立，城市总体抗灾毁能力还相当薄弱，城市灾害造成的生命财产损失十分巨大，成为国民经济可持续发展的严重制约因素。因此，在当前，探索在我国当前条件下的防灾对策，吸取国外有益经验提高城市的综合防灾水平，是非常必要的。近几年，由于认识上的提高和物质实力的增强，以及应急管理部的成立，我国在建立法律法规体系，制定应急预案，完善灾害预警、预报体系，建立救灾物资储备，加强救灾队伍建设，提高社会防灾意识和强化宣传教育训练等方面，都有了明显的进展，取得了一定的成效。

9.2 城市防灾的综合化与一体化

9.2.1 城市防灾的概念

城市防灾，顾名思义，是指防止灾害的发生。实际上，对于有些灾害，做好防灾工作可以防止其发生，例如，加强消防安全可以防止火灾的发生，兴建水利工程可以防止洪灾的发生，加强公安工作可以防止恐怖袭击的发生等；然而，对于有些灾害，特别是多数自然灾害，如地震、暴雨、飓风、冰雪等，以人类现在的认识水平和科技能力，是无法阻止其发生的。因此，城市防灾主要是指提高城市的抗灾能力，尽可能减轻灾害造成的损失和破坏，是城市“减灾”，但这只是狭义的，广义的“减灾”则包括灾前准备和预防、灾时救助与抢修、灾后恢复与重建等诸多内容。20 世纪 90 年代，联合国开展的“国际减灾十年”活动，就有这样内涵。

城市是一个国家中人口最集中，产值最高，社会、经济、文化最发达的地区，因而其灾害损失在全国年均灾害损失中所占的比重相当大，城市化水平越高，经济越发达，比重就越大。尽管目前我国城市化水平不够高，但城市在整个国民经济中的地位和作用已经十分重要，国民收入的 50%、工业总产值的 70%、工业利税的 80%以及绝大部分科技力量和高等教育集中在城市。从中华人民共和国成立以来的情况看，各类城市灾害损失占全部灾害损失的 60%以上。

城市是在战争中遭受空袭的主要目标，其损失是十分严重的。在 20 世纪中发生的两次世界大战和多次局部战争，使数以百计的城市遭到破坏，有的甚至成为废墟，数以百万计的城市居民遭受伤亡，无家可归。在第二次世界大战中，仅英国、德国和日本的大中城市，因空袭造成的居民伤亡就超过 200 万人，日本的六大工业城市 41%的市区面积遭到毁坏。1999 年 3 月开始的北约对南联盟的空袭，不到两个月就使 2000 多平民丧生，经济损失超过 1000 亿美元。如果在战争中使用核武器，损失将更为严重。1945 年日本广岛遭到第一颗原子弹袭击后，全市 24 万人口中死 7.1 万，伤 6.8 万，全城 81%的建筑物被毁，战后整个城市重建。

城市本身是一个复杂的系统，任何严重城市灾害的发生和所造成的后果都不可能是独立或单一的，都应当从自然-人-社会-经济这一复合系统的宏观表征和整体效应去理解；城市越大，越现代化，这种特征就表现得越明显；针对这种表征和效应所采取的城市防灾对策和措施，也必然应当从系统学的角度，用系统分析的方法加以分析和评价，使之具有总体和综合的特性，这就是城市的综合防灾。

9.2.2　城市防空与防灾的一体化

在现代世界政治和军事形势下，战争的主要形式已经从全面核战争转变为以信息化为特征的高技术局部战争。民防的作用已从单纯防御空袭，保护城市居民的生命安全，发展为保存有生力量和经济实力的重要手段。当战争双方在武力上处于均势时，战争潜力的大小成为影响战争形势和力量对比的重要因素。城市防护已从单纯保护居民的生命安全和保证单项工程的防护能力，逐渐发展为把城市防护作为一个系统，从人口到物资、城市设施、经济设施实行全面的防护；从战前准备、战时防护到战后恢复实行统一的组织，这就是所谓的总体防护。

在科学技术高度发达但世界生态环境日益恶化的形势下，城市平时灾害发生的周期趋于缩短，频度有所增加，各种灾害之间的相关性表现日趋明显，依靠城市原有的各单项防灾系统已难以保障城市的安全，建立多功能的综合城市防灾体系已刻不容缓。

由此可见，不论是对战争灾害的防护，还是对平时灾害的抗御，都正在走上整体化和综合化的道路，又具有共同的特征。如果进一步将两者的功能统一起来，将机构加以合并，就可以使城市在平时和战时始终处于有准备状态，才能使城市在防止灾害发生、减轻灾害损失、加快灾后恢复等各个环节上都具备应付自如的能力。

战争作为一种灾害，本属于人为灾害的一种，但是在我国，由于对战争的防御已做了长期的准备，而平时的城市防灾迄今还没有形成完整的综合系统，故比较习惯于把战争和战争以外的其他灾害区别对待，形成一种以时期划分灾害的概念，即战争时期与和平时期两类灾害，同时分别形成了为应付战争的城市人民防空体系和以平时防灾为主要任务的各种城市防灾系统，如消防、急救、抢险、物资储备等。虽然在一些国家民防体系已承担了相当一部分平时的防灾救灾工作，但这两种功能还没有完全统一起来，在我国存在的差距更大，因此有必要认识统一城市防护与城市防灾两种功能的合理性与可能性，使这两种功能统一在城市综合防灾体系之中。首先，灾害对城市的破坏程度与城市对灾害的抵御能力成反比，在这一点上，战争灾害与平时灾害并无任何区别。其次，灾害的伴生和衍生性质，以及相互作用和重叠破坏的效应，都要求城市防灾不仅针对一种或几种主要灾害，还要考虑到主要灾害与可能发生的其他灾害的关系，采取综合防治措施。在这一点上，战争灾害与平时灾害是完全一致的。同时，既要对突发性灾害做好应急准备，防止城市功能在短时间内陷于瘫痪，又应对延续性灾害采取长期的防灾抗灾措施。

因此，把战争作为一种城市人为灾害，与其他平时灾害综合起来，实行一体化防治是合理的，这样才能根据灾害发生和发展的共同规律，提高城市的总体抗灾抗毁能力，使城市安全不论在平时还是战争时都能得到充分的保障。近几年，我国已有不少城市将原有的“人防办公室”改为“民防办公室”或“民防局”，担负防空以外的某些防灾任务，这种做法是值得提倡的。

9.2.3 城市防灾与救灾的一体化

如果一个城市针对可能发生的灾害具有较强的抗御能力，则对于同样严重程度的灾害，其后果是完全不同的。例如，如果处于地震危险区的城市中所有建筑物都按照一定的抗震标准进行设计和建筑，则只有在地震强度超过设防能力时，才可能有部分建筑物被破坏。如1995年日本阪神地震中的伤亡，主要是由低等级的木结构房屋的倒塌或火灾所造成，而按抗震要求设计的许多高大建筑物则完好无损。

城市的总体抗灾抗毁能力实际上就是对所能预料到的以及意外发生的各种灾害进行抗御和一旦发生使损失和破坏减到最轻的能力，实际上是实行防灾与救灾一体化，从而达到减灾目的。

1. 对灾害的预测和预警能力

对城市面临或潜在的主要灾害做出较准确的预测，并及时发出预报和警报，使城市处于有准备状态，可以在很大程度上减轻灾害损失。根据城市的战略地位、地理位置和自然、人文条件，针对可能面临的战争形式、袭击方式、打击方向、目标位置，对可能遭受的伤亡和破坏，按最不利情况进行预测，称为战争破坏评价模型，或城市总体毁伤分析。针对发生可能性最大、破坏性也最大的城市自然灾害和意外事故，对其成因、频度、强度、限度、危害程度等进行综合的预测，制定出灾害等级标准，建立起灾害管理系统(包括预测、监测、预报等功能)，称为城市防灾模型，或城市灾害预测系统。如果城市有了这些比较符合实际的防灾模型，并能实行块状组合，对情况变化有一定的适应性，就可以作为在不同情况下制定城市防灾预案的依据，再以先进的仪器设备对灾害进行不间断的监测，正确判断灾害可能发生的时间、地点、规模，及时发布预报和警报，是十分必要的。

2. 对灾害的快速反应能力

即使对灾害有了比较科学的预测，但由于情况复杂，不能排除预测失误和预警不及时的可能性，也可能存在某些人为因素的干扰，从而在灾害突发的情况下造成混乱和被动局面，加重本可以避免的损失。因此，如城市具有对突发性灾害的迅速反应能力，可在一定程度上弥补这一缺陷，提高总体抗灾能力。1986年苏联切尔诺贝利核电站的爆炸起火，导致了严重的核泄漏事故，对于这次完全没有预料到的突发灾害，该国的民防系统做出了相当迅速的反应，及时采取了多种补救措施，在距爆炸反应堆600m处的一处大型地下民防设施内建立了指挥部和救援基地，在爆炸后3小时将附近居民57500人撤离。在这种快速反应和有效救护的情况下，除少数专业人员牺牲外，平民基本无伤亡，很快使局势得到控制。瑞典民防的通信、警报系统非常先进，完全由计算机系统控制，除对战争威胁的程度进行分析评价，供指挥人员决策外，全国共设音响警报站220个，同时经170万部电话机与居民家庭联系起来，不但提高了警报的接收率，在居民心理上也增加了安全感。当然，若能对突发灾害具有快速反应能力，就需要有健全的组织机构以及各种专业人员和先进设备，并随时处于有准备状态，否则是很难做到的。

3. 对灾害的抗御能力

抗灾能力强，救灾就比较容易。城市抗御灾害的能力包括两方面的含义：一是在灾害未发生前，进行长期的抗灾抗毁准备，例如加固房屋，修筑堤坝，建造防空工程等，只要灾害的破坏强度没有超出设防能力，城市就基本上是安全的；二是严重灾害发生后，在遭受一定损失和破坏情况下，能最大限度地保全生命，减轻破坏程度，控制受灾范围的扩大和次生灾害的发生，为灾后的迅速恢复创造有利条件，因此应采取措施使在重灾中必要数量的专业救灾人员和器材得以保全，这样才有可能在灾后初期及时展开救灾活动。唐山地震后的救灾情况表明，不但建筑物和基础设施没有抗毁能力，而且地面上的医院同时倒塌，医护人员大部分遇难，使城市完全失去了自救能力；如果有些伤员能在震后24小时内得到救护，生存率可达80%，72小时后即降为13.8%，再迟则伤员已无生存希望。此外，为了使在灾害的初次打击下保存下来的城市人口和专业救灾人员能够生存下去，并积极展开救灾活动，必须依靠免遭破坏和污染的物资储备系统的支持，包括足够的救灾物资。有些国家在自己的民防系统中要求建立能维持2周生活的食品和水的储备，这对普遍提高城市的抗灾能力、减轻居民对灾害的恐惧心理都是很重要的。

4. 灾后的迅速恢复能力

灾后恢复能力是指消除灾害后果，使城市的生活、生产恢复正常所需要的时间长短，关系到灾害所造成的间接损失的大小和对国民经济发展的影响程度。我国的600多个城市集中了全国工业总产值的70%和国民经济总收入的80%以上，即使是一部分城市受灾而停止生产，对国民经济也会有明显的影响。像北京这样的超大城市，2019年城市年工业生产总值达4241亿元，假定有一半的企业因受灾害而停产，则恢复生产的时间每迟一天，就会使工业产值减少5.8亿元，累计起来，要比灾害的直接经济损失大得多。当然，灾后的恢复能力一方面是前述三种能力的综合体现，如果城市的人口、经济、基础设施在重灾后基本上得到保全，灾后恢复就会容易和迅速得多；另一方面，与城市结构、生产力布局、人口密度、建筑密度、基础设施状况等有直接的关系，这就需要在城市规划和城市建设上，为灾后恢复创造有利的条件。此外，从战争的意义上看，如果一个城市在遭到全面袭击后没有瘫痪，并能很快恢复正常，对于保存战争潜力、赢得战争的胜利也是十分重要的。

5. 城市的自救能力

城市相对于整个国家而言，不论从面积还是从人口上看，都仅是一个局部，因此，只要不是全面的战争或全国性的水、旱灾害，少数或个别城市发生灾害，可以得到邻近省市直至全国的救援，还有可能得到一定的国际援助。这虽然是有利的因素，但绝不能因此而将城市防灾建立在外来援助的基础上，因为外来援助既不一定可靠，更不一定及时。我国唐山大地震后，城市顷刻破坏，社会陷入瓦解，完全丧失了自救能力，虽然救援部队在震后第二天到达，但已经失去了初期24小时最宝贵的抢救时间，再加上街道堵塞、瓦砾成堆，部队又没有救灾的经验和装备，大大加剧了初期的灾害损失。因此，城市越大，社会结构越复杂，越应当具备足够的自救和生存能力。如果从各级城市行政组织到各基层单位，从各个家庭到每个居民，不但精神上对灾害有所准备，而且在物质上具备一定的自救和互救能力，并有能维持一定时间的饮用水和食品储备，就可以在相当程度上减轻集中救灾的负担，对城市总体抗灾能力的提高显然是有益的。

9.2.4 城市地下与地面防灾救灾空间的一体化

灾害发生前的防灾和发生后的救灾，都要在一定的城市空间中进行，例如需要通畅的道路空间供各种救灾车辆和人员行驶，需要安全的仓储空间以储存救灾物资，需要足够的安全空间以保障各类救灾人员的生存和战斗力的发挥，而需要量最大的就是要为全体城市居民提供安全的避难空间（对防空来说称掩蔽空间）。

地面空间（包括建筑空间和开敞空间）和地下空间，对不同种类的灾害都具有一定程度的防护能力，但是地下空间天然地具有对多种自然和人为灾害的防护能力，因而应当成为城市防灾空间的主体，与地面空间互相协调、配合，各尽其能，实行一体化的规划、使用和管理。

1. 地面空间的防灾功能

地面上达到一定坚固程度的建筑物，对于雨、雪、风等灾害的防护是有效的，即使对地震，如果烈度没有超过建筑设防烈度等级，也是安全的。但是从民众心理上看，当无法分辨地震强度时，首先的反应是迅速逃离建筑空间，到室外空旷地带去暂避。因此，为居民提供大量在建筑物倒塌范围之外的开敞空间，特别有必要。这样的空间有广场、公共绿地、公共体育场、学校操场等。下面简要介绍北京市对城市广场、绿地提出的防灾要求。

（1）城市各组团间的绿化隔离带是天然的防护措施，对减少灾害的蔓延可起很大作用。在旧城区各组团间或防护片区之间，应尽量设绿化隔离带，在区域内严格按照北京市的城市绿化条例规定的25%要求进行绿化，无条件时，应将重点目标和重要经济目标远离。新城区应保证组团之间具有500m以上的绿化隔离带，在区域内按30%的要求进行绿化。

（2）地上重点目标和重要经济目标是袭击的重点，因此在地上重点目标和重要经济目标与其他民用设施之间设绿化隔离带或广场非常重要。旧城区一般地上重点目标和经济目标周围应保证有50m的绿化隔离带或广场，可能产生次生灾害的地上重点目标和重要经济目标应保证100m的绿化隔离带或广场。新城区一般地上重点目标和经济目标周围应保证有80m的绿化隔离带或广场，可能产生次生灾害的地上重点目标和重要经济目标应保证120m的绿化隔离带或广场，以保证灾害发生时能够使当班工人和附近居民避难逃生。

（3）结合绿地规划和交通规划，将大型的城市绿地、高地和广场作为应急疏散地域和疏散集结地域。当发生地震灾害时，作为居民的应急疏散地域，其面积标准3.0m^2/人，疏散半径为2km以内。在绿地、高地和广场下建设大型人防物资库工程，以保障疏散人口的食品和生活必需品。

（4）居住区应结合地面规划建设必要的绿地和广场，作为应急疏散地域和疏散集结地域，其面积标准为2.0m^2/人，疏散半径为300m，最大不超过500m。

（5）城市公园绿地广场必须在一侧有与之相适应的城市道路相邻，以保证战时的疏散集结和运送物资的需要。

2. 地下空间的防灾功能

地下空间基本上是一种封闭的建筑空间，从地下空间防灾特性看，与地面空间比较，具有防护力强，能抗御多种灾害，可以坚持较长时间和机动性较好等优势；然而，地下空间也有其局限性，例如密封空间对内部发生的灾害不利，在重灾情况下，新鲜空气的供应受到限制等。因此应当区别不同情况和条件，扬长避短，才能充分发挥地下空间在城市综合防灾中的作用。从这个意义上看，应着重发挥地下空间以下三个方面的作用：

（1）对在地面上难以抗御的灾害做好准备。在过去几十年中，我国为了防空而建造的大量地下人民防空工程，除少部分质量不合格者外，均具备一定的防护等级所要求的“三防”（防核武器、常规武器和生物化学武器）能力。这部分地下工程，包括过去已建的和今后计划新建的，能够防御核袭击、大规模常规空袭、城市大火、强烈地震等多种严重灾害，是任何地面防灾空间所不能替代的，因此应当成为地下防灾空间中的核心部分，使之保持随时能用的良好状态，为抗御突发性的重灾做好准备。

（2）在地面上受到严重破坏后保存部分城市功能和灾后恢复潜力。当地面上的城市功能大部丧失，基本上陷于瘫痪时，如果地下空间保持完好，并且能互相连通，则可以保存一部分为救灾所需的城市功能，包括：执行疏散人口、转运伤员和物资供应等任务的交通运输功能，维持避难人员生命所需最低标准的食品、生活物资供应，低标准的空气、水、电保障，各救灾系统之间的通信联络，城市领导机构和救灾指挥机构的正常工作，等等。这样，不但可以使部分城市生活在地下空间中得到延续，还可以使大部分专业救灾人员和救灾器材、装备得以保存，对于开展地面上的救灾活动和进行灾后恢复及重建，都是十分必要的。

（3）与地面防灾空间相配合，实现防灾功能的互补。尽管地下空间的防灾抗灾能力强于地面空间，但其容量毕竟有限，不可能负担全部的城市防灾抗灾任务。对于一些仅仅开发少量浅层地下空间的城市来说，在容量上与地面空间相差悬殊，即使充分开发，一般也不可能超过地面空间容量的1/3。因此，有限的地下空间只能最大限度地承担那些唯有地下空间才能承担的防灾救灾任务，在不断扩大地下空间容量的同时，充分发挥地面空间，如城市广场、公园、绿地、操场等的防灾功能，实现二者的互补，形成一个城市综合防灾空间的整体。

当城市地下空间的开发利用已达到相当规模和速度时，除指挥、通信等重要专业性工程外，大量的地下防灾空间应在平时的城市地下空间开发利用中自然形成，只需对其加以适当的防灾指导，增加不超过投资的1%，便可使其具备足够的防空防灾能力。对地下空间的开发，应实行鼓励和优惠政策，使人民防空工程建设从强制性执行计划变成有吸引力的开发城市地下空间的自觉行动，为每一个城市居民提供一处安全的防灾空间，形成一个能掩蔽、能生存、能机动、能自救的大规模地下防灾空间体系。

2004年，在日本召开“亚洲特大城市可持续发展”国际会议，其间最受关注的问题之一是密集型大城市的地震防灾问题。研讨结果提出了三点对策，其中一个就是强调要大规模地、复合式地利用城市地下空间，并以此为基础，建立危机管理体制。据统计，日本全国“地下街”总建筑面积约$100\times10^4m^2$，其中东京$23\times10^4m^2$，大阪、名古屋各$17\times10^4m^2$，再加上地下通道、地下车站、建筑物地下室等，都作为地震避难空间资源；2007年启动的东京站附近八重洲地区的城市再开发，已将原有八重洲地下街从$7.3\times10^4m^2$扩大到$30\times10^4m^2$。

我国原已有相当规模的地下空间为防空袭使用，近年来，普通地下空间迅速增多，例如北京的年增长速度超过$30\times10^4m^2$；一些城市在制订地下空间发展规划时，都已作为城市重要的防灾空间资源纳入规划之中。

9.2.5 建立统一的管理体制和运行机制

在加强各个单项专业防灾系统的同时，2002 年，我国成立了国家减灾中心。作为中国国际减灾委员会的技术支撑系统，在综合利用我国现有的防灾减灾系统的基础上，应用现代化高新技术建立起九大技术系统：中央灾害信息系统、国家灾情管理系统、灾害信息处理系统、灾害预测评估及辅助决策系统、灾害信息综合平台、紧急救援系统、灾害信息发布系统、灾害信息网络系统和通信系统。

国家减灾中心的主要任务：跟踪、分析重大自然灾害的发生、发展情况，向中央、国务院、国家减灾委、有关部门及相应省市提供重大自然灾害的灾情预测，快速评估和辅助决策信息服务；建立国家综合减灾信息系统，汇集、分析、处理国内外的灾情及减灾信息，实现灾害及减灾信息共享；为地方政府开展重大减灾行动，提供重大自然灾害的灾情跟踪分析、灾情预测、快速评估和辅助决策信息服务；为民政部及有关部委制定重大自然灾害的紧急救灾预案提供技术服务，为国务院、国家减灾委、有关部门的紧急救灾工作，提供辅助决策意见；开展国家的减灾宣传、人员培训、科学研究和成果推广等活动，并开展国际减灾交流与合作；协调开展减轻重大自然灾害的综合研究。

在国家减灾中心的领导和指导下，各城市也都建立了相应的机构，在建立灾害预警、预报体系、建立救灾物资储备制度、救灾队伍建设、提高全社会总体防灾意识和制定应急预案等方面，做了许多工作。应当说，我国的城市防灾已初步走上了综合防灾的轨道。

9.3 城市综合防灾规划

9.3.1 综合防灾规划的任务与主要内容

依据《中华人民共和国减灾法》，各省、市、自治区普遍编制了近期的防灾减灾规划；按照《中华人民共和国防空法》《中华人民共和国防震减灾法》等专业性法规的要求，各城市制订了抗震防灾规划、抗洪规划等，为整合各专业防灾规划提供了可能。因此，应根据城市的经济和社会发展目标以及城市的自然、地理、社会、灾害和环境条件，以保障城市居民生命财产安全、减轻自然灾害与人为灾害造成的经济损失为目的，在城市总体规划的基础上，编制城市综合防灾规划，可以作为总体规划的一个单项规划，也可以独立编制。

综合防灾规划首先应做好前期工作，包括现状调查，灾情预测、灾害风险分析、灾害损失评估等；然后，制定各主要灾种的单项专业规划；最终，整合成总体性的城市综合防灾规划。由于多年来编制城市防灾规划是以单一灾种为规划对象，没有把城市综合防灾置于应有的高度，制定城市综合防灾规划缺少必要的基础理论与实际经验。而且，我国还没有制定城市综合防灾的法律法规，许多城市也没有建立综合防灾的统一指挥机构，给城市综合防灾规划的编制带来许多困难，急需解决。

鉴于空袭是城市最严重的人为灾害之一，我国又有长期的人民防空工作经验，因此本节以城市防空规划为典型展开论述，对其他灾种的防治规划也有一定的借鉴意义。

9.3.2 城市地下防空系统规划

1. 地下防空系统的组成与防护要求

整个城市防空体系由多个系统组成，包括指挥通信系统、人员掩蔽系统、医疗救护系统、交通运输系统、抢险救援系统、生活保障系统、物资储备系统和生命线防护系统。如果各系统都有健全的组织、精干的人员和充分的物质准备，又有合理的设防标准，那么不论发生战争还是严重灾害，这个体系都可以有效运行，保护生命财产，把空袭或灾害的损失减轻到最低程度，并在战后或灾后使城市迅速恢复正常。

建立防空防灾系统应基于以下原则：一要确定合理的设防标准，防空与防灾统一设防；二是大部分系统应在平时城市地下空间开发利用中形成和使用；三是由统一的机构组织规划、监督建设和依法管理；四是要使系统覆盖到城市每一个居民；五是平战结合，平灾结合。

目前在我国，只有人民防空工程和抗震工程有明确的设防标准。鉴于空袭后果与多种灾害的破坏情况非常相近，故暂以人民防空的设防标准作为统一的防空防灾标准，同时考虑一些灾害的特殊要求，应当是可行的。

在核战争危险减弱的同时，现代战争的主要形式是核威慑下的高技术信息化局部战争。这一点已有所共识。1991年发生在海湾地区的战争和1999年以美国为首的北约对南联盟发动的战争，以及2003年美英对伊拉克的战争，是第一次世界大战后参战国最多、武器最先进，以大规模空袭为主要打击方式的局部战争，显示出现代常规战争的一些新特点。打击战略的变化引起防御战略的变化，从防御的角度看，可归纳为以下几个值得注意的变化：

（1）在核武器没有彻底销毁和停止制造以前，在世界多核化的情况下，仍有可能在常规武器进攻不能奏效或不能挽救失败时局部使用核武器。核武器已向多弹头、多功能、高精度、小型化发展，对核武器不能失去警惕。

（2）现代常规战争主要依靠高科技武器实行压制性的打击，因此任何目标都难以避免遭到直接命中的打击；但是另一方面，打击目标的选择比以前更集中、更精确，袭击所波及的范围更小。打击目标通常称为C^3I，即指挥系统（command）、控制系统（control）、通信系统（communication）和情报系统（information）和基础设施（infrastructure），实际上是C^3I^2。

（3）以大规模杀伤平民和破坏城市为主要目的的打击战略已经过时，用准确的空袭代替陆军短兵相接式的进攻，以最大限度地减少士兵和平民的伤亡，成为主要的打击战略，因而防御战略也应与全面防核袭击有所不同。

（4）进行高科技常规战争要付出高昂的代价，一场持续几十天的局部战争就要耗费数百亿美元，是任何一个国家难以单独承受的，因而战争的规模和持续时间只能是有限的。

（5）尽管高科技武器的打击准确性高、重点破坏作用大，但仍然是可以防御的。在军事上处于劣势的情况下，完善的民防组织和充分的物质准备仍能在相当程度上减少损失，保存实力，甚至可以一直坚持到对方消耗殆尽而无力进攻时为止。伊拉克和南联盟两次局部战争的情况都说明了这个问题。

(6) 在以多压少、以强凌弱的情况下，发动局部战争在战略上已无保密的必要。由于军事调动和物质准备都在公开进行，因而防御一方有较充分的时间进行应战准备，战争的突发性较前已有所减弱。

在现代高技术信息化局部战争条件下，花费高昂代价对核武器打击进行全面防护已失去实际意义，城市防护对象以常规武器为主；除少数核心工程外，不考虑直接命中，这样的防护标准对于多数平时灾害的防御也是适用的。

我国的人民防空建设虽然在数量和规模上取得一定成就，但在防护效率上仍处于较低水平，主要表现在两方面：一是习惯于用完成的数量作为衡量工作的标准，而忽视费效比这样的重要指标；二是只重基本设施的建设，而配套设施严重不足。尽管人民防空工程已有一定的掩蔽率，但人员掩蔽后的生存能力和自救能力很弱，这一点不论是对核袭击还是常规武器袭击都是相同的，应引起足够的重视，在建立各系统时应特别加以注意，在尽可能少用专门投资条件下，建成高效率的城市防空防灾体系。

2. 以平时开发的城市地下空间建立战时人员掩蔽系统

在高技术信息化局部战争情况下，最大限度地保护设防城市的人民生命财产安全，尽最大可能保存有生力量，保存支持战争和战后恢复的潜力，是人民防空的重要任务之一。在整个人民防空系统中，建立起覆盖到每一个城市居民的人员掩蔽系统，进行周密细致的规划配置、工程建设和组织管理，务求使每一个城市居民在收到空袭警报后的第一时间内，就地就近有秩序地到达掩蔽位置，得到有效的防护和生存的必要物质保障。

按照现行的人民防空工程的防护标准和设计规范，要求设防城市按战时留城人口（一般在50%左右）每人1m^{2}的标准建设符合“三防”要求的人员掩蔽所。然而，经过几十年的建设，至今没有一座城市完成这项任务，能达到60%左右已算先进。在高技术局部战争条件下，再坚持这样进行下去，不但还需要几十年时间，更重要的是已失去现实意义。因此，首先，战前大规模疏散居民有很多具体困难，即使勉强实行，也会对社会、经济产生很大的负面影响，只有全员就地就近掩蔽才是可行的措施；其次，居民在城市中的活动多种多样，空袭发生在白天和夜间的情况也有所不同，笼统地按每人1m^{2}的标准提供掩蔽空间，根本不可能满足各类人群的掩蔽要求；再次，现代战争中空袭的主要目的已不是大量杀伤居民，少量伤亡主要为误炸和波及造成，故分散在城市各处的大量地下空间就成为处于各种状态下的居民最方便有效的掩蔽空间。因此，为了防御常规武器空袭，建议城市居民的防空掩蔽按以下几种情况实行：

(1) 为防误炸或波及，在重要目标周围1km^{2}范围内的居民，应在临战时进行疏散，在附近为每一个家庭准备掩蔽所。

(2) 战争发生后，大部分居民应留在自己的家中，夜间更是如此，因此在居住区或居住小区内应有足够数量的人员掩蔽所供家庭使用。比较理想的是，使每一户家庭拥有一间面积不小于6m^{2}的属于自己的防空地下室或半地下室，与平时的储存杂物和防灾相结合。这是居民掩蔽所建设的最佳途径。

(3) 为在空袭警报发布时仍滞留在工作或生产岗位上的人员提供临时掩蔽所，位置宜在所处建筑物或邻近建筑物的地下室，人均面积1m^2，其中不需要在战时坚持工作或生产的人员，应在空袭警报解除后迅速撤离回家。

(4) 为空袭警报发布时滞留在各类公共建筑中或在街道上活动（乘车或步行）的人

群提供临时掩蔽处，位置宜在公共建筑地下室、地铁车站、腾空后的地下停车场等，按人均面积 $1m^2$。在这些地下建筑的入口前，应设明显的“公共临时掩蔽处”标志。

(5) 为住在医院、养老院、福利院等处不能行动的人员提供能在其中生活的掩蔽所，人均面积 $3m^2$，并具备医疗、救护条件。幼儿园儿童和中小学生不需专门的掩蔽所，应在临战时停课，由教师护送回家，在家庭防空地下室掩蔽。

(6) 为白天在家中活动、夜间在家中居住的人口，包括老年人，以及与战勤无关的成年人、儿童和学生，安排永久性家庭掩蔽所，人均面积宜为 $2m^2$，位置宜在多层住宅楼的地下室或半地下室，每户一间，不小于 $6m^2$，有通风和防护密闭条件和不少于3天用的饮用水和食品储备。如果多层住宅楼地下室数量不足，可利用居住区内其他地下空间，如地下停车库等，但临战时需将其平时功能加以转换，供居民家庭专用。

(7) 为暂时仍居住在城市危旧平房中的常住和暂住人口提供人均面积 $2m^2$ 的掩蔽空间，位置宜在距原住房不远的公共建筑地下室，临战时转换为家庭掩蔽所。

以上(3)~(7)项五种类型均按白天情况考虑，如果夜间发生空袭，则白天在外的大部分人已回家居住，故在规划家庭掩蔽所的规模和数量时，应按夜间居住人口总数计算。白天在外活动的人员数量，可用抽样调查法统计出人、车密度，以及不同地区每平方米的人数，然后取节假日高峰人数为其规划临时掩蔽处。

为白天临时掩蔽用的公共建筑地下空间，一般特大城市都拥有数以百万平方米计的规模，比较容易满足需要。为白天及夜间家庭用的掩蔽所需求量很大，应当在每年居住建筑建设计划中安排解决。如果一座城市的常住加暂住人口为500万人，则需要家庭掩蔽所 $1000\times10^4m^2$，若每年建多层住宅 $500\times10^4m^2$，其中含地下室或半地下室 $80\times10^4m^2$，那么，加上已有的地下室，再用10年左右时间即可满足全部居民的掩蔽要求，因而也是解决人员掩蔽问题最经济和最有效的途径。

3. 以平时建设的地下交通和公用设施系统满足战时疏散、运输、救援的需要

交通是城市功能中最活跃的因素，当城市交通矛盾严重到一定程度后，单在地面上采取措施已难以解决，因此，利用地下空间对城市交通进行改造成为城市地下空间利用开始最早和成效最显著的一项内容，并由此带动了其他功能的发展，成为城市地下空间利用的主要动因。我国主要大城市地铁规划里程动辄1000km以上，按最大平均站间距2km计算，地铁车站可达500座以上。当这些地铁线路和车站全部建成后，一个大城市将有地下车站500多座，以每个车站建筑面积 $1.2\times10^4m^2$，加上周围开发的地下空间 $3\times10^4\sim4\times10^4m^2$ 计，则共可获得地下空间近 $2000\times10^4m^2$。更重要的是，以纵横交错的地铁隧道为干线，与地下快速道路系统相结合，再与分片形成的地下步行道系统相连接，完全可以组成一个四通八达的地下交通网，对保障战时人员疏散、伤员运送、物资运输都是十分有利的。

城市基础设施，特别是市政公用设施系统，对保障各种城市活动正常进行至关重要，故常被称为城市的生命线。城市生命线由很多系统组成，一旦在战争中受到空袭而被破坏，不但造成直接经济损失，对城市经济和居民生活造成的间接损失也是严重的，甚至使整个城市生活陷于瘫痪，从物质上和心理上对人民防空产生不利影响。这些系统在空袭中受到破坏的程度和抢修的速度，直接影响处在掩蔽状态下的居民能否维持低标准的正常生活、消除空袭后果的效率高低，以及战后恢复的难易。

在城市现代化进程中，市政基础设施的发展趋势向是大型化、综合化和地下化。虽然至今大部分市政管线已经埋在地下，但多为浅层分散直埋，不但在空袭中容易破坏，平时维修要破坏道路，有时还会对浅层地下空间的开发利用造成障碍。因此，在次浅层地下空间集中修建综合管线廊道成为今后市政公用设施发展的方向，对生命线系统的战时防护十分有利。此外，在市政公用设施中，最容易受空袭破坏的是系统中在地面上的各种建筑物、构筑物，如变电站、净水厂、泵站、热交换站，燃气调压站。如果在现代化过程中，逐步将这些设施实行地下化，则对于提高各生命线系统的安全程度是非常重要的。

4. 以平时有关业务部门的地下设施满足群众防空组织的战勤需要

《人民防空法》第 41 条要求："群众防空组织战时担负抢险抢修、医疗救护、防火灭火、防疫消防和消除沾染、保障通信联络、抢救人员和抢运物资、维护社会治安等任务。"这些任务都需要各有关部门在平时做好组织上和物质上的准备，其中最重要的就是要拥有足够规模的地下空间，供战时专业人员掩蔽，抢修机具和零配件储存，食品、饮用水等生活物资的储存等。

战时城市医疗救护系统一般由三级机构组成，即救护站、急救医院和中心医院。救护站数量多、分布广，应与平时的企（事）业单位医院、医务室、街道门诊部、社区医疗中心等结合，在这些单位开发必要数量的地下空间，既可平时使用，又为战时转入地下做好准备。急救医院和中心医院都可与平时相应级别的综合医院或专科医院结合，在新建的医疗建筑中安排必要规模的地下室，在设计中提出平战两种使用方案。

城建部门的机械施工单位拥有多种抢险用的工程机械、工具和车辆；公用、电力等部门平时也有抢险抢修组织和装备，这些部门的大型机具战时可经伪装后分散存放在地面，但在平时建设中应适当准备必要规模的地下空间，用于战时人员掩蔽和储存重要零配件。

在城市地下空间开发利用中，地下停车场和停车库占有一定的比重，数量多、分布广，但多为停小客车使用，临战时腾空后宜作临时公共掩蔽所之用。因此，应要求公交和运输部门平时在本单位修建适当规模的大型车地下停车库并在地下储存一定数量的油料，为战勤做准备，平时也可使用。同时，在平时各级消防部门中，应适当修建地下消防车库，以备战时使用。

以上各防空专业组织所需要的防空用地下空间，在平时建设中容易受到忽视，因此必须在地下空间开发利用规划和人民防空工程建设规划中提出明确的要求，要求这些单位有计划地逐步完成本单位、本系统的地下空间开发利用，为防空、防灾做好准备。

在城市地下空间开发利用中，同时完成防空、防灾体系建设，其经济上和技术上的合理性和可行性已如上所述。但是，地下空间的开发，只是为人民防空工程提供了足够的空间，至于这样的空间是否能满足信息化局部战争条件下的防空要求，应充分利用地下结构、自然地下空间在临战时能顺利地转为战时使用，在短时间内完成使用功能的转换、防护措施的转换和管理体制的转换。这就要求各级人民防空部门和大型企、事业单位在发展规划中提出明确的要求，制定出实施预案，同时兼顾平时城市防灾的需要。只有这样，才能用不到工程投资 1%的代价，做到常备不懈，对各种突发事件随时做好应对的准备，把城市置于完善的防空、防灾体系保护之下。

9.4 城市生命线系统防灾规划

9.4.1 意义与要求

城市交通设施和市政公用设施对保障各种城市活动正常进行至关重要，故常被称为城市的生命线（urban lifeline）。经济设施是推动城市发展，保障城市生活，支持抗御灾害的重要城市设施。一般情况下，重要的、大型的、关键性的经济设施都不在城市范围之内，应由国防力量实行保卫，但在城市中或城市郊区仍然会有相当数量与国计民生和防灾救灾有直接关系的民用经济设施。这些系统和设施一旦在战争或灾害中受到破坏，不但造成直接经济损失，而且对城市经济和居民生活造成的间接损失也是严重的，甚至使整个城市生活陷于瘫痪，从物质上和心理上对防空、防灾产生不利影响。

按照现代信息化局部战争的打击战略，当军事目标已基本打击完毕而战争的政治目的尚未达到时，转而打击经济设施和城市基础设施，以继续保持军事压力，使城市生活陷于困境，从而瓦解军民的斗志，是完全可能的。事实上，1991年的海湾战争、1999年的科索沃战争和2003年的伊拉克战争都出现过这种情况，其中，科索沃战争因前南联盟的军事力量实行了有效的隐蔽，北约的轰炸难以在军事上取得胜利，故转而大规模攻击经济目标和生命线工程。在空袭中，南联盟的1900个重要目标被炸，其中有14座发电厂、63座桥梁、23条铁路线及车辆、9条主要公路，还有许多重工业工厂和炼油厂，摧毁炼油能力的100%、库存油料的70%和发电能力的70%，使南联盟的经济潜力和支持战争的能力损失殆尽，最终导致战争失败。

鉴于上述情况，城市生命线系统和重要民用经济目标，应按以下要求实行全面的综合防护，务求最大限度地减轻空袭和重灾造成的损失和破坏：

（1）根据信息化局部战争的特点，生命线系统应以防常规武器空袭为主，其中各种设施的建筑物、构筑物应按普通爆破弹直接命中或近距离波及设防，埋置在地下的管线网按爆破弹非直接命中设防。

（2）在精密侦察和精确制导的技术条件下，暴露在地面上的建筑物、构筑物和管线，在空袭中不受到破坏是不可能的。因此，一方面应提高建筑物、构筑物的抗毁强度，使之达到当地抗震烈度标准；另一方面，应做好破坏后在最短时间内修复的准备，包括专业人员和机具、设备的备件、部件、零件的准备。

（3）应当做好系统受到破坏暂停运行后的应急准备，如备用水源、电源和储备的燃气、燃油等。

（4）应当发挥地下空间防护能力强的优势，在建设时，就将有条件转入地下的设施、管线置于地下；必须留在地面上的，应适当采取伪装措施。

（5）在对各系统进行规划时，宜按照适当分散的原则，按一定的负荷半径划分为若干相对独立的较小系统，系统间能互相切换，以避免系统遭大范围破坏。

（6）对于生命线系统受到破坏后所引发的二次灾害，如火灾、爆炸，液体或气体泄漏等，应采取相应的救灾措施。

（7）各系统均应有常设的指挥、通信系统，随时与城市防空、防灾系统保持联系，并拥有自己的人员掩蔽设施和车辆、物资的必要储备。

（8）地面上的经济设施在空袭中或重灾下很难完整保全，因此防护的原则应当是：必须坚持生产的生产线，平时就置于地下空间中；建筑物坚固程度应达到当地抗震标准，即使破坏，也不倒塌；平时备足配件和抢修器材，以便在破坏后尽快恢复。

9.4.2 生命线各主要系统的防灾措施

城市生命线系统主要由两部分组成，即交通系统，包括道路、桥梁、场站、车库；市政公用设施系统，包括供电、通信系统，燃气、燃油系统，供水、排水及供热系统。公用设施系统一般由生产、转换、处理设施的建筑物、构筑物和输送、配送的管网组成。这些系统在空袭中受到破坏的程度和抢修的速度，直接影响到处在掩蔽状态下的居民能否维持低标准的正常生活和消除空袭后果的效率，以及战后恢复的难易。同时，各系统之间有较强的相关性，受破坏后互相影响和制约，因此必须加强关键系统的防护，例如供电系统的防护，使之免受严重破坏，并在最短时间内修复，这对于其他系统的减灾、救灾是非常需要的。

1. 城市交通系统的防护

城市地面交通防护的任务主要是在持续的空袭过程中保持道路系统的畅通，这对于战争中的救护、消防、抢险，以及物资运输，都至关重要。在常规武器空袭中，道路路面不大可能大面积破坏，局部的破坏也易于修补，因此，保证道路畅通的关键是防止路面被堵塞。造成堵塞的主要原因是路侧建筑物的倒塌和路中立交桥、过街桥的破坏。

在城市规划中，道路网的布局应当考虑到战时救灾的需要，除保持足够的运载能力和通过能力外，行车部分保持一定的宽度是必要的。一般来说，道路宽度（指建筑红线间的宽度）应等于两侧建筑高度之和的一半加上 15m，前者实际上是建筑物的倒塌范围，15m 是建筑物倒塌后仍能通行所需的宽度。如果在道路修建时没有考虑这个因素，那么对两则建筑物的高度应加以限制。

道路交叉点处的立交桥和过街人行天桥，虽然可在一定程度上缓解平时的城市交通矛盾，但从战时防护的角度看，是很大的隐患，清除废墟和重建都需要较长时间，对救灾十分不利，因此应尽可能减少，而以地下立交和地下通道代替。如必须建在地面，则应尽可能保留原有道路作为辅路备用。

在人民防空规划中，如果能以城市已有和规划中的地下铁道为骨干，建设一个地下四通八达的道路网，并与地下步行道相连通，则对于战时保障交通运输的运行是绝对有利的。

在道路通畅的前提下，在空袭后仍能保存足够数量的车辆和车用油品用于救护、抢险、救灾物资运输，是必要的。为了安全，车辆平时就应储存在地下车库中，油品一部分可分散储存在各个加油站的地下油罐中，大部分应储存在城市郊外（最好是山区）的专用地下油库中。

2. 电力、电信系统的防护

电力、电信系统是防空、救灾所依靠的重要生命线系统，在大规模空袭的情况下，确保与系统相关的主要建筑物、构筑物和干线设施正常运行，在系统受到严重破坏，供电中断后启动应急措施，使防空、救灾所需要的电力、电信系统继续运行，是电力、电信系统防护的主要任务。同时，做好必要的准备，务必在最短时间内将受破坏的部分修复，也是非常重要的。具体防护的要点如下：

（1）110kV及以下变电站是电力系统中的主要设施，变压器和开关多露天置放，较难防护，故应以抢修为主，准备足够的备件、备品，配电设备在建筑物内。除受到直接命中的袭击外，建筑物如能按平时抗震要求设计，则其坚固程度是可以抗御非直接命中空袭的。市区多数变电站为35kV及以下，只要建筑物和架空送电杆及其基础均达到抗震强度，并适当分散布局，防护是不太困难的。

（2）电信系统的防护重点是电信枢纽（局）建筑物及天线杆塔。建筑物应有足够的强度，为了防止直接命中，宜对建筑物和天线采取适当的伪装措施。电信局不宜过于集中，可分区设几个（其中一个为主管局），可以互相支援和补救，或通过迂回回路，使受破坏地区的电力供应和通信得以维持。

（3）电力、通信室外布线中，应尽可能埋地敷设，埋地干线应优先采用地下综合管廊；在城市供电中，10kV输电线路是电压比较低、量大面广的配电干线。电负荷较大，配电干线较密，用埋地电缆比架空输电的损失要小。故不论在居住区还是工业区，都应采用埋地电缆方式。

（4）应加强通信手段，如电话网、电报网、互联网、移动电话网、宽带数据网、卫星通信等的多层次、多系统化建设，综合使用多种通信手段，以减轻空袭后通信高峰的压力。同时，通信网建设需提高传输网的可靠程度，无论是光缆还是多芯电话缆，应尽量形成环网配线，以增加通信网运行的可靠度。

（5）电力、电信两主管业务部门，均应设防空办公室作为指挥机构，平时做好防空、救灾各种准备工作和实施预案，以立即抢修、尽快恢复系统运行为出发点，预先规定应急救灾人员的来源及组织办法。

电力、电信系统局部或全部被破坏后，应急供电通信的措施有：

（1）系统局部破坏时，由指挥所从未破坏地区调配一定的电力向破坏区临时供电，指挥部门、抢险部门、医院，以及人员掩蔽地等应优先保证最低需要。临时供电线路可架空敷设。

（2）系统全部破坏时，各重要部门启动备用电源，保证最低限度的用电和通信，有条件时可在一定范围内联网，以互相支援。平时应储备备用电源所需的燃油。

（3）备用电源宜使用移动式电站，如箱式变电站、柴油发电机、电源车（车载柴油发电机组、车载蓄电池）等，向重要单位应急供电，车载蓄电池用于向重要通信设备提供直流电源。

（4）移动通信是对传统有线通信的必要补充，移动通信为无线通信，只要空袭时其基站不受破坏，就能维持正常运行。除已较普及的移动电话外，车载卫星通信设备和便携式移动卫星地面站是比较先进和不易被破坏的应急通信设备。

（5）光缆具有通信容量大、通信距离长、抗电磁干扰、频带宽，且耐火、耐水、耐腐蚀，保密性好等独特优点，故应大力发展光纤通信网建设，干线、支线尽可能采用光缆，进户线也要为光缆接入做好准备，为宽带通信网建设打好基础。

3. 燃气、燃油系统的防护

燃气系统包括管道天然气、管道煤气、瓶装液化气，是居民在掩蔽条件下维持低标准生活和冬季取暖所必需，应尽最大努力保持不中断供气，并在安全条件下进行必要的储备。

燃油系统的防护是为了保证战时车辆的行驶和在电力供应中断后作为替代能源，主要靠足够数量的战备储存以保证供应。

燃气、燃油系统受破坏后，很容易引起二次灾害，如火灾、爆炸、有毒物质泄漏等，故除本系统的防护外，应依靠城市消防系统加强对次生灾害的防护。

燃气、燃油系统防护的要点是：

(1) 燃气系统的主要设备是球形天然气或液化石油气储罐、汽车槽车和液化石油气的气化、混气和灌装设备。除直接命中外，这些设备本身抗毁能力较强，但设备与管道的连接部位遇震则很易损坏，故平时应储存足够的连接用零部件，以备急修。

(2) 主要的配气管道为 DN500 或 DN400 钢管，抗压强度很高，埋地后更不易损坏，故可以认为，在遇到设防标准以内的袭击时不致严重破坏，仍可继续供气。但是这种分段埋设的管道多采用焊接，遇炸后有可能出现焊缝开裂导致燃气泄漏，故在空袭后，沿线应加强监控，及时抢修，以防止意外燃气爆炸事故。同时，由于燃气管网的抗毁能力较强，折断或破裂的可能性较小，遇炸后破坏部位多在连接处和转弯处，故平时应储存足够的连接用零部件，以备急修。

(3) 为了减小损失，宜将燃气管网划分成几个相对独立的分系统，首先集中力量抢修重要系统，使之尽快恢复供气，再逐步扩大到全系统。当液化气球罐遇炸起火时，应注意防止发生沸腾液体蒸汽爆炸的出现。

(4) 由于天然气在气态下储存体积大，目标明显，很容易受到袭击，且破坏后二次灾害严重，故战备储存应以液化天然气为主，与液化石油气和各种成品油料，组成一个民用液体燃料战备储存系统，实行分散与集中储存相结合。

(5) 液体燃料在地下空间中比在地面上储存更有优势，特别是在安全防护方面，更是不可替代。因此，应当完全排除战备民用液体燃料在地面上储存的可能性，集中的储库应按照“山、散、隐”的原则，建在岩层或土层的地下空间中，以便取得天然的安全屏障。

燃气、燃油系统的应急供应措施有：

(1) 当管道供气受破坏中断后，对于一些急需供气的公共设施和家庭需要提供适当的替代能源。对于停气地区的医院、学校、幼儿园、敬老院等，为完成炊事、医疗器具消毒等工作，需要提供盒式小火炉、液化石油气罐、移动式燃气发生设备等一些替代设施。对于一般家庭，也应提供相应的替代能源，如煤油炉、盒式小火炉、弹状储气罐等。

(2) 燃油的应急供应主要依靠分散在市区内未受破坏的加油站，从集中的储油库用槽车送至加油站的地下储油罐。为了尽可能多地保存加油站，在临战时宜采取适当的伪装措施。

4. 供水、排水、供热系统的防护

城市供水、排水、供热系统都是维持城市正常运转所必需的生命线系统的重要内容，一旦受到空袭而被破坏，对城市功能的发挥和居民的正常生活都会造成巨大的困难。人在没有食物的情况下，只要有条件饮水，就可以适当延长生命；如果没有水，则即使有食物，也很难进食，消防、救灾对水也有需要，可见给水系统防护的重要性。

相对于给水而言，排水系统受损坏对城市生活造成的困难并不是致命的，但也会带来很大的不便，主要表现为家庭厕所因停水不能冲洗而无法使用，污水得不到处理，排放后污染地下水及其他水源。

供热系统受破坏后的影响有两个方面，一是高压蒸汽供应中断后使有些工业企业不能继续生产；二是在供暖季节不能向建筑物供热，影响居民的正常生活，特别对老、弱、病、残等弱势群体构成威胁。

供水、排水、供热系统的防护要点是：

(1) 供水设施包括取水水源（水库和泵站）、调节水池、净水厂（又称水源厂）、加压泵站（附清水池）等，其中，净水厂应为防空的重点。供水设施的建筑物、构筑物如具有烈度为7度的抗震能力，则在爆炸中冲击波和弹片作用下，建筑物除玻璃破损外不致倒塌，内部的设备亦不致受损。

(2) 净水厂的调节水池是防空蓄水的重要设施，其结构设计应达到当地抗震烈度标准。为防止炸弹直接命中后水池局部破坏而使存水全部流失，水池应以钢筋混凝土隔墙分成三格，以保证至少存留2/3的水量供救灾使用。

(3) 供水主干管一般均采用球墨铸铁管材，抗毁能力较强，不易直接命中，折断或破裂的可能性较小，遇炸后破坏部位多在连接处和转弯处，故平时应储存足够的连接用零部件，以备急修。水源水输送管道一般为直径超过1000mm的钢筋混凝土管，抗压强度很高，埋地后更不易损坏。

(4) 排水设施包括污水和雨水泵站及污水处理厂。泵站和污水处理厂中的建筑物应具有烈度为7度的抗震能力，如果已建设施达不到此标准，则应采取加固措施，当空袭发生时，爆炸冲击波和弹片不致对建筑物造成大的破坏，内部的设备亦不致受损。

(5) 大部分污水和雨水干管及支管是钢筋混凝土管材，抗毁能力较强。受破坏主要发生在连接部位。入户管多用非金属管材，也有一定的抗震能力；户内排水故障多为因冲洗水不足而使排水管道堵塞，居民应自备工具清通。管网上的化粪池和检查井均应采用钢筋混凝土结构。管道埋入地下越深，受震破坏越轻，故排水管宜埋设在地表8m以下。

(6) 热力设施包括热源厂和换热站。热力设施的建筑物应具有烈度为7度的抗震能力；当空袭时，普通炸弹的爆炸冲击波和弹片不致对建筑物造成大的破坏，内部的设备亦不致受损。如果多座热源厂中的某一个厂建筑物被炸弹直接命中而破坏，不致对整个供热能力有太大影响。为了热力交换站空袭后仍能运转，除热源不中断外，还需有水源的保障，故应与给水系统的防护措施统一安排。

(7) 高压蒸汽管道的抗毁能力较强，只需加强连接部位的抗毁能力。露天架空的蒸汽管易破坏，但修复较埋地管方便。热水管道的普通钢管也有一定的抗毁能力，同样应改善连接部位的抗毁性能。蒸汽和热水管道宜置于通行或半通行管沟中，可提高管网的防护能力和加快修复的速度。

供水、排水、供热系统的应急措施有：

(1) 对城市居民实行应急供水，是空袭后最紧迫的救灾行动之一。从开始时为维持生存的低标准供水，随着系统的抢修逐步增加供水量，直到全面恢复供水，是一刻也不能中断的。为了做到这一点，首要条件是保证应急水源和送水设备。应急水源主要是靠平时的分散储存，其次是靠净水厂的调节水池不完全被破坏，空袭后仍保持一定量的蓄水。送水设备以送水车为主，这就需要供水和园林部门在平时就能保有必要数量的送水车和储存一定数量的车用燃料。

(2) 空袭后供水中断时，应急供水的最低标准为每人每日供饮用水3L，以后随着系统的修复逐步增加。

(3) 每一轮空袭之后，都会出现消防灭火用水高峰，当供水系统受到破坏，不能保证消防用水量时，可启用消防水池或水箱平时储存的水；若仍不足，则可用消防车到附近的江、河、湖、海抽水应急灭火。

(4) 供水、排水系统破坏后，应通知居民停止使用户内冲水厕所，待供水量逐步增加，饮用还有余时，再恢复使用。在供水管网修复期间，可用送水车抽取天然水源的水应急。

(5) 在居民和职工比较集中的地点，均匀设置移动式临时公共厕所，按排污量每人每日1.4L设计厕所容量，大体上每150人设一座。厕所粪便可排入附近化粪池，或用专用车辆运走。

(6) 供热系统破坏后，有些不允许热力供应中断的单位，如医院等，应在平时准备小型锅炉等设备，供应急使用。如果战争发生在供暖季节，在抢修期间室内供暖中断，居民可平时准备一些电取暖器，在供暖恢复前使用；也可以准备液化气取暖炉，用瓶装液化气取暖。此外，救灾物资储备系统可储存一些火炉、烟囱和煤，供老、弱、病、残人员较集中的单位应急使用。

综上所述，可以肯定，如果把城市生命线系统的防护纳入城市综合防灾体系之中，实现战时防护与平时防灾的统一，则其安全可靠程度必然会得到很大加强，并随时对灾害的发生处于有准备状态。因此，这种事半功倍的做法是非常应当提倡的。汶川和玉树地震期间，由于房屋倒塌，基础设施和生命线系统遭到严重破坏而给救灾造成巨大困难，是应当吸取的深刻教训。

9.5 城市防灾物资的地下储备系统

9.5.1 建立防灾物资储备系统的任务与要求

1998年，我国民政部、财政部颁布了《关于建立中央级救灾物资储备制度的通知》，提出了构建救灾储备仓储网络的设想。根据通知要求，救灾物资储备体系必须覆盖全国各个地区，同时为各个地区重特大灾害的救灾工作服务。在沈阳、天津、郑州、武汉、长沙、广州、成都、西安等设立的8个中央级救灾物资储备仓库，标志着在全国建立救灾物资储备制度的开始。经过几年的建设和调整，全国目前已经设立了天津、沈阳、哈尔滨、合肥、郑州、武汉、长沙、南宁、成都和西安等10个中央级救灾储备物资代储单位，建立起了较为完善的救灾物资储备网络。这些中央库存储有单棉帐篷、衣被、冲锋艇、净水器等应急物资，在2003年新疆地震和2008年汶川大地震的救灾中，都起到了重要的作用。当然，除了中央级的救灾物资储备网络外，各城市也应建立地方性的救灾物资储备系统，应对本地区发生的灾害，必要时用以支援外地。城市的救灾物资储存内容应当以民用液体燃料、固体燃料、粮食、食品、药品和饮用水为主，数量应按人口总数、车辆总数

（战时）和预测的灾害时间等因素进行测算。

9.5.2　在地下空间储存救灾物资的特殊优势

城市生活中所需要储存的多种物资，如粮食、燃料、食品、水及其他生活物资的储存库，按照传统的方法，都可以建在地面上，但如果有条件建在地下，则能表现出多方面的优越性，因而受到广泛的重视，有的甚至已基本上取代了地面储存库。还有一部分物资储存库，由于使用功能的特殊要求，建在地面上有很大困难，甚至根本无法实现，如热能、电能、核废料、危险化学品等，建在地下就成为唯一可行的途径，这一部分物资的地下储存库具有更大的发展潜力。

地下储库之所以得到迅速而广泛的发展，除了一些社会、经济因素，如军备竞赛、能源危机、环境污染、粮食短缺、水源不足、城市现代化等的刺激作用外，地下环境比较容易满足所储存物品要求的各种特殊条件，如恒温、恒湿、耐高温、耐高压、防火、防爆、防泄漏等，也是重要的原因。与在地面上建造同类储存库相比，只要具备一定的条件，地下储存库往往表现出明显的开发优势和较高的综合效益，其中最重要的是战备和防灾效益。

地下空间对于来自外部的空袭和灾害的防护能力，相对于地面空间，具有很强的优势。1999 年科索沃战争期间，当时的南联盟大部分国民都掩蔽在较安全的地下空间中，人员损失很少，在战争初期士气高昂，但是由于交通和其他城市基础设施被破坏，城市生活几乎陷于瘫痪，居民虽然人身安全，但由于没有安全的物资储备，维持生活日益困难，电、水、食品、燃料等的供应难以为继，在很大程度上影响到坚持抵抗的士气，最后政府不得不接受和平条件。因此，建立地下能源和物资储备系统，对于维系社会稳定，保持高昂士气和统一意志，坚持战争到最后胜利，具有非常重要的意义，从这个角度看，除了战备效益，其政治影响和社会效益也是毋庸置疑的。

有一些物品在储存过程中存在一些不安全因素，如核废料的放射性，油品和高压气体发生爆炸和火灾的可能性，有毒化学品泄漏的可能性等。这些因素在遇到自然或人为灾害时，对城市安全构成很大威胁。我国青岛市的黄岛地面钢罐油库，在油罐间保持一定防火距离的情况下，仍未能避免 1989 年遭雷击后爆炸起火的灾害，结果造成巨大损失，而离这个油库很近的黄岛地下水封油库则完好无损。2009 年 10 月，印度西北部一座大型地面油库因管道泄漏引发大火和爆炸，致 13 人死亡，150 多人受伤，只有等到全部库存油品燃尽，才使火势得到控制。由此可见，地下储库不论在防止外部因素的破坏，还是防止储存物品对外界造成危害等方面，比地面库都有更大的优势，这实际上是一种重要的社会效益，同时也是间接的经济效益。

此外，地下空间比较容易满足一些物资的特殊储存要求，例如，天然气在气体状态下储存，容器需能承受 100~400 个大气压力，液化后压力减小到 10 个大气压，但要求 -120℃的低温条件；如果只能在常压下储存，则温度必须低到 -165 °C。这样一些技术要求，在地面上即使能够实现，也要付出很高的代价；然而，在不同深度的岩层中，只要存在完整的岩石和稳定的地下水位，又具备开挖深层地下空间的技术能力，就可以比较容易地创造条件满足这些要求。又如，粮食在地下储存，容易取得恒温、恒湿、干燥、密闭的环境，有利于减小库存损失；需要冷冻或冷藏的物资在地下储存，可以使库区周围形成一个低温温度场，从而降低储存成本。

9.5.3 地下救灾物资储备系统规划

1. 地下储备库的布局与选址

为城市防空防灾建造的地下储备库，应尽可能布置在山体岩层中，因为岩洞储库防护能力强、容量大，故只要能与城市保持合理的运输距离，就应当这样布局。由于液体燃料库在技术上、安全上要求都较高，这里以其为典型，论述选址问题，其他物资库、水库均可参照，不另述。

民用液体燃料的战备储存主要是为了战时需要，故其布局和选址首选应满足战时使用要求和安全要求，同时考虑政治、地理、技术、经济等多方面条件，综合确定储库的布局与地址。城市地下储库的主要任务是保证战时城市间公路运输与城市内运输的油料供应，保证战时城市生活用液体燃料的供应，以及少量战时坚持生产的工业用燃料供应。因此，位于我国东部的直辖市、省会城市和大的省级市，沿海大城市（从南部的广州直到北方的大连）以及人民防空重点设防城市，都应部署城市地下民用液体燃料库，同时作为国家二级（地方级）战略储备库。库型应以含水层岩洞封存型、山区岩洞钢罐储存型、土层中埋藏储存型以及人工冻土钢罐储存型等为主，品种以柴油、汽油、煤油、液化石油气（LPG）、液化天然气（LNG）为主。

地下储库所在的区域大体确定后，还应结合该地区的地形、地质条件和所储存燃料的来源、去向、运输、安全等条件，进一步选定库址。这些条件是：

（1）地形条件应尽可能选择山区或丘陵地带，因为山区隐蔽性好，不易侦察和准确投弹，同时岩洞的防护能力强，30m 以上的自然覆盖层仍可抵御新型的钻地爆破弹。我国沿海省份，除江苏外一般都有山脉，作为沿海大城市的“小三线”十分有利，采用岩洞钢罐储油的传统技术，建造容易，安全性好。

（2）地质条件应尽可能选择岩石完整、岩性均一、岩层厚度大而节理少、强度大而裂隙少、地质构造简单、区域性基岩稳定和洞室围岩稳定的地区。此外，为了建造岩洞水封油库气库，还需要具备地下水的存在条件，即：在适当的深度存在稳定的地下水位，而水量又不很大；所贮液体燃料的相对密度小于 1，不溶于水，且不与岩石或水发生化学作用。我国沿海一些大城市，如厦门、青岛、大连等建在基岩上，建水封库很有利，也有一些沿海大城市附近就有较好的山体，可以靠海平面控制稳定地下水位，仍可建水封库。此外，有些沿大江、大河、大湖的城市，如南京、武汉、哈尔滨等，也存在适合建水封库的水文条件。

（3）液化石油气、液化天然气地下储库的选址，除上述地形、地质条件外，还应考虑其产区、产地、进口港口位置等因素。例如，沿西气东输和北气南输管道，为了调节供需的均衡，需要建造若干座大型天然气气态地下储库，在终端城市，如北京、上海等，也将建这类地下库。因此，在这些气态库附近可建一定规模的天然气液化装置和适合液化天然气储存的地下库。由于库容小而容量大，故对管道输气的安全运行和城市的战备储存都是有利的。对于大量进口液化天然气的地区，如广东、海南、江苏、浙江、福建等省的沿海城市，应在卸货港口附近选择适当的地形、地质条件建液化石油气或液化天然气地下储库。此外，在大型炼油厂附近，如北京的燕山石化区等，也有条件建液化天然气地下储库，可大大缩短运输距离。

（4）安全条件。地下液体燃料储库多数是为城市战备用的，在安全程度上已经比在地面上的常规库有很大提高，但在布局和选址上除注意本身的战时安全外，还应进一步考虑平时对所服务城市在安全方面的影响，以及如果战时遭空袭后，防止对城市造成次生灾害。为此，应与城市保持必要的距离，一般在市区以外20~50km的下风方向较为适当，因为这样的距离可能已接近山区，容易隐蔽，而且对城市空气和地下水的质量不会发生不良影响，也不致对城市引发次生灾害。至于运输上的远近问题，在常规战争条件下是不严重的，因为两次空袭之间总有几小时的间歇，即使库区离城区50km，用汽车运输1h完全可满足供应需求。当然，如果适宜的库址在城市200km以外，则作为国家级后备库还是可以的，而作为地方级战备库则不合适。此外，如果库址不得不选在离城市较近的地带，例如10km以内，则应避开主导风向，并采取更严格的管理和防灾措施。

2. 地下储备库的设防标准与防护措施

地下储备库应针对信息化局部战争以常规精确制导武器实行空袭的特点确定设防标准，并针对现代准确侦察手段，高精度命中率和高强度破坏能力，采取相应的防护和伪装措施。

总体布局的设防标准如下：

（1）库址远离市区和乡、镇居民点10km以上。

（2）岩石自然覆盖层厚度在30m以上，覆土层厚度在3m以上，表层设刚性或柔性遮弹层。

（3）地表植被率在70%以上。

对于这一设防标准，应采取的防护措施主要是：

（1）在地下储备库的布局和选址时，满足与市区和乡、镇居民点的安全距离要求，同时选择适宜的地形。对于岩洞钢罐储库，沿较隐蔽的峡谷布置较好，不易从空中侦察和瞄准。对于岩洞水封储库，所选山体不宜面临开阔的地形，不宜布置在山体的向阳坡。

（2）在地质勘察阶段，选择优良的地质条件，使主体洞室上方的岩石覆盖层大于30m。覆土型地下储库宜选择狭窄的山谷，沿沟底布置罐体，覆土后恢复地表植被和原来的泄洪道，可利用排洪沟的混凝土底板作遮弹层。

（3）库址宜选在山体的北坡或狭谷两侧，这些位置的植被一般比较茂密。

库区的设防标准如下：

（1）覆盖层按美国空地战术导弹1枚直接命中，或航空制导炸弹1枚直接命中，或侵彻炸弹1枚直接命中，或普通航空炸弹5枚非直接命中设防。

（2）洞口按覆盖层设防的前两种1枚直接命中设防。

（3）输送管道，泵站一律埋地，按普通航空炸弹非直接命中设防。

对于这一设防标准，应采取的防护措施是：

（1）按设定的弹型破坏效应采取加大岩石自然覆盖层和在覆土上设高强混凝土遮弹层等措施；通道部分的覆盖层厚度不足，应在通道与主体覆盖层厚度相同处设防火防爆墙和门。

（2）洞口尽可能放在背阴坡，使之不出现阴影和减小亮度反差；在洞口外一定距离处设一道毛石混凝土挡墙，起遮弹层的作用；库内一般不进汽车，库外道路的进洞段用碎石路面，以便于伪装。

（3）洞口为防空袭的重点位置，应采取适当的伪装措施，隐真示假，以假乱真。

对次生灾害的设防标准如下：

（1）地下储库受到空袭后，所储存的液体燃料不应向库外泄漏，在库内设泄油池；地下输送管道应能自动切断。

（2）地下储库受到空袭后，应防止火灾蔓延，所储存液体燃料的损失率应在 20%以下。

（3）在地面上的液体燃料装卸车站、码头应严格按防火规范设计。

3. 城市地下能源及物资储备系统规划示例

青岛市地下空间规划中有关地下储备系统规划的内容有：

2020 年以前，储备系统的建立主要是为了满足战争和战后一段时间以及平时发生重大灾害后的救灾需要，因此储备的内容应当是：

（1）液体燃料，包括车用汽油、柴油、民用煤油、液化石油气、液化天然气等。

（2）水，包括饮用水和消防用水。

（3）粮食，以便于加工的面粉、玉米等为主。

（4）食品，包括食用油、盐、脱水蔬菜，以及速食食品，如方便面、方便粥、饼干等。

（5）药品，以救助外伤用的药品、敷料为主。

（6）车辆，包括运输用的轻型货车、指挥用的越野车、救护车，以及必要的工程机械。

（7）救灾用的其他物资，如固体燃料、帐篷、被服、工具、编织袋等，也需要储备，一般可使用地面仓储设施。

储量和仓储设施规模：地下储备系统的储量及相应的仓储设施规模，按整个城市和全体居民的消耗量和需求量，根据战时和灾后的供应定额进行预测。根据城市总体规划纲要（2004—2020 年），到 2020 年主城规划居住人口为 240 万人，计算结果如下：

（1）液体燃料：城区 2003 年液体燃料总消耗量 2.7×10^4t，按年增长率 4%计，到 2020 年将达到 5.5×10^4t。按平时消耗量的 80%，使用 60 天进行容量估算，需储存液体燃料 0.73×10^4t。按此储量，宜在山体岩层中建一座岩洞钢罐油库。为了多品种储存，单罐容积以 500m^3为宜。

（2）饮用水：按照战时和灾后 30 天内供水的最低标准［不少于 3L/（人·d）］和人口 240 万计，每天需供水 7200m^3，30 天储量为 $21.6\times10^4m^3$，饮用水宜分散储存，储存方式有：自来水厂中有一定防护能力的清水池，高层和多层建筑物屋顶上的蓄水箱，埋在地下每个容积约 30m^3的钢筋混凝土蓄水箱。消防水：按建筑防火设计规范的要求，储存足够的消防用水，同时做好抽取海水应急的准备。

（3）粮食、食品：按照战时和灾后 30 天内全体居民每人每日供粮 500g 的标准，以居住人口 240 万人计，每天需供粮 120×10^4kg（1200t），30 天需储备粮 36000t，本市现有一座万吨地下粮库，面积 8732m^2，故在山体岩层中再建 3 座万吨地下粮库，即可满足储备要求。方便食品和瓶装饮料可分散储存在大型生产或经销单位的小规模地下空间中。此外，可在山体中建一座小型冷藏库，储存药品、食用油和蔬菜等副食品。

（4）车辆：车辆以供运输用的轻型货车为主，储量根据防空防灾专项规划确定。车辆储存在平时大型运输单位的平战结合地下车库中。

地下仓储设施选址：地下仓储设施宜布置在主市区内的山体岩层中，出入口注意隐蔽。

思　考　题

（1）掌握城市灾害的基本定义、分类及其特点。

（2）了解国内外城市防灾概况。

（3）何为城市防灾？如何理解城市防灾的综合化和一体化？

（4）城市综合防灾规划的任务和主要内容是什么？

（5）城市地下人防系统规划应考虑哪些因素？

（6）城市生命线系统防灾规划的意义和要求是什么？

（7）战时城市交通系统、电力和电信系统、燃气和燃油系统、给排水和供热系统应如何进行防护？

（8）建立城市防灾物资地下储备系统的任务与要求是什么？地下空间储存救灾物资的特殊优势有哪些？

（9）地下物资储备库的布局与选址应考虑哪些因素？设防标准如何确定？应采取哪些防护措施？

第10章 城市地下空间分区规划

10.1 城市中心地区地下空间规划

10.1.1 城市中心地区的概念与特征

1. 城市中心地区的概念、范围和形成过程

城市中心地区是城市交通、商业、金融、办公、文娱、信息、服务等功能最完备的地区，设施最完善，经济效益最高，也是各种矛盾最集中的地区。

有的城市中心地区有明确的界线，例如日本东京都共有23个区，最东部的中央、千代田区和港区3个区被明确为中心地区；纽约的曼哈顿区也是一个范围明确的中心地区。但是多数城市的中心区没有固定的界线，一些古城，如北京、南京等，常以旧城区，即过去的城墙范围以内作为中心区，与城市中心地区的概念不完全相符，因为旧城的边缘地区与中心部分的发达程度可能相差较大，而且居住的功能占有相当大的比重。北京经过几十年的发展，原来面积为62.5km^{2}的旧城区已不能完全包含中心地区的功能，故近年确定以旧城为中心，周围324km^{2}范围内为北京的城市中心地区。

城市中心地区与城市中心是两个不同的概念。城市中心是指城市中心区内最核心部分，而且按主要功能的不同可能有多个中心，如政治中心、行政中心、文化中心、商业中心、交通枢纽、旅游中心等。例如东京中心地区内，行政中心在皇宫附近，商业中心在银座地区，交通枢纽分别在东京站和新桥站附近。又如纽约曼哈顿区内，百老汇大街是商业中心，华尔街是金融中心，洛克菲勒中心是行政中心等。我国的南京市如果以旧城为中心地区，则在鼓楼—新街口地区的市中心实际上是商业中心。北京市以天安门广场为中心，以南北中轴线为对称轴的城市中心比较明确，其中有政治中心、商业中心和文化中心，但是还没有形成业务中心，因为国家机关、政府部门、金融贸易单位等都分散在其他地区。随着改革开放和商品经济的发展，在东城与朝阳区之间，正在形成一个以外交使领馆和商贸业务楼等国际交往为主的中央商务区（Central Business District，CBD）。北京的中心地区和市中心的范围和位置如图10.1所示。

凡经历过长期自然生长的城市，其中心区一般都在城市最初形成的位置，沿江、沿海城市就更为明显，例如纽约、东京的中心区沿海，伦敦、巴黎、上海等的中心区沿河、沿江等。凡是按照一定规划建造的古代城市，中心地区多在城市的几何中心，如北京、南京、西安等；或在以皇宫为中心的地区，如圣彼得堡的冬宫、莫斯科的克里姆林宫等。

在以汽车交通和高层建筑为标志的现代城市出现以前，城市中心地区内除少数以政治中心（如皇宫）为主外，多由繁荣的商业区和质量较高的居住区组成，城市功能和土地

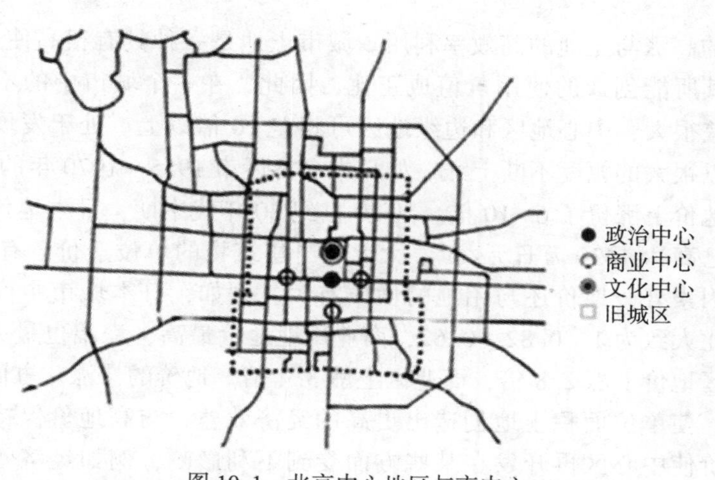

图 10.1　北京中心地区与市中心

使用都比较单一。随着城市的发展，中心地区的功能开始多样化，各种业务性功能逐渐加强，居住功能则趋于减弱。例如 1978 年，在东京全市各种建筑物中，居住建筑占 46.5%，产业、业务性建筑占 27.7%，而在中心地区，则产业、业务性建筑占 65.4%，居住建筑仅占 12.1%。由于中心区内商业、金融等经济活动集中，使中心地区的就业率和经济效益大大高于其他地区，于是对投资产生越来越大的吸引力，纷纷到中心区购置土地，兴建大楼。例如 1977 年，日本全国拥有资金 1 亿日元以上的公司和企业（民间法人）有 40.7%在东京中心地区设有本部。

2. 现代大城市中心地区的特征

经济的发展和技术的进步一方面给城市中心地区带来空前的繁荣，另一方面又造成了严重的城市问题。一般来说，现代大城市中心地区都具有以下几个特征：

（1）容积率的提高与经济效益的增长。容积率是表示城市空间容量的一种指标，在同样面积的用地上，容纳的建筑面积越多，容积率就越高。也就是说，在有限的土地上，通过提高建筑密度和增加建筑层数，即可获得较高的容积率，取得较高的经济效益。1965 年，东京 23 个区的平均容积率为 0.52，说明当时低层建筑所占比重较大，10 年后增至 0.74，1979 年达到 0.83，高层建筑明显增多。1979—1985 年建成的 147 幢高层建筑中，有 89.5%集中在中心地区，使中心地区的容积率大大提高。千代田区 1965 年的容积率为 1.81，到 1979 年增至 3.72；中央区 1965 年为 1.72，1979 年达到 3.31。此外，在中心地区内的核心地区，容积率要比平均值高得多，例如日本名古屋市中心地区容积率平均为 0.8~1.0，但在核心部位为 6.0，其中广小路一带为 8.0，荣地区和站前地区高达 10.0。日本城市规划法规定中心区容积率不超过 6.0~10.0，除东京新宿地区因集中了十几幢超高层建筑使容积率超过 10.0 外，日本大城市中尚未出现像纽约、芝加哥、香港等城市那样的大量超高层建筑集中在中心地区，形成容积率很高的情况。高容积率给所在地区增加了大量就业机会，进一步促使人口和车辆在白天向这一地区集中，一方面创造很高的经济价值，另一方面使中心地区各种城市矛盾也日益激化，超过一定限度后，就会引起中心地区的衰退。因此，保持和控制中心地区容积率，在繁荣与衰退之间维持一种动态平衡，是十分重要的。

(2) 地价的高涨与土地的高效率利用。城市土地是一种具有很高使用价值的资源，土地的价格与其所能创造的使用价值成正比，因此，在一个城市中的不同地区和不同地段，地价相差很大，中心地区和边缘地区可相差10倍以上。处于发展阶段的城市中心地区，地价以很大的幅度不断上涨。如日本名古屋市1955—1970年的15年，站前地区和荣地区的地价上涨价了6~10倍。到20世纪80年代中期，日本地价最高的东京新宿地区，地价已高达1430万日元/m^2，大大高出建筑物的单位造价，有的甚至高出20余倍。除位置因素外，地价还与用地的性质有关，例如，日本城市中商业、居住和工业用地的地价比大致为1∶0.82∶0.62，商业用地地价最高，涨幅也最大。1983—1988年，东京居住区地价上涨2.8倍，商业区上涨3.4倍。地价的暴涨一方面刺激中心地区容积率的提高，使单位面积土地创造出更高的经济效益，与高地价保持平衡；另一方面，过高的地价使中心区再开发在某些方面受到不利影响，例如经济效益低的一些设施，就无人肯投资兴建。

(3) 就业人口的增加和常住人口的减少。中心区内各种业务性高层建筑的增多，使在中心区就业的人数大量增加。例如，东京池袋地区（副中心之一）的阳光大厦，高60层，面积$58.7\times10^4m^2$，占地面积很少，但可容纳数万人在其中工作，每日进出人数达到8万人。又如，新宿地区已建成的10幢超高层建筑，总建筑面积$142.5\times10^4m^2$，每日进出15.5万人。与此同时，由于中心地区的住宅昂贵，环境不良，大部分在中心地区工作的人并不在此居住，例如名古屋市中心区的面积仅为全市的2%，但白天这一地区内的人口占全市人口的20.1%，夜间常住人口是全市人口的1.7%，常住人口的密度为5565人/km^2，仅为周围地区的40%。东京中心地区也是如此，昼夜人口数相差6.8倍。这种中心地区昼夜人口不平衡现象，增加了对交通的压力，使交通矛盾加剧。

(4) 基础设施的不足与环境的恶化。城市中心地区的商业繁荣、信息丰富，对其他地区具有很强的吸引力，使大量人流和车辆向这里集中。但是当人流和车辆的集中超过了地区的交通负荷能力时，就会出现种种矛盾，首先表现在交通上，例如交通阻滞，步、车混杂，事故率上升等，使多数通勤人员每天花费1.5~2h甚至更多的时间在路途上。据日本资料，在城市内全部运行的车辆中，有43%进入中心区，其中23%需要停放，其余则从中心区通过，因此不但车辆堵塞严重，而且多数车辆无处停放，只能停在路边，占用行车空间，使道路的通过能力进一步减小。同时，大量汽车造成的空气和噪声污染，使中心地区的环境恶化程度高于其他地区，再加上日照纠纷、电波干扰、火灾危险、高层风等问题，如果不及时进行改造，必将导致中心地区各种矛盾的加剧，制约中心区功能的充分发挥。

当以上几个特征在中心地区相继或同时出现后，为了克服城市发展中的自发倾向和已经发生的各种矛盾，需要对原有城市进行更新和改造。在这一过程中，人们逐渐认识到城市地下空间在扩大城市空间容量上的优势和潜力，形成了城市地面空间、上部空间和地下空间协调拓展的城市空间构成的新理念，这种新的再开发方式在实践中取得了良好效果，也是今后城市进一步现代化的一种必然趋势。

城市中心地区的几个特征，都有积极与消极两个方面，当消极方面发展到一定程度，特别是开始出现衰退现象后，对中心区进行比较彻底的改造，就是不可避免的。中心地区再开发可以从多方面着手进行，在水平方向上扩大中心区的范围，降低容积率，拓宽道路，这是一种方式，但实行起来困难较大，因为扩大用地，拆迁房屋的代价过高。向高空争取空间，是另一种再开发方式，一旦对容积率实行控制，或因保护城市传统风貌而限制中心地区建筑高度，向高空发展就只能达到一定的限度。因此，有计划地立体化再开发，应当同时包括向地下拓展空间的内容。

10.1.2　国外大城市中心地区的立体化再开发规划

1. 几个主要国家城市中心地区再开发规划概况

1）英国

英国在 1946 年通过《新城法》，在城市郊区建设了一些卫星城，以疏散大城市过分集中的工业和人口。由于新城镇在居住环境和质量等方面均优于旧城区，且交通方便，以致到 20 世纪 70 年代原市区发生严重的社会、经济衰退现象，英国人称之为内城问题，政府随即调整政策。1978 年制定了《内城地域法》，把再开发的重点转向旧城区；1980 年制定了《地方政府、规划及土地法》，指定企业区，成立城市开发公司，以刺激旧城区经济的复兴和城市的繁荣，在市中心区选定 11 个再开发地区，从 20 世纪 80 年代开始陆续完成，对中心区的复苏起到了重要作用。

2）美国

美国城市在第二次世界大战后发展迅速，各种城市矛盾更加尖锐，最突出的问题是城市郊区化和中心区的衰退；汽车交通的发达，使得这种倾向更趋于严重。1954 年制定了新的《居住法》，将城市再开发的对象从居住区扩大到城市的荒废区和不良区，进行以复苏中心区为目的的综合再开发，制定了一系列鼓励开发中心区的政策，例如容积率补贴政策，使开发者（即投资者）可获得允许开发的额外面积，还对从事商业、工业和社区开发的民间投资提供 30%的低息贷款，从而调动了私人资本投入城市再开发的积极性，形成以民间投资为主导的再开发事业。

美国的城市再开发，特点是与高速公路的建设同时进行，对城市结构进行比较根本性的改造。高速公路一般不通过中心地区，而是围绕中心地区，对进入中心地区的道路实现立交。在中心地区内部，将主要街道和广场实行步行化，同时拆除破旧的住宅，开发新居住区，吸引一部分人口返回中心地区居住和就业，以保持中心区的繁荣。

费城是美国第二大城市，在 20 世纪 50—60 年代，中心地区出现了严重的衰退，于是制定了中心地区再开发规划，在长 1.6km、宽 0.8km 范围内，建设一个能为 800 万人口服务的经济中心。中心区周围环绕着高速公路，在公路里侧的东、西、南三个方向，各建一座容量分别为 3000 台、6000 台和 2000 台的大型地下停车库，使大量汽车停放在中心地区边缘，保证中心商业区的步行化。在停车库附近设有公共汽车站和地铁站，停车后也可以换乘公共交通进入市中心。在中心商业区，开发大面积地下空间，主要用于商业，与地铁和地下停车库一起，构成了中心区立体化再开发的格局。

3）前联邦德国

前联邦德国的城市中心地区再开发，与美国有相似之处，就是以交通的改造为动因和结合点，在地面上最大限度地实现步行化。但其再开发有自己明显的特点：一是发展城市快速轨道交通系统，使中心区的交通立体化；二是大量开发地下空间，使一部分城市功能，如商业和交通转入地下，以提高地面上的空间和环境质量。

慕尼黑是前联邦德国的第三大城市，40%受到战争破坏。战后经过恢复，首先解决住宅问题，但20世纪60年代以后，由于大量外籍工人涌入，他们所聚居的地区环境恶劣，致使一些前联邦德国居民迁出市中心，出现中心区衰退现象，因此从1966年起，开始对这一地区进行以更新城市功能为目标的全面再开发。东西向的市郊快速铁路从中心区地下通过，与南北向的地铁线相交于区内中心点，为改善地面交通，设立包括街道和广场的步行体系创造了有利条件；同时，重点对三个广场进行立体化再开发，地下空间中安排车站、停车场和商店，与地面上的步行商业街相配合，使城市中心区改变了落后、陈旧的面貌。

4）日本

日本城市中心地区再开发的特点是特大城市的多中心再开发。从20世纪50年代后期起，日本城市人口和车辆急剧增加，例如东京在1945年时，因战争人口减少到350万人，到1955年就恢复到战前水平（800万），1985年达到1183万人。这样快的发展速度，使原有的市中心地区即使经过再开发也难以改变矛盾过于集中的状况，因此，在1958年制订了首都圈开发规划，决定分散中心区的功能，在距离原中心区15km以外，开发新宿、涩谷和池袋三个副中心。

日本国土狭小，城市化水平很高，城市用地十分紧张，因此（1958年以后）城市再开发全面实行立体化，这也是日本城市再开发的另一个特点。首先，对城市交通实行立体化改造，大量兴建地下铁道、市郊铁路和高架高速公路；然后，结合广场和街道的改造，在地面上建高层建筑，同时建设地下商业街，与高层建筑地下室一起，综合利用城市地下空间。第三阶段的城市再开发在节省用地，改善交通，扩大城市空间容量等方面，起到重要的作用，使城市矛盾在相当程度上得以缓解。1958年成立了“东京整备委员会”，制订了首都圈开发规划，除在原中心区以外开发三个副中心外，其他一些区也分别建立自己的中心。这些新的中心主要围绕在原中心地区的西侧，起到截留一部分人流和车流，减轻对原中心地区交通压力的作用。

经过20年左右的努力，日本城市的立体化再开发取得显著成效，城市人口趋于减少和稳定，到20世纪80年代初，东京市区人口已减到860万，大阪减为260万，名古屋则稳定在210万左右；同时，交通得到治理，环境有所改善，城市空间容量扩大，城市面貌有很大改观。城市中心地区的立体化再开发，构成了日本地下空间利用的主体。

5）加拿大

加拿大地广人稀，少数几个大城市主要分布在东部和南部沿海一带，由于经济发达，大城市现代化程度很高，中心地区高层建筑很多，再加上冬季严寒，冰雪时间长，使在室外活动很不便，于是逐渐产生了将高层建筑从地下连通起来的想法，并结合地下铁道的修建逐渐实现，在蒙特利尔、多伦多等大城市，规划、建设了大规模的地下空间，范围达几十平方千米，成为真正的“地下城”，是迄今世界上在城市中心地区规模最大、整体性最强、功能最完善的地下空间开发利用典范。

蒙特利尔是加拿大第二大城市，市区面积380km^2，人口340万人。从1954年起由国际著名建筑师贝聿铭主持，开始对市中心地区的维莱-玛丽广场地区进行立体化再开发规划，到1962年完成再开发，对公众开放，共开发地下空间$50\times10^4m^2$，形成初期的“地下城”，主要内容有地铁车站、地下广场、旅馆和高层建筑地下室间的连接通道。

由于1967年蒙特利尔世界博览会和1976年在蒙特利尔举办奥运会的推动作用，城市建设和改造有了迅速的发展。从1966年起，建成4条地铁线，随着作为交通干线的地下铁道的建设，地下空间开发利用进一步扩大，到20世纪80年代，又有三组地下综合体形成，地下步行道在1984年总长达到12km，到1989年达到22km，到2002年，联络通道长度已达到32km。

经过几十年的发展，蒙特利尔“地下城”已成为目前世界上规模最大的城市地下空间利用项目，也是城市中心地区立体化再开发的一个范例。

2. 国外城市中心地区立体化再开发规划的主要经验

在近代城市发展过程中，关于城市（主要指中心地区）形态是集中还是分散理论上的争议始终没有停止过，表现在实践中也是如此。从20世纪50年代的战后恢复到20世纪60—70年代的大发展，使大城市中心区高度集中，空前繁荣，但却造成环境急剧恶化的后果，于是大量居民搬离中心区到郊区去生活。这种被称为“逆城市化”的现象使中心区又迅速衰退，不得不采取多种措施以恢复中心区的生机，主要是通过立体化再开发，改善城市交通，治理环境污染，使中心区逐渐恢复了活力，有人称为“城市复兴”。经过二三十年的稳定发展后，到21世纪前后，城市中心区又面临了新的问题，除交通、环境等矛盾又有新的发展外，文化内涵的缺失、服务功能的不足、国际吸引力的下降等问题，为许多城市工作者所关注。如何解决这些问题，实现新一轮的城市复兴（有人称为“城市再复兴”）被提上议事日程，讨论的实质仍然是集中还是分散的问题。例如，构建“紧缩城市”的主张，就是在降低建筑密度的前提下保持较高的容积率，即“高层低密度”，以保持“集中”条件下环境不致恶化。实际上，“紧缩”后，虽然建筑密度在数字上有所降低，但由于高层建筑的密集，阳光被遮挡，楼间“高层风”严重，地面空间的环境质量仍令人难以接受，因而这种做法能否达到“再复兴”的目的，很值得商榷。

总体上看，城市中心区的发展，“集中”的方向是应当肯定的，“分散”则弊端很多，不宜提倡，但“集中”不能以降低城市环境质量为代价，这不符合可持续发展的原则，而应探索新的途径。适度开发利用地下空间，既扩大了城市空间容量，又改善城市环境质量，应当认为是一种合理的选择。20世纪六七十年代城市立体化再开发的经验也证明了这一点。国外城市中心地区利用地下空间实行立体化再开发的主要经验，可概括为以下几点：

（1）再开发应在周密的规划指导下进行，规划的主要任务就是在保持适度集约和高效率利用土地的同时，缓解已经发生的各种矛盾，保持中心地区持续的繁荣。为此，对进入中心地区的人流和车流量应有所控制，大型公共建筑不宜过分集中，商业规模也不能盲目扩展，以防止或延缓新的不平衡的出现。

（2）中心地区虽然是城市的精华所在，也是城市的现代化标志，但同时又是城市的一部分，处在其他地区的包围之中，因此中心地区的再开发不可能孤立进行，不能脱离整个城市的发展规划，在交通、商业、防灾、基础设施等方面都必须协调一致。

（3）立体化再开发是耗资巨大的城市改造事业，因此只能在全面规划指导下分期实施，特别是地下空间的开发，考虑其开发的不可逆性，更应慎重，除平面上的再开发规划外，还应制订竖向的开发规划，使地下空间得到合理开发和综合利用。

（4）中心地区的立体化再开发，在不同条件下，可以全面展开，也可以从点、线、面的再开发做起，最后完成整个区的再开发。从国内外实践看，后一种方式比较现实。城市广场、空地、主要干道，都可作为首先进行再开发的对象。

（5）中心地区立体化综合再开发的结果，就使得多种类型和多种功能的地下建筑物和构筑物集中到一起，形成规划上统一、功能上互补、空间上互通的综合性地下空间，称为地下综合体，成为中心地区地下空间开发利用的重要方式，也是地下空间利用的发展源之一。

（6）中心区地下空间的开发利用，除在交通、防灾等方面的巨大社会效益外，经济效益也十分显著。

10.1.3 国内外城市中心地区地下空间规划和建设实例

从20世纪60年代至今，世界上有许多大城市中心地区进行了立体化再开发，虽然再开发的规模、范围、位置不尽相同，但从缓解城市矛盾，保持中心地区繁荣，提高城市现代化水平等效果来看，应当说基本上是成功的。

我国城市经过新中国成立后几十年的建设，有了很大的发展，但由于多数旧城区街道狭窄拥挤，建筑低矮陈旧，基础设施十分落后，以致新、旧市区的反差越来越大，作为城市中心区的旧市区，各种矛盾相当尖锐，严重程度有的已不亚于西方一些大城市20世纪60年代的状况。因此，城市中心区再开发问题在我国一些大城市已经相当迫切。近些年来，一些大城市进行的旧城改造，开始探索地面空间改造与地下空间利用统一进行规划和分步实施的途径，经过实践已经取得一定成效。

城市中心地区地下空间规划，除地下轨道交通和地下道路外，主要内容为地下公共设施，下面以日本东京六本木地区和我国上海静安寺地区为例进行介绍。

1. 日本东京六本木地区

六本木地区位于东京都中心区之一的港区六丁目，距皇宫仅0.5km，规划用地面积11.6hm^2，是办公、商业、文化等设施较集中的地区，还有许多外国使馆。1986年东京都当局决定对这一地区实行城市再开发，解决土地收购、拆迁问题和进行规划设计等前期工作用了14年，到2000年开工，2003年4月建成，前后持续17年，总投资4700亿日元。

到20世纪末，日本的城市专家感到东京作为国际大都市的吸引力正在减弱，缺乏一些国际功能性综合场所和有吸引力的城市设施。在这样的背景下，当局提出了“城市复兴新政策”，要通过对现有土地所有体系进行重新划分和建造高层建筑的方法，把东京改造成为一个更有文化、更美好的城市。“城市复兴新政策”旨在创造宜人的城市环境，以吸引世界人才、资金和信息，产生新的需求和产业，从而促进日本经济的发展。同时，与“新政策”相呼应的“城市文化复兴理念”，旨在使六本木地区建设成一个“艺术智能城”，这样就确定了六本木综合立体化再开发的方针和再开发的主要内容。为此，在标志性建筑森大厦的第49层到顶层（54层）布置了“森”美术馆，展示多种艺术形式；在第52层和54层设置两处展望台，为开放式空中回廊，可360°眺望东京全市；此外，还有六本木山俱乐部和六本木山学院。

再开发区总平面见图 10.2 所示，全区大致分为四个街区——A、B、C、D，中心为标志性建筑——“森”大厦，面积 $38\times10^4m^2$，地上 54 层、地下 6 层，总高 238m，48 层以下为办公，以上为“森”艺术中心。A 街区有地铁六本木站和好莱坞美容广场，地上 12 层、地下 3 层；B 街区除“森”大厦外，还有凯悦酒店、榉树坡综合体、朝日电视台，建筑面积共 $10.64\times10^4m^2$；C 街区为 4 幢住宅楼，其中 2 幢为 43 层塔楼，另 2 幢分别为 6 层和 18 层，总面积 $15\times10^4m^2$，此外还有“榉树坡台地” $6900m^2$ 和寺院 $500m^2$。这样，再开发区总建筑面积 $79.1\times10^4m^2$；建筑占地面积 $8.94\times10^4m^2$，建筑密度为 13%，容积率为 8。住宅楼可供 837 户居住，地下停车场容量为 2762 辆。

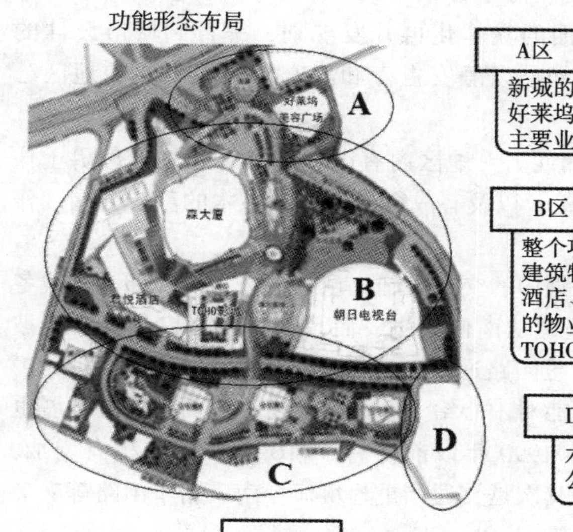

图 10.2　东京六本木地区再开发功能形态布局图

立体化再开发的结果，仅高层建筑地下室的总建筑面积就有 9 万余平方米，占总建筑面积的 12%，加上地铁和市政设施利用的地下空间，应达到 20%以上，这样，地面空间做到了高层（高容积率）低密度，绿地率达到 14%，加上屋顶绿化 $9000m^2$，使绿地率提高到 22%。

再开发项目很重视市政设施的地下化和水资源、能源的循环利用问题。在地下 40m 深处建一座自用发电厂，为空调和供热提供电力，并设余热回收系统再用于发电，使燃料的利用效率高达 74.6%。同时，在地下空间建 13 个蓄水槽，收集屋顶雨水 $7300m^3$ 用于绿化灌溉，节约供水量 28%。此外，在防灾方面采取了一些措施，除自用地下电站可在灾害发生时供电外，还配置了简易水井以保证灾害时的饮用水供应，并在地下空间储备了必要的燃料、食品等物资。

六本木城市再开发工程完成后，在日本国内外受到普遍赞扬，平时人流约 10 万人，周末和双休日达20万~30万人。这里成为人们聚集的场所，在此生活、工作、访问的人会接触到各种各样新鲜的事物和体验，从最新的艺术创作到现代社会各种问题的综合解决。在老城区改造的前提下，街道、广场，高层建筑组成全新的城市空间，为东京大都市圈打造一个新都市环境和高效便捷的城市功能，同时又是一个“垂直花园城市”，充满城市的魅力、活力、吸引力。使得人气聚集、街市繁华、环境优美，为人们提供更多的空间和私人时间来组织更丰富的城市生活，因而被誉为“未来城市建设的一个典范”和“探讨未来城市生活形态的一个范例”。

2. 上海静安寺地区

静安寺地区位于上海中心城的西侧，是上海中心城西区的中心。20世纪90年代中期开始研究地区的城市再开发，制订了全面的立体化再开发规划，一直到城市设计的深度。规划设计范围约36hm^2。到21世纪初，以静安古寺和静安公园为中心的地区已改建完成。

静安寺地区以有1700年历史的静安寺而闻名，地区内有市少年宫（原加道理爵士住宅）、红都剧场（原百乐门舞厅）等近代建筑，以及有成行参天悬铃古木的静安公园。作为中华第一街的南京路，从地区中间穿过。

静安寺地区的发展有很多有利条件，规划中的交通设施，包括地铁2号线和7号线各从东西和南北向从中心穿过，延安路高架车道从南侧通过，而且在华山路口设有上下坡道，南京路北侧还有城市非机动车专用道从愚园路通过；地区周围有很多商业服务设施，包括多家星级宾馆，另外还有展览中心等都能对中心给予有力的支持。然而地区的发展也存在很多弱点，首先是商业空间严重不足，1990年以前仅有$5×10^4m^2$，后来稍有增加，也不明显，与地区的商业知名度差距太大；其次是交通严重超负荷，南京路华山路等交叉口阻塞严重，人车混杂，社会停车场所几乎没有。

静安寺地区有两条地铁在静安公园、南京路交叉通过，地铁站是人流集散的大型枢纽，也是静安寺地区繁荣的良机。

充分的社会停车组织是保证商业中心繁荣的重要条件。整个地区布置两个停车场：其一是静安公园（西半部）地下设置大型地下车库，容量达800辆，紧靠地铁车站；其二是乌鲁木齐路、愚园路口设多层停车库，容量为200辆。结合国情，骑自行车（电动自行车）购物者很多，分别在地区的四周设置自行车公共车库，共可停放6000辆，并尽量靠近购物场所。

步行系统的完整性使购物者在商业中心内具有安全感和舒适感，并组织休息、交往空间，使市民能在此流连忘返。城市设计力求建立这个地区地下、地面和地上二层三个层次的步行系统。结合地铁站，在地下一层将核心区的地下空间连成一体，并跨越南京路、常德路和愚园路等；二层步行系统联系各街坊的商业空间，并有加盖天桥跨越部分街道，以补充没有地下空间跨越道路的人行过街设施。

上海已成为21世纪的以经济、金融、贸易为主的国际性大都市，静安寺地区已成为空间形态有特色，生态环境和谐，交通系统有序的上海西部文化、旅游、商业中心，其中地下空间的开发利用成为该地区再开发的重要组成部分。如图10.3、图10.4所示为静安寺下沉广场及地下空间平面图。

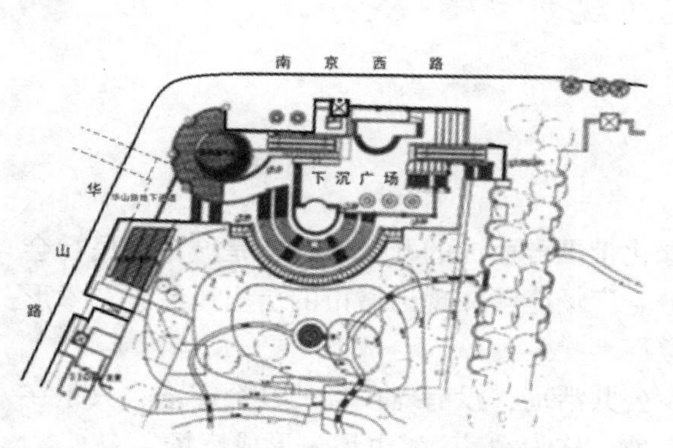

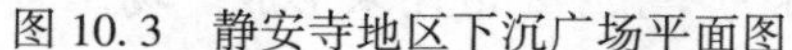

图 10.3　静安寺地区下沉广场平面图

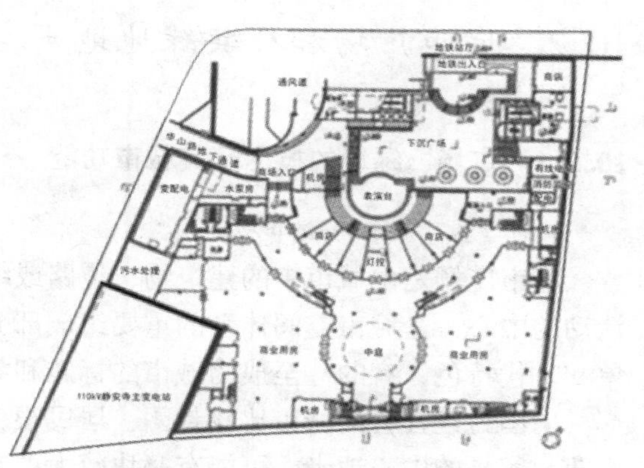

图 10.4　静安寺地下二层商业空间平面图

3. 地铁车站站域地下空间的综合开发规划

在城市中心地区，地下铁道的建设由于其对城市交通的改善作用和对城市经济的拉动作用，线路成为中心地区地下空间利用的发展轴，站点成为发展源，这一点已由国内外许多大城市的实践所证明。同时也表明，实行轨道交通与沿线土地利用高强度发展的方式，是城市交通与土地利用协调发展的正确方向，这一观点和做法正在被我国大城市的空间发展战略研究和城市轨道交通与土地利用调整的实践所重视和采纳。

地铁站域是衔接城市轨道交通与土地利用功能区的枢纽和城市未来发展的中心节点；地下空间合理开发对整合和改善站域交通和土地功能，扩大站域土地容量，保护景观和环境，强化市政和防灾设施能力，具有重要作用。开发地铁站周边的地下空间既可实现高效、舒适的多交通方式换乘及不同目的地的空间转换，又可以在其中配置适当的商业、服务设施，满足客流的多样化需求，提高出行质量，改善地铁运作。与此同时，站点周边地下空间的开发还有利于带动周边地区的空间协调及功能优化活动，使地上、地下一体化，对促进站点周边土地的综合利用、提升区域吸引力具有重要意义。通过地下空间的开发整合现有土地和空间资源，可增进公共空间的可达性，打破建筑空间、城市空间与交通空间之间的界限，营造一体化的公共空间格局，有利于站域地区的更新与改造。

在城市大规模轨道交通建设的形势下，规划地铁站域覆盖了大城市重要核心区的绝大部分面积，地铁站域对城市空间发展的重要性不言而喻。然而，对站域地下空间利用的需求动因和机制、整合交通与土地利用的城市规划方法，目前还缺乏深入与明确的认识。大量地铁站点地区的交通与城市规划一体化整合规划还十分缺乏；少量的交通枢纽地区进行的综合规划，还远不能覆盖和指导绝大多数地铁站域地区的综合性具体规划与土地开发管理，对站域地下空间价值的科学认识和合理规划利用，更是缺乏足够的认识和整合规划。近几年，国内少数超大城市，如北京、上海、广州、深圳等，已开始重视这个问题，并在个别地铁站点实行车站与周边地下空间的开发利用统一规划，综合开发，取得了较好效果。其中，深圳市的做法很有特色，对规划中的每一条地铁线路的主要车站，都结合车站的布局及其周边情况进行设计和工程建设。迄今为止，深圳市几乎每一处城市公共空间的开发利用，都是与地铁车站联系在一起的。

10.2 城市广场和公共绿地地下空间规划

10.2.1 广场、绿地的概念及其城市功能

1. 广场、绿地的城市功能

城市广场是由城市中的建筑物、道路或绿化带围合而成的开敞空间，是城市居民社会活动的中心，是城市空间体系的重要组成部分。广场能够体现出城市的历史风貌、艺术形象和时代特色，有的甚至成为城市的标志和象征。

中国封建社会的城市比较封闭，居民很少公共活动，没有对广场的社会需求，只是在商业、贸易的中心地带，可能有一块较大的空地，称为"市"，也还未形成广场。

近代和现代的城市广场，在功能上和形式上都有所发展，除原有功能外，增加了政治活动、交通集散、文化休息等内容，形式上也更加开放和多样，主要可归纳为两大类型，即公共活动广场和交通集散广场。此外，广场在数量和位置上也有发展，例如，在一条城市主干道上，就可能有大小不同、功能不同的几个广场，形成一个城市空间序列；又如，广场虽多集中在市中心地区，但在其他地区，如大型居住区、旅游区等的中心地带，都可能形成一个公共活动广场。

现代的城市生活，对广场不断提出新的要求，从当前情况和发展趋向看，首先，要求城市广场功能更加多样化，能适应多种活动的需要。我国的一些城市广场，在 20 世纪六七十年代主要用于大规模的政治集会、游行，这种广场虽大，但空旷、单调，与现代丰富的城市生活很不相称。其次，要求加强广场的公共性，能吸引更多的城市居民参加各种活动，提高广场的使用效率，同时每个广场又具有自己的特色（即所谓"个性"），避免千篇一律。再次，在广场上让人感到安全、轻松，这也是增强广场吸引力的一个前提。最后，城市广场应具有与其性质和地位相适应的规模、恰当的尺度、丰富的景观和良好的服务设施，创造完美的建筑艺术形象，使人感到舒适、亲切。这样一些要求，对于很多过去形成的城市广场来说是较难全面满足的，因此就有一个在条件成熟时对原有广场加以改造，实行再开发的问题，这对城市中心地区的再开发，对于整个城市面貌的改观，都有重要的意义。

一般来讲，广场的城市功能按其使用性质有以下几种内容：

（1）城市中心广场，是政府和市民举行礼仪、庆典、集会、游行和其他群众性活动的场所，有较强的政治性，同时也是市民公共活动的场所。

（2）文化休息广场，是城市展示其历史文化和丰富的城市生活场所，也是市民休憩娱乐的场所。

（3）交通集散广场，是城市交通的连接枢纽，起交通集散、换乘及停车等作用，是城市交通系统的有机组成部分。

（4）大型公共建筑前广场，主要起到烘托主体建筑、疏散交通、停车以及组织相关室外活动的作用。

绿地的城市功能主要是改善生态环境，有三个方面的作用：

（1）净化作用。植物对大气中的二氧化碳、氧化氮等的净化作用包括两部分：植物

表面附着粉尘等固体污染物而吸附一部分；某些成分通过植物体表面吸收到体内后进而转化或排出体外。通过对道路两旁的几种植树模式的测定，可净化一氧化氮 10~27mg/m^3，二氧化碳 9~25mg/m^3。

（2）减尘效应。绿地、林带对减少大气降尘量和飘尘量的效果显著，从一系列有草皮和无草皮地段对比的测定结果看，在微风和无人活动的情况下，绿地不发挥减尘作用，当风速较大或有人活动时，草坪绿地的减尘作用十分显著，如足球场草地在比赛前空气中飘尘浓度为 0.52mg/m^3，比赛中为 0.88mg/m^3，只增加 69%，而在地面裸露的儿童游戏场，飘尘竟达到 2.67mg/m^3，为足球场草坪的 3 倍多。

（3）降低噪声。树木枝叶可使城市噪声衰减。据测定，城市公园成片树林可降低噪声 10~20dB。对于高层建筑的街道，没有树木的人行道比有树木的噪声高 5 倍。这是由于声波从车行道至建筑物墙面，再由墙面反射而加倍的结果，如果在沿街房屋与街道之间，留有 5~7m 宽的地带植树绿化，可以减低交通车辆的噪声 15~25 dB。

此外，以乔木为主的绿地对局部降低空气温度有明显的作用，对于减少城市的热岛效应是有利的。

绿地的社会效益表现在为居民提供健身、休闲、娱乐的场地，进行文化、科普活动，增加旅游景点等；经济效益表现为拉动周边土地升值，增加旅游收入等。

2. 城市广场、绿地建设和使用中的问题

虽然近年来我国许多城市在广场绿地的建设方面已经取得了一定的成绩，然而在这方面也还存在很多需要解决的问题。

第一，随着我国城市化的发展和经济的快速增长，大部分城市的规模和建设强度都有了较快的发展，但是城市广场、绿地的拥有量还很低，远不能满足城市生态、环境和市民生活对广场、绿地日益增长的需要；城市广场、绿地在城市中显得非常稀少和珍贵，在数量和规模上还不能充分满足城市生活的需要。城市绿化率近年虽有较大的提高，但与发达国家绿化水平高的大城市相比，还有很大差距。

第二，长期以来，广场、绿地虽然具有较好的社会效益和环境效益，还能提升周边地区的经济效益，改善城市的旅游环境，但是其自身却很少创造直接的经济效益。这使得对于土地价值高、开发强度大，各种城市矛盾集中的城市中心地区保留乃至开辟新的广场、绿地，代价巨大。虽然在城市绿化上投入了很大的力量，但是许多城市中的已有绿地还是在逐渐被蚕食，而开辟新绿地的工作则举步维艰。城市规划部门为了达到城市绿化覆盖率的要求，不得不“见缝插针”，很难开辟出一定规模的绿地，形成了建设活动与城市绿化争地的局面。

第三，城市广场普遍功能单一，不能满足人们多样化的需求，对市民的吸引力不足，因此经常光顾的多是前来锻炼的老人和进行户外活动的儿童。本来应该成为公众活动中心和“城市客厅”的广场，没有起到应有的作用，大大降低了广场的社会效益。

第四，许多广场上的配套服务设施都比较缺乏，往往不能满足人们的基本需要，给使用带来很大不便。而那些修建在地面上的小卖店、摊点、厕所等服务设施与环境格格不入，往往对环境产生负面的影响，成为景观设计师们最难处理的内容。

第五，广场和绿地往往同时存在，互为依托，但是现在许多城市广场都存在绿化不足的问题，例如，城市中心广场过去往往具有很强的政治性，这类广场面积普遍较大，而且为了适应大规模群众活动的需要，广场以硬质地面为主，绿地很少，往往显得空旷单调。近年来，集会、游行等活动已经较少举行，而广场空间由于服务设施与绿化不足、尺度过大，缺乏人性化设计，不能为人们提供良好的开敞活动空间，使用效率很低。实际上，这些广场已成为巨大的城市空地，需要改造。其次，文化休息广场上活动内容单一，绿化和休息空间不足，空间过于平淡，不能为人们提供环境良好、内容丰富多彩的游憩活动空间。再如，火车站前广场是以交通功能为主的广场，需要处理好人流和车辆的集散及车辆停放问题。但是许多这类广场不能有效地组织各种交通，使得车站运转的效率受到很大限制，也给进、出站和候车的旅客造成很大不便。

第六，前些年，有些城市不顾自己的土地资源不足和经济实力薄弱，盲目建设“大广场”“大绿地”，同时又缺少良好的规划设计，结果广场空旷、单调、绿地则只是大片草坪，而草坪的环境效益比成片的乔木要低得多。

3. 城市广场和公共绿地建设的发展趋向

现代城市当中，广场、绿地同属于城市开敞空间的一部分。在城市生活中，都具有环境、景观方面的作用，同时为人们提供了公共和半公共的活动空间。但是广场和绿地又具有各自的特点，广场以硬质地面为主，其环境多由建筑和其他人工要素构成，主要满足人们公共活动的需要，人流量大；绿地内主要是种植了花草树木的绿化空间，还包括一些水面，其环境要素以自然元素为主，其功能在于美化环境、改善生态、提供游憩空间等方面，人流量不宜过大。

现代城市广场和绿地在功能和形态上出现了交叉与融合的趋势。

早期的城市广场地面一般为满铺的硬质地面。由于广场规模较小、功能单一，广场上一般没有引入绿化。西方工业革命以前的城市广场和我国的传统广场都是如此。随着现代城市的发展，城市环境恶化，人们对环境、生态日渐重视，广场功能也更趋多样化，传统的完全硬质地面的广场已不能适应需要，绿地被逐渐引入城市广场。

绿化在改善广场环境、景观、生态方面具有重要意义，已经成为城市广场中不可缺少的元素。如今，许多广场都在按照“绿化广场”的思路设计，一些广场的形态已经接近开放式的公园。广场绿化的发展是与城市生活需求多样化以及城市环境、生态问题日益受到重视相适应的。

现在国内的广场绿化多为草地与低矮灌木，这是与广场开阔的空间形象相适应的。但是草地与灌木在环境效益与生态效益方面不如树木，草地还需要大量用水。在一些广场的设计中已经注意到了这一点，在广场中种植了树木，以提高广场绿化的环境与生态效益水平。树木在一定程度上还能改善广场的景观与围合条件，并提供较为隐蔽的活动空间。

城市绿地的环境、景观、生态功能并重，同时带有一定的游憩功能，使身居城市的人们能够接近自然。随着城市的现代化、生活的多样化发展，以及城市空间公共性与开放性的提高，绿地也获得了公共空间的性质。这促使人们在绿地中开辟出适当面积的硬质地面空间，以满足人们公共活动的需要。

综上所述，现代城市广场与公共绿地互相融合的趋向十分明显，因此，建设充分绿化的广场和有供人们活动空间的绿地，对于城市生活质量的提高、生态环境的改善以及树立现代化大都市的良好形象，都有很重要的意义。基于此，本节将城市广场绿地的地下空间开发利用问题统一起来论述。

10.2.2　开发利用城市广场、公共绿地地下空间的目的与作用

地下空间在与城市地面空间相结合，解决城市亟待解决的诸多矛盾，提高城市集约化水平等方面，为城市内部更新改造提供了巨大的空间潜力。作为城市矛盾最为集中的中心地区，广场、绿地已成为旧城改造更新的热点；其地下空间的开发利用往往成为一个城市地下空间开发利用的典型和最高水平的代表。

广场、绿地是城市中没有被建筑物占据的开敞空间，由于上部没有建筑物，因此对已有的广场、绿地地下空间的开发不需要为拆迁付出巨大的代价，可以大幅度降低地下建筑的造价，而且在空间布局和使用上也更为灵活。另外，还可以与地面的自然环境之间建立较为直接的联系，从而可以较大幅度提高地下空间中的环境质量，改善人们的心理感受，改善内部的方向感。因此，可以说广场、绿地的地下空间具有更低的开发成本、更灵活的开发方式、更好的开发效益，是一种具有很高开发价值的地下空间资源，其开发的目的与作用可以概括为以下八个方面。

1. 扩大城市空间容量，提高土地利用价值

城市的立体化发展是在多个不同的水平层面上创造城市空间，并通过垂直交通系统将其联系起来。广场、绿地的立体化再开发是在地面、地下两个层面上利用了城市土地，无疑在很大程度上拓展了这一地段的空间容量，提高了城市土地的使用效率，实现了土地更高的使用价值。

城市的立体化开发，一般都是从城市中心地区开始，高强度的开发与土地的高价值是相一致的。中心地区城市广场、绿地的立体化开发提高了土地的开发强度，在本质上是符合“聚集”这一城市发展客观规律的。付出较大代价在中心区开辟的绿地，虽然在改善城市生态、环境、景观等方面具有非常重要的意义，表面上看土地使用价值没有充分发挥，但对周边土地具有很大的升值作用。如果同时开发其地下空间，则可实现更好的经济效益和社会效益。

从城市广场、绿地等开敞空间在城市中的重要意义及其稀缺程度上来讲，可以认为城市开敞空间也是一种与城市生活息息相关的空间资源。如果城市开敞空间被建筑物和道路完全占据，就会造成环境、生态、气候的严重恶化。所以，城市广场、绿地、步行街等在地面上主要作为城市绿地和市民户外活动空间，而一些不需要阳光与开敞空间的功能则可以安排到地下空间中，如商业、展览、停车、储藏等；另外，如餐饮、娱乐、健身等也可安排在地下。通过广场、绿地立体化的开发，就可以优化城市开敞空间资源与阳光资源的配置，创造更高的使用价值。

法国巴黎的列阿莱广场的立体化再开发过程中，建成了面积超过 $20\times10^4 m^2$ 的地下空间，使环境容量提高7~8倍，而地面上开辟的以绿地为主的步行广场则成为一个文化、休息活动的中心。1999年，位于北京西单十字路口东北侧占地约 $1.5hm^2$ 的西单文化广场的建成，使这一地区获得了一个难得的文化休息广场，同时也提高了城市的景观质量，改善了城市环境，使得周边地区商场的效益也有了显著提高。该广场地下开发有 $3.9\times10^4 m^2$ 的商业、娱乐空间，使得这一地段土地非常高的开发价值和应有的开发强度得以实现，创造了良好的经济效益和社会效益。

2. 实现城市地面与地下空间的协调发展

现代城市空间是一个由上部、下部空间共同组成并协调运转的空间有机体，上、下部空间之间的关系是互相影响、互相制约、互相促进的。在城市广场、绿地的地下空间开发中，上、下部空间也存在这种关系。

城市广场是城市中的重要节点，对所在地区的城市功能和市民的生活有较大的影响。一般来讲，广场的性质决定了这里是一个步行化的公共活动空间，需要有良好的空间环境质量、完善的服务设施和较强的主题或文化内涵，而且随着广场性质的不同，对环境还有更进一步的要求。广场的用地性质对整个所在地块起着主导的作用，同时可以促进广场周边地区的繁荣。而广场的地下空间则应该对广场的空间环境、活动内容、主题、内涵等起补充和完善的作用。只有与地面的用地性质相适应，地下空间的开发才能成为广场环境的有机组成部分，这种开发才是合理和有效的。

然而，地下空间相对广场来说，并非总是处于从属地位，特别是达到一定规模时，在地下空间中完全可以形成相对独立的、较完善的功能体系，包括大型的商业、娱乐、文化设施等，成为城市空间中重要的组成部分。例如，济南泉城广场地下的“银座商城”和西安钟鼓楼广场地下的“世纪金花”购物中心，都已经成为城市中心区最受欢迎的商业设施，创造了良好的经济效益和社会效益。

广场的地下空间还可以反过来影响地面广场，而且随着地下空间规模的扩大，以及与地面广场联系的加强，这种反作用就更大。当地下空间与地面广场在功能、规模、环境质量、空间上的联系等方面相协调时，地下空间便可以对地面广场起到很好的补充和完善作用，达到地面、地下共同的繁荣；如果不能够协调发展，则可能对广场环境造成不利的影响。

城市绿地是环境、景观、游憩功能并重的，城市中心地区开发强度高、人口密度大，对绿地有迫切的需求。然而，由于中心区土地价值高，开发效益非常好，所以人们往往受经济利益的驱使，在几乎所有地块都进行高强度的开发。从城市聚集效应的原理来看，这种高强度的开发是符合城市发展客观规律的，是一种趋势。在这种情况下，如何增加中心区的绿地，改善这一地区的城市空间环境与生态环境，为人们提供宜人的居住、工作、休息空间，就成为摆在城市规划工作者和城市居民面前的重要问题。

在城市中心地区引入地下空间以后，就可以将一部分的土地开发强度转到地下，而留出一定的地面作为城市绿化空间，从而带动绿地的建设。实践证明，这是一种行之有效的解决在城市中心区开辟绿地与实现土地价值之间矛盾的方法。

在城市再开发过程中，可以拆除一些与城市发展不相适应的建筑，开发利用这些地块的地下空间，而将地面开辟为城市绿地，这样不仅保证了城市功能所需的建筑面积，还额外增加了广场、绿地等急需的开敞空间。上海静安寺广场就是这样一个实例，通过再开发，使城市绿地增加了 $5000m^2$。

3. 完善广场、绿地的城市功能

城市广场是城市中公共活动最发达的地方。广场上大量的市民和旅游者在此交往、游憩，体验城市的历史文化与风土人情，自然就需要配套的服务设施。然而，许多城市广场为了保持良好的广场景观，不得不将那些难以与广场环境相协调的商亭、治安亭、厕所等排除在外，同时也没考虑恶劣天气时如何安置人们，这些都在很大程度上降低了广场环境的舒适性。

开发利用广场地下空间之后，地下公共设施中的配套服务设施就可以兼顾广场地面的需要，而地下的商业与餐饮业也可以提供比小商亭更好的服务。人们在地面上活动感到疲乏后，可以到地下舒适宜人的空间中休息，在遇到地面刮风、下雨、严寒、酷暑等恶劣天气的时候，也可在不受其影响的舒适的地下空间中活动。可以说，一个成功开发了地下空间的广场，广场地面、地下的设施围绕人的行为展开，人们在广场上的活动获得了更好的支持，环境更为人性化，广场也就更富魅力，更有活力。

广场的地下空间开发达到一定规模时，可以在广场地下安排大量与广场地面相关的功能，诸如商业、娱乐、餐饮、文化、健身、停车等。这些功能不仅可以满足人们对广场活动多样化的需要，是对广场地面功能的完善与补充，丰富广场活动的内容，而且反过来又促进了广场价值和使用频率的提高。另外，多层次的空间可以满足人们从公共活动到较隐蔽的交往的需要，更好地为市民生活服务。广场地面是深受市民喜爱的环境优美、文化品位高的户外公共活动空间，广场地下丰富多彩的内容则满足人们的多种需求，这样，地面广场与地下空间相得益彰、互相促进、共同繁荣。

对于城市绿地来讲，也存在提供为人们游憩活动服务的配套设施和对功能进行完善和适当拓展的问题。绿地中不宜进行广场上那样丰富的活动，但是仍然可以在地下安排一些娱乐、餐饮设施，作为绿地游憩功能的拓展。

城市广场、绿地的地下空间开发应遵循“人在地上，物在地下”，“人的长时间活动在地上，短时间活动在地下”，“人在地上，车在地下”等基本原则。

4. 塑造良好的城市空间环境

城市空间环境质量是城市环境的重要方面，所以保护城市已经形成的良好的空间环境和通过城市再开发，对原有城市空间环境进行调整，具有重要的意义。对于统一规划的新建城区，则更需要进行城市空间环境的城市设计。适度开发地下空间，可以为城市空间环境的处理提供更多的可能性和更大的自由度，对良好的城市空间环境的形成和保护有十分积极的作用。

大面积的平坦、开阔的广场会使人感到枯燥乏味。作为城市公共活动的中心，广场要求具有良好的适合于公共活动的空间环境。现代城市广场的设计中利用空间形态的变化，通过垂直交通系统将不同水平层面的活动场所串联为整体，打破了以往只在一个平面上活动的传统概念，上升、下沉和地面层相互穿插组合，构成了一幅既有仰视又有俯瞰的垂直景观，与平面型广场相比较，更具有点、线、面相结合，以及层次性和戏剧性的特点。这种立体空间广场可以提供相对安静舒适的环境，又可以充分利用空间变化，获得丰富活泼的城市景观。

下沉广场是联系上、下部空间的有效手法。与其他出入口形式相比，下沉广场具有不遮挡视线、对地面景观影响小，且与地面活动结合紧密的优点。

城市绿地是城市生态系统的重要组成部分，因此，绿地的地下空间开发也应考虑其与城市生态系统的密切关系。高度城市化对城市生态系统造成了巨大的压力，故保护城市生态系统、改善城市生态环境的工作刻不容缓，因此，保障广场、绿地的生态作用的发挥应当作为开发利用其地下空间的一个基本的原则。

从广义上讲，城市不应只是人类生存、活动的空间，还应当是许多其他生物生存的空间，从而成为具有良好生态环境的人类与各种生物和谐相处的系统。所谓生态方面的矛盾，就是人类的建设活动与动植物的生存在有限的城市空间中的冲突。各种生物的生存需要的是有阳光、空气、降水、土壤的地面空间，而城市中一些功能，如交通、市政基础设施以及人们的短时间活动则可以在地下空间人工环境中进行。地下空间的开发拓展了城市空间，提高了绿化率，实际上也是对生物生存空间的拓展，对城市生态环境的改善。

5. *改善城市交通*

城市地下空间创造了另一个层面的城市空间，在人车分流、立体化解决城市交通方面具有巨大的潜力。一般可以采用地下车行和地下步行方式，还可以与高架系统相结合，建立立体化交通系统。城市广场、绿地虽然只是城市的局部地段，但是交通功能在其地下空间中步行化的公共活动空间与周边的地下商业街、地下过街道、建筑物地下公共空间等相联结，可以形成地下步行系统，实现人车分流，提高广场的可达性。

单一的地下步行交通空间对公众吸引力较差，而且不便于管理。北京天安门广场等处的地下过街通道就存在这类问题。因此可以与其他城市功能相结合，如地下商业街等，以创造良好的气氛，创造良好的经济效益。

广场、绿地的地下空间可以与地铁车站建立良好的连接，解决广场、绿地及其地下空间大量人流的集散问题，促进其繁荣。以交通为主要功能的广场，如车站前广场、交通枢纽广场等，应该围绕交通功能来组织地面、地下空间，更好地疏导人流、车流和组织换乘。地下设有地铁车站的广场、绿地，在地铁站周边的地下空间和地面的广场都要担负起人流集散的功能，地下空间在功能和形态上也需要与地铁车站相结合。

在广场、绿地的地下设置停车库，为广场、绿地中的公共活动和地下空间提供配套的停车空间，同时也可以解决周边地区的静态交通问题。地下停车场实际上是车行与步行的换乘空间，应该注意与步行空间的连接，方便人们进出车库。

北京市结合西直门外大街的改造，在北京展览馆南广场地下开发了三层地下空间，共计41800m^2。这一项目地下二层和三层为3900m^{2}的自行车库和22700m^{2}的汽车停车场，同时出于提高经济效益和方便广场使用的目的，在地下一层安排了商业空间，安排中、高档商业。广场地面为一个以种树为主的绿化广场。这个项目是北京第一个以停车为主要功能的工程，在地下停车场、商业与地面绿地相结合方面做出了有益的尝试。

6. *缓解历史文化名城保护与发展的矛盾*

在北京历史文化名城保护规划中，除了保护古城传统的格局、中轴线、园林水系、城市空间特色和重要文物古迹以外，还划定了25片历史文化保护区，将具有传统风貌和民族特色的历史地段划定为历史文化保护区加以保护。

城市历史地段与自然景观往往经过了长时间的发展与演变，形成了较为完整的格局。由于历史状态的保存与延续，在城市现代化进程中，这部分城市空间表现出开发强度低、配套设施与基础设施不足、交通不便等问题，旧城风貌需要保护，基础设施更新困难，环境质量和发展能力开始不适应城市发展的需要。同时，由于北京城区中缺少广场和公共绿地，在旧城的保护与改造中，应当利用这一难得的机遇，拆除一些没有保留价值的建筑，适当开辟广场、绿地，以满足现代城市发展中在城市公共活动、景观、生态环境、城市防灾等方面的需要。同时，应充分开发利用其地下空间，安排发展所需的各种功能。这可以说是一种充分利用土地，综合解决历史名城保护与发展矛盾的有效方法。

西安钟鼓楼广场位于古城西安市中心，在旧城市改造中，拆除了场地上原有的破旧民房和一些传统商业，地面开辟为老城中一处难得的绿化广场。在设计上力图使钟楼和鼓楼的风采得以更好地展现，使广场成为一个集中展示古城历史内涵和地方特色的场所。

7. 补偿广场、绿地部分建设和管理费用

城市广场、绿地是城市中的公共用地，一般由政府投资建设，而地下空间中的商业、娱乐、停车等设施则往往具有私营的性质，因此广场、绿地与地下空间复合开发与运营一般涉及政府和企业两个方面。建设和维护城市广场、绿地对于政府来说是一项重要职责，如果能够引入民间投资，就可以减轻政府的负担，促进广场、绿地的建设和维护。

北京 2001 年 9 月建成开放的皇城根公园总面积 7.5hm^2，整个工程投资 8 亿元，其中拆迁费用达 5.6 亿元。皇城根公园造价超过 1 万元/m^2，如此高昂的代价，可以说不是每个城市都负担得起的。

假设在北京旧城区内一块 1hm^2的用地，开发 3 层地下空间，地面建成公共绿地，则可获得建筑面积 30000m^2和一个 1hm^2的集中绿地。如果将这一地块按照建筑密度 40%建成地上 5 层，地下 2 层的建筑物，可获建筑面积 28000m^2。两种情况下建筑面积相当，但是环境、生态和社会效益却有很大的差别。

济南泉城广场与地下空间的复合开发中，由政府投资 13 亿元（其中拆迁费用 8 亿元）完成了地面广场建设和地下空间的结构与粗装修，而由地下空间的租用者——银座商城完成地下空间的精装修。银座商城每年向政府交纳租金 2000 万元，而政府则每年从中拨款 1000 万元用于广场地面的运营维护。

西安钟鼓楼广场及地下的世纪金花购物中心是由西安市政府与金花企业（集团）股份有限公司合作开发，1995 年开始拆迁，1996 年 9 月地面广场建成向公众开放。1998 年 5 月地下工程竣工开始使用。工程总投资约 5 亿元人民币，其中金花集团投资 3 亿元。这一开发为解决西安地下空间开发中面临的瓶颈因素——经济问题积累了有益经验，是一个引入民间投资，进行广场、绿地与地下空间一体化开发的成功实例。

8. 加强城市综合防灾

城市综合防灾的总目标应是在现有条件下采取必要的措施预测和防止灾害的发生，评估灾害损失，抗御和减轻灾害的破坏，为救灾及灾后恢复创造有利的条件。在多种综合防灾措施中，充分调动城市空间的防灾潜力，为城市居民提供安全的防灾空间，是一项重要的内容。

城市地下防灾空间主要可以起两个方面的作用：一是为地面上难以抗御的灾害做好准备；二是在地面上受到严重破坏后保存部分城市功能。同时，除水灾外，地下空间对多种城市灾害的防护能力均优于地面空间。因此，城市地下空间应成为城市防灾空间体系的主体，并有足够的容量。

城市广场、绿地的地下空间有一定的防灾功能，这是对地下空间良好防灾特性的充分利用。地面的广场、绿地能够抗震、隔火，也具有一定的防灾功能。在灾害发生时，广场以及绿地地上、地下的防灾功能可以相互补充，在地下空间中保留下来的城市功能可以为地面上避难的人群提供必要的支持。

此外，对广场、绿地地下空间的内部防灾，尤其是防火和防地面水倒灌，应特别加以重视。

10.2.3 城市广场、公共绿地地下空间利用规划

1. 地下空间的综合开发和一体化设计

在城市中心地区，广场与绿地的存在一般有两种情况：一种是原有的，规模不大，功能不全，需要扩建或改建；另一种是过去没有的，在城市再开发过程中新形成的。这两种再开发又都有易地新建、原地改建和原地重建三种方式。

当传统的城市广场具有较高的保留价值时，尽管在许多方面已不适应现代城市的要求，但是只能在不损害传统风貌的前提下适当加以改造，例如增加一些基础设施等；如果传统广场与现代功能要求的差距较大，则应保全原广场，易地建设新广场。莫斯科的红场在沙俄时代是一个商业和宗教性的广场，十月革命后建造了列宁墓，成为政治性集会、游行的广场，并赋予了新的功能，但对于广场的布局和建筑风格，并未产生消极的影响；同时为了满足城市发展的需要，在列宁山下另建了新的广场。当交通集散广场上的主要交通建筑需要易地新建时，则广场也必将随之新建，原广场与车站建筑可能经修复后保留，例如我国的上海市和沈阳市，主要铁路车站都实行了易地新建，于是在城市中就出现了新的站前交通集散广场。采用原地重建方式的广场也比较多，典型实例是北京的天安门广场。1959 年天安门广场进行了大规模的再开发，采取原地重建的方式，除天安门外，拆除了所有古代建筑，建成一个世界最大的，政治性和纪念性都很强的城市中心广场，成为首都的象征。在当时历史条件下，既没有考虑广场的绿化问题，更谈不上地下空间的开发利用。

城市广场的再开发方式还有另外一种含义，即包括平面上的拓展和空间上的立体化两种方式。天安门广场的再开发，主要是平面上的扩展，从原来的面积不足 10 hm^2 的狭长形广场，扩大成一个长 800m、宽 500m，面积达 40hm^2 的大型广场，通过新建的大型建筑物，重新实现对广场的围合。这种单纯的平面扩展，虽然满足了百万人集会的需要，但是在大量非集会时间内，广场的功能就过于单一，空间就显得离散，特别是缺乏必要的服务设施，使之不能在现代充分发挥城市中心广场的应有作用。国内外的实践表明，对城市广场实行立体化的再开发，有利于扩大广场功能，节省用地，改善交通，并为城市增添现代化的气氛。城市广场是城市地下空间最容易开发的部分，因为拆迁量较小。由于广场周围建筑物的高度为了与广场空间保持适当的尺度而受到限制，容积率不可能很高，因此充分利用地下空间，使一部分广场功能移入地下，例如商业、交通、服务、公用设施等，在地下空间中都比较适合，这样就可以在有限的空间内容纳更多的功能，在地面上留出更多的步行空间供人们开展各种活动和充分绿化；同时，广场的空间层次将更为丰富，广场的建筑艺术效果得到加强，对城市居民和旅游者产生更大的吸引力。

城市广场、绿地的地下空间与地面的关系一般有三种：一是地面上有建筑物，二是人工铺砌的硬地面，三是人工覆土并绿化后的绿地。其中，第三种情况直接关系到广场、绿地建设的成败和对城市生态环境改善的程度，因此必须高度重视，采取必要的措施，保证达到良好的效果。在这方面，国内外已有不少成功经验可以借鉴。

由于前些年我国城市地下空间的开发利用尚处于初级发展阶段，在规划设计上存在一些不足是可以理解的，例如先有地面规划，再作地下规划，并由不同的单位分别进行设计和实施，这样就不可避免地出现地面和地下空间仅隔一层顶板，但在功能、使用、空间、

管理上却毫无联系的情况，俗称“两层皮”现象，这同样也反映在城市广场和公共绿地的规划设计上。进入21世纪以来，随着城市的发展和认识水平的提高，对城市地面空间(包括绿地)、地下空间实行综合开发，统筹规划，并在城市设计中进行一体化设计的做法，得到了提倡和推广，并开始在部分项目中实践，取得良好效果。这样做对今后城市广场、街道、公共绿地与地下空间的开发建设是十分必要的。

2. 地下空间开发的覆土种植问题

城市广场、绿地的地下空间与地面的关系如果是地下工程封顶后人工覆土并绿化成为绿地，那么绿地建设的成败直接影响到对城市生态环境改善的程度，因此必须高度重视，采取必要的技术措施，保证达到良好的效果。在这方面，国外已经有不少成功经验可以借鉴。

在我国，目前还没有地下建筑顶部绿化覆土厚度国家标准，由各地园林部门自行规定，例如北京市园林部门就在没有充分科学依据的情况下规定人工覆土在3.0m以上的才可以被认可为绿化用地。这样就让建筑师和业主望而却步，或不得不加大地下建筑的埋深，降低地下一层空间的地面标高，不但增加了工程造价，还影响到使用效果和经济收益。

目前，在这个问题上，强求统一是有困难的，因此在规划设计时，可以采取一些灵活的处理手法。一般来看，大型绿地如果没有广场功能，是没有必要使地下空间充满整个地块。如果在地下建筑顶部不种植乔木，而将乔木布置到没有地下顶板的位置，这一矛盾便较容易解决。例如，济南泉城广场的地下空间范围不到广场的一半，在地下商场顶部设置了一个大型喷泉，将以乔木为主的两片树林放在广场南部的东、西两侧，下面为正常土壤。还有一种做法，通过设计，使绿地的地形有一定的起伏，在土层较厚处植乔木，在较薄处植灌木或花草，既解决了覆土厚度问题，又使绿地空间增加了高低变化，对游人更有吸引力。

10.2.4 国内外城市广场、公共绿地地下空间规划示例

1. 上海人民广场

上海人民广场在旧中国是一座赌博性的跑马场，名为“跑马厅”，新中国成立后被废除，在东北侧建设了一个人民公园，南侧一直没有利用，成为一块空地，“文革”期间成为政治性集会广场。20世纪80年代后期开始进行广场的再开发规划，20世纪90年代初基本完成，成为当时上海市中心地区唯一的城市绿化休息广场，也是上海的政治文化中心。广场正北面是市府大厦，正南面是上海博物馆，形成主要轴线。中心广场以硬地喷泉为主，其余大部分为广场绿地，布局满足了旅游、休闲、交通和消防等多种功能。

人民广场的再开发，从一开始就确定了立体化的原则，使地上、地下空间得到协调发展。在广场西南部，规划了大型地下综合体，建筑面积$5\times10^4m^2$，地下一层为商场（现称迪美商城)，商场旁是上海1930风情街。地下二层为停车场。20世纪90年代初，上海地铁1号线在人民广场设站，为了把地下商场与地铁站连接起来，在二者之间规划了一条地下商业街（现称香港名店街)。在广场东南侧，因市中心供电的需要，布置了一座220kV的大型地下变电站；为供水需要，在广场东北侧建了一座容积$2\times10^4m^3$的地下水库。

2. 济南泉城广场

济南泉城广场是一个结合旧城改造，于1999年建成的城市中心广场，位于济南老城区边缘，北侧紧靠护城河和环城公园，西侧正对趵突泉公园东门，向东则可远眺解放阁。广场所在地区交通便利，商业繁荣，在城市的历史文化、旅游、商业等方面均占有重要的地位。广场东西长780m，南北宽230m，面积达16.96hm²。广场地面主要供市民进行休闲、娱乐，还可以进行较大规模的集会、庆典活动，地下则开发有一层共47000m²的地下空间，主要安排商业、餐饮、娱乐、停车等功能。

广场的设计以贯通趵突泉、解放阁的连线为主轴，以榜棚街和泺文路的连线为副轴线构成框架，广场空间围绕主轴线对称布置，由西向东依次展开，安排了趵突泉广场、泉标广场、下沉广场、历史文化广场、荷花音乐喷泉等，形成一个空间序列。轴线东端是弧形的文化长廊，整合了广场东侧的景观，并将视线引向解放阁。主轴线上一系列小广场以硬质铺地为主，为公共活动提供了场地，而主轴线两侧则种植花草与树木，进行了较大面积的绿化。广场北侧建有一个下沉的滨河广场，沿护城河展开，是一处亲水空间，除保留河岸栽植的垂柳外，岸边还设计了花坛、座椅等，再现了“家家泉水、户户垂杨”的泉城胜景。

广场的地下空间分为两部分：东面部分是广场地下空间的主体——银座商城，包括30000m²的营业面积和10000m²的停车场，广场西部还设有7000m²的地下停车场。银座商城内部设有中高档商业及一座大型超市，还有一些快餐和娱乐空间。商城内部空间明亮、舒适，顾客川流不息，商业气氛浓厚，环境质量不亚于地面商场。在商城入口的处理上，设计者将主要入口设在滨河广场和广场中部的下沉广场内，使人们可以水平地进入地下空间。

泉城广场地面空间环境处理到位，手法多样，营造了丰富、热烈、富有浓郁文化气息和人性化的公共活动空间，深受济南市民和游客的喜爱。而地下的银座商城得益于地面广场与周边良好的商业氛围以及自身良好的购物环境，也获得了很大成功，现已成为济南市效益最好的商业设施之一，每天都吸引着大量顾客。

泉城广场中央的下沉广场是广场地下银座购物中心的主要入口，位于泉标（雕塑“泉”）的东侧，面积2400m²。泉标广场与下沉广场一高一低、一起一伏，丰富了主轴线上的空间层次，增强了空间的感染力。下沉广场呈矩形，东西较长，内部宽高比大约为5：1，显得较为开敞。西侧设有大台阶连接地面与下沉广场内部，东侧为进入商场的入口。下沉广场内设有一圈柱廊，使得各立面显得较为通透。西侧的大台阶虽然正对购物中心的入口，但却没有一通到底，而是有所迂回，改变了进入下沉广场的节奏，更有趣味，同时也有利于增强下沉广场内的围合感。不足之处是内部绿化较少，环境还不够宜人，人们较少在此停留。

泉城广场无论从规划设计还是使用状况来看，在功能的完善和广场与绿地的融合，地下空间的利用，改善城市形象等方面都是比较成功的。2001年北京申奥成功之夜，数以万计的市民聚集在广场上自发地进行欢庆活动，说明泉城广场已经比较好地起到了城市中心广场的作用，对我国城市广场和地下综合体的建设提供了有益的经验。当然，如果当时能将广场周围的街道和建筑物共同实行立体化再开发，与广场取得空间上和风格上的统一，可能会得到更佳的效果。

3. 北京展览馆南广场的公共绿地

北京展览馆南广场，原来是与展览馆相隔一条街（西外大街）的停车场，面积较大，后来在西外大街改造的同时，规划设计了一处大型城市广场，平面呈“品”字形，中间为广场，两侧为绿地，面积约 $1.8\times10^4m^2$。广场南部开发地下空间 3 层，面积共约 $4\times10^4m^2$。地下一层为商业空间（北京聚龙外贸服装批发市场，现已关闭），地下二层为自行车（电动自行车）和汽车停车场，地下三层为汽车停车场和机房。

北展南广场在规划设计中也反映出一些问题：西外大街南侧有约 20m 宽的地下空间被市政管线占据，不能开发，这样每层地下空间损失了 4000 多平方米的面积；另一方面，在这部分管线之上要进行绿化，种植树木，这又增加了未来管线维护的难度。如果能够结合西外大街改造，建成综合管廊从地下建筑中穿过，这样既解决了管道维修的问题，也增加了地下空间的容量。在设计中，地下停车场在地下一层北侧设有一个出入口，与下沉的西外大街辅路相连，但是先期建成的西外大街并没有预留这个出入口，这给未来这个出入口的使用带来了一定的困难。另外，如果统一考虑这一地区的再开发，在北展前广场地下安排展览馆的扩建部分，以增加展出面积，适应近年来不同类型的展览对展出空间提出的新要求，同时将南北两个广场的地下空间直接连通，进而与规划中的地铁 3 号线车站相连，形成西外大街地下步行系统的一部分，其效果将大大优于目前两个广场通过地面过街桥连接的方式。目前西外大街下沉段将两个广场在地下分隔开来的格局，给未来整合这一地区的地下空间利用带来了较大的困难。如果能够先期进行这一地区统一的城市设计，则完全有可能避免这些问题，形成上、下部空间协调发展的新型城市空间。

规划上的缺陷同样表现在公共绿地的设计上。本来，这块大面积的公共绿地是北京中心地区继西单文化广场后难得保留下来的开敞空间，本应改善环境质量，为周边居民提供宜人的休闲和交流场所。但是，由于绿地设计仅是简单地对硬质铺装、草坪和灌木做了一些安排，又没有完全按设计实施，以致单调乏味，对居民的吸引力很小。绿地与地下空间既无功能上的联系，也无空间上的连通，使地上、地下空间的使用效果均不理想，与当前倡导的地上、地下空间一体化设计的做法还有一定的距离。

4. 武汉洪山广场

武汉市洪山广场始建于 1991 年，位于武汉市武昌区最繁华地区，是由湖北省人民政府、武汉市人民政府共同出资建造的大型文化、休闲等综合性广场和公共绿地。广场附近有宾馆、酒店、体育馆、科教大夏、电信大厦、商业综合体以及众多政府单位。

洪山广场从东部至西部分布有董必武纪念广场、下沉式文化广场和林荫休闲广场，总面积达 $10.8\times10^4m^2$，中心广场面积 $6\times10^4m^2$，是武汉市最大的城市广场，也是全国十大城市广场之一。

最东部的董必武纪念广场，主体为高 4m 的董必武铜像，105 株雪松苍翠挺拔环绕董老铜像，寓意该广场为纪念董老诞辰 105 周年所建，庄重宁静。

中部为下沉式文化广场，广场正中采用天然石材铺砌而形成的面积达 $1521m^2$ 的巨大火凤凰展翅欲飞，中部南北两侧镶嵌两块取材于丝绸、书法、绘画、青铜、漆器的巨型浮雕，以“天人共舞”和“射日传说”讲述楚文化的悠久历史；中部两侧青石浮雕以黄鹤楼、晴川阁、江汉关三座标志性建筑，与古今名人狂野豪放的草书浑然一体，寓意武汉三镇历史变迁及发展足迹；上部艳丽的花坛，跳跃的叠泉让人在厚重中感受轻松与明快。

西部为林荫休闲广场，以高大乔木为主景，伴以水流、休闲绿地，供游人休息之用，同时增加了广场的绿植比例。

洪山广场建成后为了配合城市交通建设，历经了两次大的改建，才形成目前的格局。第一次改建是 1999 年，建成了下穿洪山广场的地下通道，将武昌区的南北向主干道中南路、中北路在洪山广场下连通，使得洪山广场东西连通，成为整体，形成了三个主题广场的格局，不过最西部为音乐喷泉休闲广场。此外，对广场周边立面进行整容，并种植大树环绕，构成了一个开敞的大型综合性城市广场。第二次改造是为了配合武汉市地铁建设，同时也是为了洪山广场地下空间的综合开发，于 2008 年 12 月整体拆除，开始了长达 5 年的洪山广场地下空间综合开发建设和广场恢复建设历程，最后于 2013 年 12 月底重新建成开放。

洪山广场地铁站是地铁 2 号线和 4 号线的换乘站，位于洪山广场西南侧下方，乘客可在 2 号线和 4 号线之间方便快捷换乘，如图 10. 5 所示。两条地铁线之间的空间作为商业休闲空间，以美食为主，涵盖了武汉知名的小吃品牌，具有浓郁的地方民族风格。在装饰设计上有武汉素材的儿童画、版画、剪纸艺术品等，风格以红黄为主。洪山广场东广场地下空间共 2 层，总建筑面积为 37415m^2，其中地下一层为地下商业空间，建筑面积为 19285m^2，地下二层为停车场，建筑面积为 18130m^2。

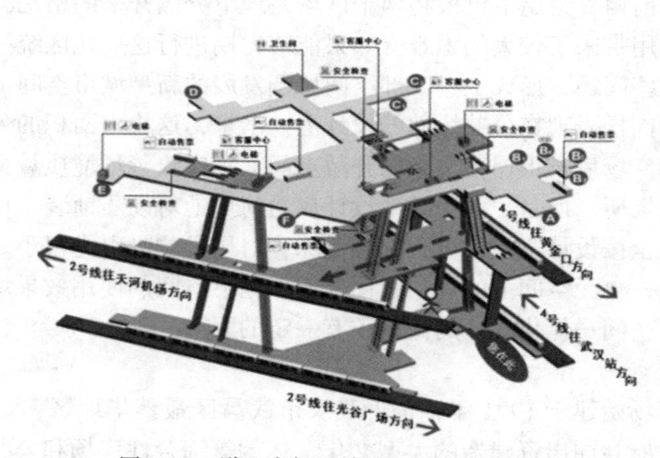

图 10. 5　洪山广场地铁站空间布置示意图

5. 日本神户站前广场

神户是日本第五大城市，是背山面海的狭长形港口城市，开港已有 120 多年历史，中心区在城市的中部。根据神户市发展的总体规划，要对中心区进行再开发，建设三个带状区，分别称为中央都市轴（行政、业务区）、都心商业轴和神户文化轴。在三轴之间有发达的地面、地下和高架交通系统相互联系。在文化轴的南端沿海地带，有一个哈巴兰德地区，意为“港地”，原是一个铁路货场，面积为 17×10^4m^2。规划决定废弃货场，建设一个全新的文化中心，其中计划在新干线铁路与阪神高速公路交会处的三角形地段，开发一个哈巴兰德地下街，地面上形成一个广场，既能起交通集散作用，又是一个文化休息场所，体现出日本地下街的地面广场从单纯的交通功能向更加人文化发展的趋势。

哈巴兰德广场的地下空间开发更加灵活，更加开放，在总面积为$1.1\times10^4m^2$的地下街中，步行通道和广场约占一半，中央广场的面积达$3800m^2$，而商业设施仅有$2400m^2$，布置在地下广场的周围。沿跨越高速公路的两条宽8m的通道两侧墙面上，设计了一个50m长的水族馆。地下街共有两处玻璃屋顶：一个是从车站进入地下街的出入口，在中央广场上方，是拱形的可移动玻璃顶，天气好时可以敞开；另一个在地下街东侧，是专门为采光用的锥形玻璃顶。通过这几个玻璃屋顶和天窗，使地面上面积只有$1.3\times10^4m^2$的广场得以向地下空间延伸，形成一个统一的空间，在有限的空间内容纳更多的城市功能，创造舒适宜人的环境，体现城市高度的文化素质。

神户哈巴兰德广场的立体化再开发和地下综合体的建设，不仅是为了缓解一些城市矛盾，而且更多的是着眼于面向21世纪的未来，在城市历史文化背景下，结合海滨城市的特点，提出了建设“港、风、绿”城市的目标，并以现代最新技术加以实现。哈巴兰德地下街已于20世纪90年代初期建成，代表了城市中心地区再开发和地下综合体建设的一个高水平和新方向。

6. 俄罗斯圣彼得堡胜利广场

圣彼得堡胜利广场是为纪念卫国战争期间苏联军民坚持三年多后取得列宁格勒保卫战的胜利而兴建的，至今仍是一个缅怀先烈和进行爱国主义教育的场所。

广场分为两个部分，在高耸的纪念碑及两侧的英雄群体雕像的前方，是一片花岗石硬地面，供人们瞻仰和摄影留念，绕过纪念碑经大台阶，可下到一个与前方地面广场大小相近的下沉广场。广场呈圆形，两侧为全地下的战史纪念馆，陈列各种照片和实物，还放映当年军民抗击德国法西斯的纪录影片。沿地下室比较宽的檐口一圈，点燃着十几个长明火炬。在下沉广场的后部，又有一组青铜的英雄群雕，雕像底座上经常摆放着市民献上的鲜花。最后，绕过雕像上大台阶回到地面。

胜利广场的最大特点和最令人难忘之处，就是很出色地发挥了下沉广场的优势。人们下到这里，远离城市的喧嚣，感受到一种庄严、肃穆的气氛，很自然地沉浸在对当年抗战军民的敬仰与怀念之中。这也是广场设计中利用地下空间的最成功之处。

10.3　城市居住区地下空间规划

10.3.1　居住区建设的发展过程与发展趋向

1. 居住区建设发展过程

为城市人口提供适宜的居住条件和良好的生活环境，是城市的基本功能之一。居住区是城市的重要组成部分，是城市居民居住和日常生活的地区，随着城市的发展和社会的变化，居住区经历了规模由小到大、功能由简单到复杂的长期演变过程。在古代，城市居住区都是以街坊（在中国又称里坊）为单位，一直延续到20世纪初期。到20世纪30—50年代，英、美等国普遍以邻里单位作为城市居住区规划的结构形式，规模较街坊有所扩大，后又扩大为社区。从20世纪60年代后期起，出现了各种类型的综合区，又称环境区。我国在中华人民共和国成立初期，曾以邻里单位为居住区规划结构的基本单位，后受苏联影响，采用以居住街坊为基本单位，面积较小，简称小区。从

20世纪50年代后期起一直到现在，逐步以居住小区取代街坊，面积从几公顷到几十公顷不等。

20世纪50年代，我国在有限的经济条件下，用于住宅的投资占当时建设总投资的1/10，兴建了一批居住区，建设住宅近$5000\times10^4m^2$。20世纪60年代到70年代前半期，因受国内外不利政治因素影响，特别是1966—1976年"十年动乱"的影响，居住区和住宅建设基本陷于停滞，这期间人口却大幅度增加，以致城市居住条件恶化，形成巨大的住房"欠账"。

1978年以后，我国进入了改革开放时期，居住区和住宅建设也得到了恢复和全面发展，居住区的规划设计也不断改进。1980年开始的北京塔院小区的规划建设，以住宅楼高低层错落、景观层次丰富著称，树立了一个欣欣向荣的新型居住区的形象。

同时，住宅建设也大幅度增长，1981—2000年20年间，住宅竣工面积$7.63\times10^8m^2$，总投资达到国内生产总值（GDP）的7%左右，不但大大高于前30年平均的1.5%，也高于国际上3%~5%的通常标准。

进入21世纪后，居住区和住宅建设有了更大的发展，住宅建设规模从2000年的$44.1\times10^8m^2$增加到2005年的$107.7\times10^8m^2$，增幅达到2.44倍，同时，人均居住面积从1989年的$6.6m^2$迅速增长到2005年的$30m^2$（按北京、上海、天津、重庆4个直辖市的平均值算），说明城市居住条件得到很大改善，生活质量有了较大提高。

我国经济体制从计划经济向市场经济的转变，使居住区的建设机制发生了根本性变化，居民住宅也由过去的"福利分房"改为自己购置，房价则由市场决定。近几年，由于房价的大幅度提高，使一部分中低收入居民购房困难，尽管大量建造住宅，仍不能满足这些居民改善居住条件的愿望，对这个问题，政府正在通过建经济适用房或廉租房等措施逐步加以解决。

2. 居住区建设发展趋向

经过近20年的高速发展，我国城市居住区与住宅建设在数量上可以说初步解决了"居者有其屋"的问题，人均$30m^2$居住面积的指标，至少已达到中等发达国家的水平。但是在质量上，除少数高档小区或别墅区外，大量居民的生活质量和生活环境还比较差，例如配套设施不全、交通不便、服务不到位、管理水平低、环境质量差等。这些现实问题可以通过改进规划设计，特别是加强管理逐步得到解决。居住区和住宅的现代化问题作为城市现代化程度重要标志之一，已经提上议事日程。在经济实力增强和现代科学技术发展的总背景下，让居民在现代化的居住区里过上现代的生活，应当是今后居住区和住宅规划设计的努力方向。归纳起来，大致有以下几个方面：

（1）交通现代化。对于大量远离城市中心区的居住区，首先要在城市总体规划中解决大型居住区与市中心之间的交通问题，发展轨道交通，保持合理的通勤时间。同时，要解决好居住区内部交通问题。从设在大型居住区边缘的公交车站到达个人的住所，往往还有很长的距离。于是"黑车""黑摩的""黑三轮"等应运而生，增加了交通的混乱。比较彻底的解决方法就是使大部分车行道路地下化或半地下化，使机动车辆从居住区周围的快速道路上经过地下通道进入居住区中心。这样，居住区内仅为步行和自行车使用的道路就可以简化，宽度可以缩小，减少道路用地的比重，对于加强安全和改善环境都是有利的。对于大型居住区，还可将部分城市公共交通从地下引入居住区，例如地下铁道和过境的高速道路等，在居住区中心组织一个公共交通枢纽，使居民可方便地使用公共交通工具出入居住区，减少私人小汽车向城市中心区集中的程度和进入居住区的数量。此外，随着居民私人小汽车保有量的增加，必须解决在居住建筑附近大量停车问题，利用地下空间停车是一个较为有效的途径。

(2) 市政公用设施的现代化。居住区公用设施的现代化首先反映在实现集中供热和供冷问题上。采用集中供热可以节能节地，减轻空气污染，在国外一般已经实现，国内当前正在提倡这种做法。如果能在集中供热的同时集中供冷，将大大提高居住的舒适程度，比分散使用家用空调器既方便又节能。但这样的系统建立和运行要付出很高的代价，像日本这样的经济高度发达国家，也是在近年才开始研究、试验和逐步推广区域空调系统(日本称为地域冷暖房系统)。例如，在东京的一个新建大型居住区光丘花园城就建立了这种系统。在地下机房中生产出55℃的热水和5℃的冷水，送至管网中的温度分别为50℃和7℃，用于区内公共建筑的集中空调，同时向居住建筑供应20~24℃的温水，进楼后再用热泵升温后使用。区域空调机房的能源一部分来自高压电缆廊道中回收的热能，另一部分来自垃圾焚烧站生产的30~45℃热水。其次是水资源的循环利用，利用屋檐储存清洁雨水，作为中水使用，同时通过集中或分散的污水处理厂处理生活污水和地面雨水生产的中水供冲厕、浇灌、洗车使用。生活垃圾以就地处理较好，可减少运距和清运过程中的二次污染，还可回收其中的热能。日本一些新建大型居住区以及筑波科学城等处，都设置了垃圾的管道清运系统，用压缩空气将垃圾吹送到焚烧场，管道布置在地下多功能管线廊道中，运送到垃圾处理厂进行无害化和资源化处理，回收的热量用于供热或发电。

(3) 信息化和智能化。由于社会信息化和住宅智能化的发展以及自动控制水平的提高，居住区内增加了许多有线信息系统，除常规的有线电话外，还可能有有线数字电视和有线广播系统、计算机联网系统、防灾防盗监控系统等。一些机电设备的自动控制水平也将提高，加上电力供应的输配电系统，居住区内电缆的数量和密度将大大增加。这些线路和设施的地下化是很必要的，否则将影响居住区内的整洁和美观。

(4) 安全水平的提高。居住区现代化还应体现出安全水平的提高，建立起完整而充分的防灾抗灾系统，能够对可能发生的战争及各种自然和人为灾害实行有效的防护。因此，在居住区内按照国家规定的防护标准建立地下民防工程系统十分必要。除民防工程外，地面上在建筑物倒塌范围以外的空地，以及地下交通设施和公用设施中的部分空间，也应纳入防灾系统，提高其机动性和防护效率。只有这样，才能加强居民的安全感，一旦发生灾害，可把损失降至最小。

(5) 日常生活、工作的现代化。信息化和智能化的发展，可能在一定程度上改变居民传统的工作方式和生活方式，近年开始出现将居住与就业两种功能合并在一起的新型居住——就业综合区，已进行了初步的试验。人们在远离工作单位的家中，就可以借助于情报终端设施办公，相当于一个工作站，不但节省时间，还可兼顾家务，工作节奏加快，效率高，更可以减轻城市交通的负担。在未来的城市居住区中如果能够形成一种楼上居住，楼下上班，楼外花园，就近购物，地下停车的城市生活格局，则居民的生活方式将发生很大变化，更能适应未来信息化社会的需要，也更有利于人的全面发展。

(6) 精神生活、文化生活的现代化。当人们的温、饱、住、行的问题已基本解决，社会向全面小康发展时，人们对精神生活和文化生活的要求就越来越高。以对居住的要求来看，从“有居”（有房子住），到“宜居”（住得舒适），到“乐居”（住得快乐），是必然的发展过程。因此，居住区的规划和住宅的设计，都要适应这种发展要求，从传统的规划理念和设计方法向现代化转变。

10.3.2 居住区地下空间开发利用的目的与作用

1. 节约土地资源，促进居住区的集约化发展

城市的发展一般表现为人口的增长、规模的扩大、经济实力的增强、基础设施的完善和居民生活质量的提高，所有这些都意味着城市空间容量的扩大，集中反映在城市用地需求量的增长，其中生活居住用地的需求量占有相当大的比重。城市中的生活居住用地平均占建成区总用地的45%左右，居住建筑的建筑面积约为各类建筑面积总和的一半。城市每增加一个人口，就要相应增加一定数量的城市用地，包括生活居住用地。

城市化的进展和城市人口的增加使得对城市住房的需求量日益增长，同时，随着经济的发展，原有居民的居住条件和生活环境需要不断得到改善，这些都构成了对城市用地的巨大压力。像我国这样土地资源匮乏的国家，城市用地供求之间的矛盾必然十分尖锐。为了缓解这一矛盾，除适当提高建筑密度、人口密度，增加高层住房的比例外，在居住区内合理开发和综合利用地下空间，不但是一个比较有效的途径，还为满足未来社会中居民的多种新的需求提供了可能性。然而，到目前为止，相对于城市地下空间利用的其他领域，如交通、商业、公用设施等，居住区地下空间利用的规模还不够大，其意义和作用尚未得到应有的重视。

我国土地资源与城市发展用地在数量上存在差距，而且形势之严峻已经到了城市用地不应再占用可耕地的程度。因此，除少数新设的城市外，原有众多城市今后的发展，都只应在过去已经划定的城市范围内实现，不容许进一步占用原行政区划以外的可耕地。即使在原规划区以内，除去建成区和山地、荒地、林带、河、湖、村镇，所余的农田和菜地也是有限的，过多地占用，对城市经济的发展和生活水平的提高都是不利的。

在城市土地资源紧缺的情况下，为使生活居住用地仍能有合理的增长，一般可以采取调整城市用地结构和适当提高居住区建筑密度等措施。

居住区建筑密度通常用居住建筑面积毛密度表示，这个指标是在考虑环境质量与合理提高土地利用率的前提下确定的。居住建筑面积毛密度指标直接影响到居住区用地的多少，而影响毛密度值的主要因素是居住建筑平均层数、建筑间距，以及公共绿地、广场等的面积，其中建筑层数的影响最大。

据有关资料分析，一般多层与高层住房混合的居住区，容积率的变化幅度为1~2.5。当全部住房为6层，采取行列式布置时，容积率为1；当其中40%为高层时，容积率为1.2；其中60%为高层时，容积率为1.3；当100%为高层建筑，且层数为18~25层时，容积率才有可能达到2.5。但是，靠加大高层住房比例和提高建筑层数以节约居住区用地，要有一定的限度。首先，提高建筑物的层数后，为了保证每幢建筑物有足够的日照时间（一般最少为1~3h），就必须加大相邻两建筑物之间的距离，建筑占地与空间的比例可能会降低；虽有利于提高居住区内的人均绿地面积等指标，但不利于整个居住区用地的节约。据前苏联资料，提高层数的节地效益为3%~5%。其次，高层住房的层数本身也有

一个合理范围问题，主要与结构体系、施工方法、造价、服务设施、消防设施、居民的可接受程度等许多因素有关。各个国家的城市，在不同时期都可能确定一个住宅层数的合理范围。例如，前苏联在20世纪70年代认为大城市中住房为9层时最经济，20世纪80年代则提高到16层。在我国当前情况下，认为高层住房的比例不超过住宅总面积的1/4（或20%~25%）和高层住房的高度不超过50m（约18层）的主张和建议是较为合理的。

除建筑密度外，居住区的人口毛密度，即每公顷所容纳的居民人数，也是衡量用地水平的一个指标，但是这个指标的重要作用还在于衡量居住区的生态环境质量。当前，在欧美一些土地较宽裕的发达国家，人口毛密度超过200人/hm^2就被认为是高密度，而在国土狭小的国家和一些发展中国家和地区，居住区人口毛密度要高得多。例如，我国城市居住区人口毛密度平均为600~800人/hm^2，少数甚至超过1000人/hm^2；日本有的居住区为800~1000人/hm^2，而我国香港由于用地十分紧张，有个别居住区的人口毛密度甚至超过了10000人/hm^2（建成于20世纪80年代的太古城社区，占地约3.5hm^2，居住人口超过4万人。）有关的研究资料表明，人口毛密度超过160人/hm^2时，居住区内环境就开始恶化，绿地减少，环境质量下降。如果人口毛密度为800人/hm^2，绿地面积按1m^2/人计，则居住区内人类生物量与绿色植物生物量之间的比例就会变得很不合理。当然，完全按照生态平衡的观点来规定居住区人口密度，在很多情况下是不现实的，但至少可以肯定，为了节约用地而过分提高居住区的人口密度是不适当的。

既然提高建筑密度和人口密度对于节省居住区用地都有一定的限度，那么就需要寻求其他途径，以进一步实现节约居住区用地的目标。合理开发与综合利用居住区地下空间，在节约用地等综合效益方面表现出很大的潜力，对于在不增加或少增加生活居住用地前提下，提高居住区空间容量，改善环境质量，促使居住区的发展从粗放式到集约化的转变，都可起到积极的作用。

2. 减轻空气污染，促进居住区环境质量的提高

居住区的环境质量，除受城市环境总体质量的控制外，还受到居住区内部环境状况的影响。如果规划、设计、管理的水平都比较高，例如绿化率高，有水面、污水和垃圾能得到有效管理等，可以在一定程度上减轻环境污染，甚至可使居住区内环境质量优于周围的城市环境；反之，如果对居住区内的污染源未加以控制和减轻，则完全有可能使居住区内环境恶化，降低居民的生活质量。

地下空间的开发并不能直接改善环境，通过降低建筑密度，增加开敞空间，提高绿化率等才能间接改善，但是，在地下空间停放汽车，可以直接起到减轻空气污染的作用，因为汽车尾气的排放是空气污染的主要来源之一，在居住区内私人和家庭汽车快速增多的情况下，如果都露天停放，不但部分占用了道路和绿地，尾气的直接排放严重影响居住区的空气质量。虽然在地下空间停车并不能消除尾气的污染，但可以采用集中高空排放或在停车场排风系统设过滤吸收装置，减少尾气低空直接排放对空气的污染。

3. 加强防灾减灾，提高居住区的安全保障水平

在整个城市的综合防灾系统中，保护居民生命财产安全处于首要地位，因为在战争或其他灾害发生后，除少量必须坚持生产或值勤人员外，大部分居民都在自己家中，夜间更是如此。因此居住区对人员掩蔽空间的需求量很大，现行人民防空政策按一定比例建防空地下室的要求，已不能满足这种需要，因此，在居住区和住宅规划设计中，应提倡和鼓励大量建造有一定防护能力的地下室或半地下室，保证每一户家庭能拥有一处面积不小于6m^{2}的属于自己的防灾空间，战时防空，平时防灾，日常储物。此外，在绿地、空地、操场等处修建的地下停车库，可用于弥补住宅地下防灾空间的不足，也可用于救灾物资的储存。

10.3.3 居住区地下空间规划

1. 居住区地下空间利用的主要内容

从居住区的基本功能要求看，对建筑空间的需求大体上有三种情况：一是有些功能必须安排在地面上，例如居住、休息、户外活动、儿童和青少年教育等；二是某些需求只有在地下空间中才能满足，如各种公用设施和防灾设施等；三是既可以布置在地面上，也可以安排在地下空间中，或者一部分宜在地面空间，另一部分适于在地下空间。如交通、商业和服务行业、文化娱乐、社区医疗、老年和青少年活动、某些福利事业（如残疾人工厂）等。因此，居住区地下空间开发利用的适宜内容，可概括为交通、公共活动、公用设施和防灾设施四个方面。

1）地下交通设施

居住区内的动态交通设施有车行道路（包括干道和支路）、步行道路、立交桥等；静态交通设施有露天停车场、室内停车场、自行车棚，大型的还有地铁车站。由于工程量大、造价高，在近期内实现居住区内动态交通的地下化是不现实的，但不排除采取适当的局部地下化措施。因此，在可以预见的一个时期内，居住区交通设施的地下化应以满足居民停车需求为主。

发达国家经过20世纪60—70年代经济高速发展后，城市中私人小汽车数量迅速增多，要求在居住区内住房附近提供停车位置。利用建筑物地下室、楼间空地、广场等处的地下空间，采取集中与分散相结合的方式，建造一定规模的地下停车库，不但可节省用地，还可以使停车地点最大限度地接近车主的住处，且在寒冷地区的冬季可节约为车辆保温用的能源。在我国，随着国民经济的发展，私人小汽车日益增多，因此首先应制定居住区内停车数量和用地的合理指标，据此进行地下停车设施的规划设计。

关于停车量的指标，过去曾参考国外情况和我国汽车发展情况，认为每百户城市家庭拥有30辆私家车的指标比较合理，但由于近年汽车增长速度很快，各城市的情况差异又很大，制定全国统一的指标是不实际的，由各城市根据自己情况决定较为现实。总体上看，有的城市按居住区的居民收入和拥有车辆的平均水平分为几个等级，例如别墅区最高，按2辆/户计，高档及高、低层混合居住区取1辆/户，中、低档居住区取0.5~0.3辆/户，比较合理。关于停车用地指标，以1辆/户的居住区为例，当露天停放每车位占地15m^{2}时，则停车用地面积=1辆/户×15m^2/辆×户数。由于我国居住区规划指标中还没有包括停车用地，故只有大量增加居住区用地，才能满足停车要求。因此，尽管地下停车库每个车位需建筑面积30~35m^2，但不占用土地和地面空间，节约用地的效果十分明显，故近年已广泛得到认同和推广。

2）地下公共活动设施

居住区内公共建筑的面积一般占总建筑面积的10%~15%，用地占总用地的25%~

30%，这是由于公共建筑层数较少和需要的辅助设施用地较多所致。在我国，过去居住区内的公共建筑很少附建地下室，在公共建筑用地范围内也很少开发地下空间，而少量地下空间的利用多分散在一些多层居住建筑的地下室中；当有高层居住建筑时，又多集中在高层建筑地下室中。实践表明，建在这些居住建筑下的地下室，由于结构和建筑布置上的一些特殊要求，较难安排一些公共活动，利用效率不高。因此，除高层建筑必须附建的地下室外，居住区用于公共活动的地下空间开发的重点应向公共建筑转移。

在居住区公共建筑中，有些不宜放在地下，如托幼设施、中小学等，其余大部分有可能全部或部分地安排在地下空间中，主要有商业设施、生活服务设施和文化娱乐设施，以及社区活动、物业管理等设施。

在商业和生活服务设施中，除一部分营业面积可设在地下室中外，还有一些辅助设施，如仓库、车库、设备用房、工作人员用房等，与营业面积之比大体为 1∶1，其中约有 2/3 适于放在地下空间中，这样就可使公共建筑用地在总用地中的比重有所减少。

关于文化娱乐设施，除大型居住区可能有电影院、图书馆等较大型公共建筑外，一般多以综合活动服务站为主，如青少年活动站、老年人活动站等。这些活动多为短时，且人员不很集中，对天然光线要求不高，故在地下空间中进行较为适宜。近年来，在一些高档居住区中，有一种公共建筑新类型，称为会所，地面上各层综合布置商业、服务、娱乐等用房，地下空间用于体育、健身活动、游泳池等。

3）地下市政公用设施

居住区内的公用设施有锅炉房、热交换站、变配电站、水泵房、煤气调压站等建筑物，以及各种埋设的或架高的管线。

除锅炉房不宜设在地下外，其他各种公用设施建筑物或构筑物均可布置在地下或半地下，既节省用地，又能改善居住区内的环境和景观。

有些工、矿企业的生活区，习惯于按厂、矿区内的管线在地面上高架的方式布置居住区内的公用设施管线，虽然安装、检修比较容易，但对于居住区内空间的完整有较大的影响，景观效果也较差，因而不宜提倡。直接埋设在土层中的公用设施管线，较多地占用了浅层地下空间，又不便于检修，一旦出现破损情况，会在局部形成某种灾害，对地上和地下建筑都是不利的。因此，在有条件时，宜将各种在技术上有可能集中的主干管线综合布置在多功能综合廊道中。

4）地下防灾设施

利用地下空间防护能力强的特性，在不增加或少增加投资的前提下，使居住区内各类地下空间都具有一定的防护和掩蔽功能，是解决大量居民防护和掩蔽问题最经济有效的途径。

2. 国外居住区地下空间利用情况

国外城市居住区的地下空间利用，除一些公用设施的管线按传统做法多埋设在地下和一部分高层建筑的地下室外，内容还不够广泛，规模也不够大，这可能与一般认为地下环境不适于居住有关。有些欧洲国家（包括前苏联），在居住区地下空间利用上增加一些新内容，通过利用地下空间改善区内的交通和增加商业服务设施，取得较好效果。但是像日本这样地少人多的国家，虽然在城市地下空间利用方面居于世界前列，但在城市居住区还看不到地下空间得到充分的利用的案例。例如，日本在 20 世纪 60 年代建设的有代表性的大阪千里新城居住区，仅在区中心设置了几处露天停车场和几座多层停车库，而在住宅附近则无处停车，只能停放在楼房附近的空地上；近年来居民拥有的小汽车数量不断增多，在居住区已建成使用多年的情况下，再修建地下停车场相当困难，只得牺牲一些绿地，在住房附近开辟小型的露天停车场。日本在20世纪80年代建设的东京光丘公园城大型居住区，体现了当时日本规划设计的最高水平，集中采用了多种现代新技术和设施，希望建成一个21世纪样板城镇。但是，这个居住区内除公用设施系统（包括全部电力、电信电缆）和两个容量为$20×10^4$t的防灾蓄水库在地下外，并没有更多考虑开发利用地下空间，对于一些高层住宅的地下室，除作设备层外，也没有更充分地加以利用。

为了解决交通安全问题，丹麦在一个居住区中规划了全面高架的步行道，可通向每一幢住宅，高架道的下部空间则作为停车场。这种布置方式虽可使人与车彻底分开，但居住区内蜿蜒曲折的架空步行道，会产生不良的景观效果。如果把汽车道路下沉到地面标高以下，做成路堑式道路，可能比高架式的效果要好。瑞典斯德哥尔摩的一个居住区就采取了这种做法，所有干道和支路都做成路堑式，上面架设若干步行过街桥，使区内大部分步行交通与汽车分离。当然，如果将全部汽车道路置于地下，两侧设置地下停车场，则不但可以彻底解决人车分流问题，而且可以减少汽车废气对居住区空气环境的污染。这种理想方案在当前的技术经济条件下还不容易实现，但作为一个发展方向，是值得认真研究的。

居住区内的静态交通，由于私人小汽车的迅速增多而日益恶化。一些人均小汽车保有量高的国家，在居住区规划中已经考虑私人汽车的地下停放问题，因为在地面上建造多层停车库，从安全、环境和景观角度看都是不利的。英国、前苏联、德国等都有这种做法，如法兰克福的西北城居住区有居民6500户，除地面上设800个车位的停车场外，在区中心建一座容量为2800辆的大型地下停车场，还有60座每个容量为40~80辆的小型停车库，分散布置在居住楼群之间的地下，使住房与车库的最大距离只有15m。莫斯科的北切尔塔诺沃居住区，规划人口2万，按每千居民150个停车位规划设计了总容量为300辆的地下停车库，车辆由地下通道出入，做到了步行与汽车交通完全隔离。

随着居住区内高层建筑的增多和居住区功能向综合化发展，在国外的一些居住区中，特别是在居住区或小区的中心地带，常常布置几座高层的综合大楼，底下几层和地下层内布置停车场、商店、机房以及各种服务设施，上层则为多种户型的住宅单元，这也是合理利用高层建筑地下室的一个途径。例如美国纽约的东河居住区，共有4幢位置互相错开的高层住宅楼，每幢楼的两翼为阶梯式多层住宅，在转角处为一个38层的塔式住宅建筑。这4幢楼的地下室和楼间空地的地下空间连成一片，在其中设置停车场（地下两层，总容量685辆）、商店、仓库、保健中心、洗衣房等。

瑞典建筑师阿斯普隆德关于双层城镇的构想，对于研究大型居住区交通系统地下化问题有参考价值。以瑞典马尔默城、林德堡居住区按双层城镇原则的规划方案为例，城镇分为上下两层，地面层称人行层，地下层称机动车层。在地面层有一条南北向主要道路，向东、西各伸出6条枝形道路；沿每一条枝形路布置若干幢1~4层的居住建筑。地下层中的道路与地面层上下对应，有3条双行道，间隔5m，中间走公共汽车，两边为其他车的停车场。支路只有一条车行道，两侧可停车，车速为20~30km/h。根据阿斯普隆德的计算和分析，双层城镇在节地和节能等方面的效益相当显著，更重要的是居住区交通的人车分流问题得到彻底解决，对改善居住区环境起到决定性的作用。但是，由于造价高、工程相当复杂，即使在瑞典也只是进行一些试验，大规模推广仍受到较大限制，然而作为一种构想和远期可能实现的目标，该方案仍具有较积极的意义。

3. 我国居住区地下空间利用情况

在我国城市早期的居住区中，除在地下分散埋设一些公用设施的管线外，地下空间较少加以利用。自20世纪60年代末以来，由于人民防空工程建设的发展在有些居住区内开始按规定修建了一些防空地下室。但早期的防空工程建设的发展，一般都未经正式的规划设计，不但数量不足、分布不均，质量也很差，防护能力低，防护设施不全。

为了保证居住区内人民防空工程的数量和投资来源能够落实，我国在20世纪70年代后期，在居住区总的基本建设投资中规定了一定比例必须用于人防工程建设，1984年改为在新开发居住区总建筑面积中要保证修建一定比例的人防工程，1988年又明确提出了人防工程建设与城市基本建设相结合的方针。所有这些有关政策，对居住区的人防工程建设和地下空间的开发利用都起了积极作用，在一些城市的居住区规划中，开始考虑地下人防工程的合理布置问题。

自20世纪90年代以来，情况发生了很大变化。由于住房体制的改革，居民拥有私家车数量的迅速增加，以及人民防空战略和政策上的变化，居住区地下空间的开发利用有了很大发展，主要为住宅楼的防空防灾地下室，公共建筑的地下商业、服务、社区活动等设施，以及地下停车库。地下空间的开发总量在整个城市开发总量中所占比重越来越大。表10.1列出了北京、青岛、厦门三城市在近年完成的地下空间规划中进行的2020年地下空间需求量预测结果，可以看出居住区地下空间需求量之大和在城市总需求量所占比重之高。

表10.1 **北京、青岛、厦门城市居住区地下空间需求量预测（2020年）**

城市	地下空间需求总量（10^4m^2）	居住区地下空间需求量（10^4m^2）	居住区所占比重（%）
北京	8940	4250	48
青岛	2887	1785	62
厦门	1950	1050	54

尽管城市生活居住用地增长很快和居住区地下空间需求量很大，但迄今居住区地下空间规划问题仍未受到应有的重视，对规划设计的有关定额、指标也缺少具体规定，因而规划还存在一定的自发性和随意性，除按比例应建的防空地下室由市人防部门审批外，对其他大量地下空间利用的项目则没有规划要求和审批程序，这种状况亟待改变。对当前较典型的几类居住区的地下空间规划问题建议如下：

（1）以低层别墅为主的高档居住区。这种居住区的地下空间规划比较简单，因为别墅建筑一般都有一层地下室，在地上一层有一间车库，因此不需要为防灾和停车另外规划地下空间，只在会所等公共建筑附建一层或两层地下室，供健身和社区活动即可。

（2）以高层住宅为主的高、中档居住区。虽然高层住宅楼都附建有一层或两层地下室，但由于面积小和结构原因，不适于停车，只能在楼间空地或绿地下布置单建式地下车库，每个库供一个高层住宅组团使用，按照居民户数和停车位定额确定每个地下车库的规模。此外，有一些布局在市区繁华地段的高层居住小区，空地很少，而停车需求量很大，可以采用整体开发地下空间的方法，整个小区地面成为一个平台，上面绿化，下面停车。

（3）高层和多层住宅混合的中、低档居住区。这类居住区建设数量较多，规模也比较大，应作为地下空间规划的重点。多层住宅楼一般应附建防空地下室或半地下室，基本满足居民掩蔽的需要。高层住宅楼居民的防灾空间除一部分在高层地下室外，可将附近地下停车库的部分空间为居民掩蔽之用。居住区内停车应以地下停车为主，按停车定额确定车库规模后适当分散布置在楼间空地或集中绿地之下，还可考虑布置在中小学的操场地下，但要解决好进出车的安全问题。居住区内公共建筑的地下空间，可供各种社区活动、物业管理等使用。

10.4 城市历史文化保护区地下空间规划

10.4.1 历史文化名城的保护与发展

1. 历史文化名城与城市历史文化保护区

历史文化名城是指拥有较为丰富的历史文化遗产，拥有具有历史价值、艺术价值或科学价值的史迹、文物、古建筑，以及传统文化风貌的城市。欧洲的雅典、罗马、巴黎，非洲的开罗，亚洲的阿格拉（印度）、京都，北美洲的墨西哥城等，都是最著名的历史文化古城。有五千年历史的中华文化，为我国造就并留下上百座古城，其中曾为多朝都城的就有8座。到目前为止，国务院已分批正式公布了我国历史文化名城140座，要求制订名城保护规划，在城市建设和改造中，切实保护好文化遗产和传统风貌，防止时间性的损毁和建设性的破坏。

对历史文化名城的保护，除从整体格局上做好保护规划外，更重要的是对分散在城中各处的文物、古迹、古建筑、古街区、古街道等，分别划分出“历史文化保护区”加以保护，并结合城市建设的需要，制订既保护又发展的统一规划。北京市于2002年制定并公布了《北京历史文化名城保护规划》（以下简称《规划》），对历史水系、传统中轴线、皇城、旧城城郭、道路及街巷、胡同、建筑高度、城市景观线、街道对景、建筑色彩、古树名木等方面提出了具体保护要求；同时分批确定了40片历史文化保护区，其中30片位于旧城，总土地面积约2617hm^2。《规划》指出：“历史文化保护区是具有某一历史时期的传统风貌、民族地方特色的街区、建筑群、小镇、村寨等，是历史文化名城的重要组成部分。”《规划》对保护区内的建筑分类、用地性质变更、人口疏解、道路调整、市政设施的改善、绿化和环境保护等方面，都提出了具体的原则、对策和措施。

2. 历史文化保护区保护与发展的矛盾

历史文化保护区多处在原有城市当中，而城市要逐步实现现代化发展，使历史文物古迹得到妥善保护是十分困难的。例如在20世纪50年代，由于一些古建筑“妨碍”城市交通的改善而被断然拆除，长安街上的东、西“三座门”和中轴线上的地安门即遭此厄运。更有甚者，20世纪60年代末，北京因备战而准备修建地铁，为了减少民房的拆迁量，竟将地铁环线选择在明、清两代遗留下来的城墙位置，城墙、门楼被拆光，使整个旧城失去了轮廓，传统风貌丧失殆尽。再有，北京旧城有些传统的街道，宽一二十米，两侧为一层或两层的商店，很富有传统风格和尺度，但为了交通的现代化，这些街道动辄扩宽到 60m 或 80m，但对两侧建筑的高度却加以限制，结果原有的风格和尺度完全丧失。

在保护与发展之间必然存在着一定的矛盾，但是用什么方式和方法解决矛盾，其结果是完全不同的，关键在于指导思想。如果采取“厚今薄古”的态度和否定一切的措施，必然会导致如上述的一些恶果；如果对历史文化传统持珍惜、保护、弘扬的态度和历史唯物主义的原则，采取必要措施，解决保护与发展的矛盾则不是不可能的。

一般来说，历史文化保护区在保护与发展问题上，可能出现以下一些矛盾：

（1）交通、道路改造与传统格局的矛盾。这一矛盾应在保存传统格局和风貌的前提下加以解决。例如，不是盲目拓宽原有街道，而采取加密路网，实行车辆单向行驶制等方法；发展地下铁道、地下步行道，以减少地面上的车流和人流量。

（2）传统民居的危、旧趋势与居住条件现代化的矛盾。城市中的传统民居，如北京的四合院，经过几十年上百年的使用，多数已相当破旧，甚至成为危险房屋，必须加以改造。在改造中，既要保存传统的胡同和房屋布局，维系老居民习惯的生活方式，又要使居民的居住条件现代化，是一个不小的难题，再加上回迁居民的经济负担能力有限，更增加了改造的难度。

（3）陈旧的基础设施与提高城市生活质量的矛盾。越古老的城市，基础设施越落后，尤其是在历史文化保护区，情况就更为突出，虽经近几十年的建设，但与城市现代化的要求仍有很大距离。在保护历史文物古迹的同时，如何同时解决基础设施更新问题，例如上水道、下水道普及率的提高，生活能源燃气化，古建筑群消防、避雷系统的现代化等，都是应当认真研究解决的。

（4）文物古迹和古建筑的保护与开放旅游的矛盾。文物、古迹、名胜、古建筑群既有其历史和文化的价值，又是一种旅游资源，因此除少数濒危项目需及时采取封闭性保护措施外，都应对公众开放，对提高人民的文化素质，对外树立中华古老文明的形象，都是有益的。但是这样做，就会产生两个问题：一是所谓的“旅游性破坏”，包括对环境的污染和对文物的损毁；二是古建空间的容量有限，大量文物无法向公众展示。如果进行扩建或改建，必然发生新老建筑在布局、形式、风格等多方面的矛盾。

如何妥善解决上面列举的诸多矛盾，是许多历史文化名城今后发展所面临的重大课题。地下空间的开发利用，为解决好保护与发展的矛盾提供了一个较为有效的途径。

3. 地下空间在统一保护与发展矛盾方面的特殊优势

在新城市建设和旧城市改造中，地下空间在拓展城市空间、合理使用土地、改善生态环境、提高城市生活质量等方面所能起到的积极作用，在前面各章中已有所述及。在城市历史文化保护区的改造与发展问题上，地下空间更具有特殊的优势，有些甚至是地面空间所无法替代的，主要表现在以下几个方面：

1）扩大空间容量

在多数历史文化保护区的改造中，最突出的矛盾是原有空间容量不足，在地面上扩大空间容量又因保护传统风貌而使建筑高度和容积率受到限制。例如传统民居的改造，如果拆除原有的平房而代之以现代的多层楼房，传统风貌难以保存，而适当开发地下空间以弥补地面空间的不足，不失为一个解决的方法。北京市近年在南池子、三眼井等重点传统居住区进行保护性改造的试验，其中就包括利用地下空间以容纳新增的停车、储藏、家庭起居等功能。再如，像故宫这样的世界级文化遗产，如果为了解决展示空间不足、文物储存条件不良和服务设施不全等问题而在地面上增加建筑物，即使是采用传统的形式，也会因破坏传统格局的完整而绝对不能允许。因此对于故宫来说，保护是第一位的，但发展也是需要的，开发利用地下空间可以认为是唯一的出路。事实上，故宫已在前几年建设了规模相当大的地下文物库，对地面环境毫无影响，却解决了大部分珍贵文物在理想环境中储藏的问题。近年来，正在酝酿建一座地下展厅，以扩大文物展出内容，并使原来用于展示的古建筑得到保护。对于这种做法，尽管社会上存在着赞成和反对意见，但是只要态度慎重、处理得当，对解决故宫的保护与发展矛盾会是有益的。

2）更新城市基础设施

在历史文化保护区，基础设施的落后往往表现在路网结构不合理，道路通行能力差，市政设施容量不足，管线陈旧失修。在北京市有些旧居民区，多年来一直没有自来水和下水道，电缆、电线露天架设，更无天然气供应。在北京前门地区，明清时期的砖砌雨水道至今还在使用，这些情况都应在保护区的改造与发展中得到改善。而基础设施的综合化、地下化，地下空间为在不影响地面上传统风貌的前提下实现基础设施的现代化提供了足够的空间。例如，北京旧城中心部分的南北向交通，一直为景山、紫禁城、天安门广场所阻隔，沿中轴线打通一条南北干道根本是不可能的。因此，在地铁线路规划中，拟沿中轴线修建一条地铁（8 号线），不但可改善南北交通，还可以把中轴线沿线景点从地下连接起来，对发展旅游也是有利的。遗憾的是，地铁 8 号线走向经多次改变，现在的线路已很难起到这种作用。

3）改善城市环境

在以平房为主的传统居住区，建筑密度和人口密度都较大，院落多为硬质地面，绿化率很低，加上常年使用煤做饭取暖，多数又没有下水道，故环境质量较差，在保护区改造中必须加以解决。一些大型的古建筑群，如故宫，除御花园外全为砖铺地面；天安门广场也是如此，虽经 1959 年的改造，绿化率仍然很低，每年国庆节只能用上百万盆花草布置临时的“绿地”。在改造过程中，在地面上增辟绿地，由于用地紧张，是不太现实的；像故宫这样的传统做法，也不宜改变。因此在开发地下空间时，可利用地下空间的顶部适当绿化，使环境得到一定程度的改善。

4）确保文物的安全

在一些历史文化保护区，保存有大量的珍贵文物，但是在保存环境和防火、防盗等方面仍处于很落后，甚至很危险的状态。因此，在改造过程中，利用地下空间抗御自然和人为灾害的优良性能，把文物储藏和防灾提高到现代化水平，对于文物的长期安全保存是十分必要和有利的。

10.4.2 国内外城市历史文化保护区地下空间规划示例

1. 法国巴黎卢浮宫

卢浮宫是世界著名的宫殿之一，已有 700 多年的历史。1793 年开始作为艺术博物馆对公众开放。馆中收藏并展示大量文艺复兴以来的法国、意大利等国的雕塑和油画作品，吸引世界各地大量游客前往参观。原有宫殿的厅、堂空间虽容量很大，但只适于艺术品的展示，而作为一个大型艺术博物馆所必须具备的其他功能则很不完善，以致参观路线过长，迂回曲折，休息条件较差，缺少餐饮等服务设施，内部管理所需要的库房、研究用房等也不足，与现代博物馆的差距越来越大，因此很自然地出现了适当扩建的需要。但是，卢浮宫周围没有发展用地，也不可能易地扩建，而原有宫殿规则的布局和完善的造型又不允许在地面上增建任何建筑物，因此设计的难度是很大的。法国政府委托国际著名建筑师贝聿铭先生主持了这项设计，利用地下空间成功地解决了保留原有古典建筑整体格局又同时满足现代博物馆使用要求的问题，成为现代建筑史上的一项杰作。

1）扩建总体构思

按照博物馆增加的各种功能，扩建面积需要数万平方米。在地面上不可能增建任何新建筑的情况下，地下空间提供了难得的机遇。贝聿铭先生决定充分开发卢浮宫前原有广场的地下空间，获得了几万平方米的建筑空间，足以容纳扩建所增加的休息、服务、餐饮、储藏、研究、停车等功能，同时把参观路线在地下中心大厅分成东、西、北三个方向从地下通道进入原展厅，中心大厅则成为博物馆总的出入口。这样，为了突出总出入口的形象和使地下中心大厅获得天然采光，在广场正中原宫殿两条主要轴线的交叉点上，设计一座外形为金字塔，同时又是金属结构和玻璃组成的现代建筑，矗立于卢浮宫广场上。这一大胆创意尽管曾引起不少争议，但随着时间的推移，已渐为世人所接受。贝聿铭先生为此获得了普利茨克奖，也表明了国际建筑界对这一设计的肯定。

2）地下空间的总体布置

卢浮宫原有宫殿建筑的正面，由建筑围合成一个大广场，名为拿破仑广场。原广场均为硬质地面，没有绿地，地下空间资源量较大，而且容易开发，足以容纳博物馆扩建的全部新增功能。地下建筑总面积 $6.2\times10^4 m^2$，地下一层（-5.5m）和二层（-10.9m）充满广场下部，局部有地下三层（-14.0m），如图 10.6、图 10.7 所示。在拿破仑广场以南的空地，另建一座大型地下停车场，地面恢复绿化。

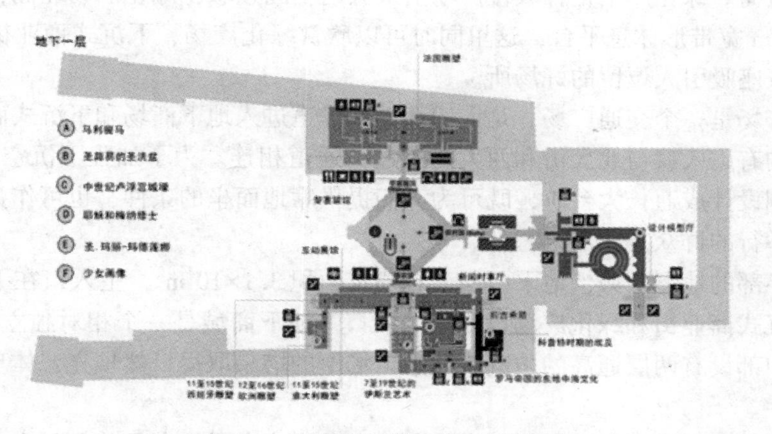

图 10.6　巴黎卢浮宫地下一层平面图

中心大厅名“拿破仑大厅”，位于地下建筑的中部，作为博物馆的主要出入口和观众的问询集散之用。博物馆的展示部分仍保留在原宫殿内，仅在正面进馆的通道两侧增加了

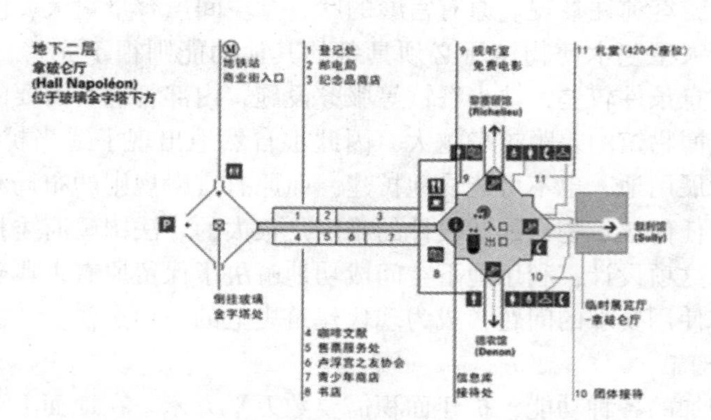

图 10.7 巴黎卢浮宫地下二层平面图

几个展厅。在中心大厅周围，布置有报告厅、图书室、餐厅和咖啡厅，向南有一条宽敞的商业街，两侧为精品商店。库房和研究用房、办公用房、技术用房、设备用房分散布置在通道两侧，其中库房的数量和面积都比较大。

扩建工程从 1984 年开始，1989 年建成使用。在保护卢浮宫整体形象的前提下，增强了博物馆的功能，改善了参观流线，增加了服务设施，完全达到现代化博物馆的水平，使巴黎拥有的这一珍贵历史文化遗产更好地为游客服务。

2. 西安钟鼓楼广场

西安是我国著名的历史文化名城之一，已有 3100 多年历史，从周朝到唐朝，先后有 11 个朝代在此建都，在地面上和地下遗留了丰富的文物古迹，其中地面遗存的古迹中，钟楼（建于 1348 年）和鼓楼（建于 1380 年）两座大型古建筑交相辉映，至今仍是西安古城的标志，均属国家重点文物保护单位。

钟鼓楼广场东西长 270m，南北宽 95m，东起钟楼，西至鼓楼，北依商业街，南至广场外沿的行道树。绿化广场是钟鼓楼广场上最大的空间领域，绿化广场北侧，在列柱和石栏之间设置 8m 宽带形休息平台，这里同时可以欣赏绿化广场、下沉式商业街和骑楼，也是摆设露天茶座吸引人逗留的好场所。

下沉式广场是一个交通广场，是人们从钟鼓盘道进入地下商场和下沉式商业街必经之地，东、西均有出入口与北大街和西大街的过街通道相连。为了加强下沉空间的开放性，面向钟楼一侧设计成通长大台阶，既可为人们提供席地而坐的条件，也可作为看台观赏下沉式广场上举行的群众文化活动。

广场西半部的地下商城，地下两层，总建筑面积 $3.1\times10^4m^2$，主入口在下沉式广场西侧，另在下沉式商业街和绿化广场设多处出入口。地下商城是一个相对独立的封闭空间，其营业大厅中部设有两层通高的中庭，通过广场上的塔泉取得自然顶光，体现了地下空间建筑的艺术性。

地下的金花商城经营和管理都很有特色，商品多为世界知名品牌和国内名牌精品，是一个地上与地下、室内与室外融为一体的集百货、名品、专卖店、大型超市、中西餐厅、儿童娱乐、休闲茶座等多功能的现代商业中心。

西安钟鼓楼广场的保护性再开发，对于保护遗产和古都风貌，优化城市环境，提高城市生活质量，都起到了积极的作用，已得到国内外较高的评价，是受到城市居民欢迎的文化休憩场所，也是历史文化名城中心区更新改造和充分利用地下空间的一个范例。

10.5　城市新区及特殊功能区地下空间规划

10.5.1　城市新区地下空间规划概况

当一些大城市和特大城市发展到一定阶段时，由于人口的增加，城市空间容量接近或超过饱和，致使城市矛盾不断加剧，影响城市的可持续发展。在这种情况下，出路一般有两个：一是不断向周围扩大城市用地；二是对原有城市进行现代化改造，实行立体化再开发，在不增加或少增加城市用地的条件下扩大城市容量，提高土地利用效率。但是在一些特殊情况下，例如省会城市有两级行政机构，缓解空间不足的难度较大，如果同时又是历史文化名城，则改造的难度就更大。因此，有一些城市采取迁出部分城市功能，在一定距离内另辟新区（过去称卫星城，现在有的称为新城）的做法，以减轻原有城市改造的压力。例如日本东京新宿、池袋、涩谷三个“副都心”的建设，法国巴黎拉德芳斯等一系列新城的建设，都是国外较典型的实例。近几年，我国的郑州、广州等省会城市，以及非省会大城市宁波，都在原城市附近另建新城；杭州不但是省会城市，又是历史文化名城和国家级风景名胜区，在钱塘江边另建新城，对旧城的保护与改造的积极作用就更为明显。目前已知的国内城市新区有广州珠江新城、杭州钱江新城、郑州郑东新城、宁波东部新区、南昌红谷滩新城、北京亦庄新城、天津滨海新区等。

在城市发展过程中，有时会出现一些过去规划中没有预料到的特殊建设项目，例如北京申办奥运成功后出现的奥运项目，上海申办世博会成功后出现的世博会项目等，用地规模都比较大，还有经济快速发展建设中央商务区（CBD）的需要，在中心城区内要划定适当的位置进行新的规划和城市再开发。这些均可称为特殊功能区，都具备开发利用地下空间的需求与条件，故应对这些地区统一进行地面与地下空间规划。如果先有地面规划，再补作地下空间规划（如北京 CBD），则不易取得好的效果，实施难度也比较大。

不论是国外还是国内，建设新城都重视三维空间的开发，较大规模地开发利用地下空间，使新城的空间容量合理，环境质量优良。从我国已开发建设的几个新城和特殊功能区来看，大致有以下几个特点和问题：

（1）新城的地面空间规划经过招标或邀标，一般都比较完善，规划水平也比较高。但是像日本和法国那样，地上、地下空间统一规划的情况还很少做到，往往是先确定地面总体规划，过一段时间再补作地下空间规划，这样就使地下空间规划只能依附于地面空间规划，难以统筹和创新。吸取该经验，天津滨海新区于家堡核心区的总体规划，地下空间与地面空间规划同步进行，效果较好。北京中关村西区从项目投标方案开始就实行了地面、地下空间的统筹规划，并一直坚持到设计、施工，是一个成功的范例。

（2）新城建设用地多为征用过去郊区的农业用地，付出的土地费、拆迁费要比中心城区低得多，虽然降低了开发成本，但却助长了不珍惜土地的思想和侵犯农民利益的行为，同时也淡化了利用地下空间、实行立体化集约化开发的理念。某省会城市，虽然人均

GDP已超过3000美元，但总体经济发展水平并不很高，全国城市综合竞争力排名在30位以后，但是这个城市为了实现到2020年城市城区建成面积达500km^2（为2000年时的4倍多）的目标，决定在城东另建一座面积150km^{2}的新城，为此大量征用原农业用地，迁出农民5万余人。当然，合理控制新城的规模，主要是政府的职责，但是规划、设计工作者至少应关注这个问题，认真做好前期的科学论证工作。

（3）由于新城的规模都比较大，暂时没有必要在整个用地范围内进行地下空间规划，因此，第一阶段的地下空间规划多集中在新城的核心部位或重点部位，例如中央商务区、中央行政区、轨道交通沿线和主要站点等。但是，在制订核心区地下空间规划的同时，应对新城地下空间开发利用有一个全面的考虑，做到概念规划的程度则更好。

（4）有关新城地下空间规划的建设规模，开发强度等问题，还没有统一的标准和指标，使不同规划方案之间的差距很大，有的规划地下空间开发规模超过$200\times10^4m^2$，但是依据不充分，致使方案的科学性、合理性难以判断。因此，在制订地下空间规划时，对地下空间资源进行评估和需求预测，以及合理安排开发时序和开发强度，是十分必要的。

10.5.2 国外城市新区地下空间规划与建设示例

1. 日本东京新宿地区

新宿原是东京的郊区，旧称原宿，1885年建成火车站，1923年关东大地震后，居民向西迁移，新宿地区开始发展。第二次世界大战后，人口增长更快，火车站增加到3个（西口、东口、南口），日客流量超过100万人。在这种情况下，1960年成立了“新宿副都心建设公社”，作为东京都的副都心之一，开始全面规划新宿的立体化再开发，并逐步实施（图10.8）。1964年建成东口地下街，1966年建成西口地下街，基本完成了车站西侧地区的改造。又经过10年左右，1975年建成歌舞伎町地下街，1976年建成南口地下街，完成了车站东侧地区的立体化再开发，完成了道路的立体化，同时形成了一个地下综合体群。4个地下街的基本情况见表10.2。

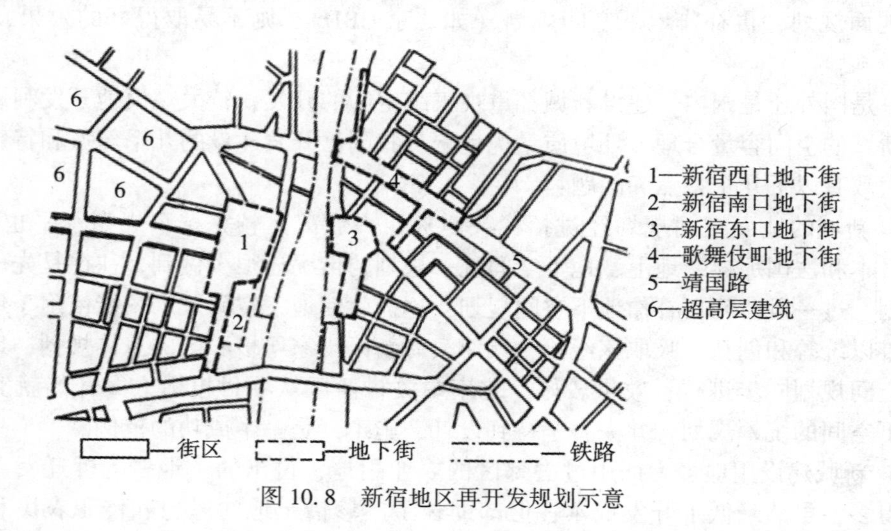

图10.8 新宿地区再开发规划示意

表 10.2　**东京新宿地区地下综合体基本情况**

地下街名称	建筑面积（m^2）	停车容量（台）	建成时间
新宿西口	29650	380	1966.11
新宿东口	18675	210	1964.5
新宿南口	17078	296	1976 3
歌舞伎町	38000	385	1975.3

2. *法国巴黎拉德芳斯新城*

1976 年经过修订后的巴黎大城市圈规划，为了保护老市区的传统风貌和塞纳河景观，决定在郊区建 5 座新城。从巴黎市中心协和广场向西北 4km 处建设的拉德芳斯新城（La Defense）就是其中之一。新城总面积 $760\times10^4m^2$，东区为 A 区 $130\times10^4m^2$，是商务中心区，有办公面积 $150\times10^4m^2$，B 区 $530\times10^4m^2$ 为居住区，居民 6300 户。

拉德芳斯新城的规划特点是将全部交通设施置于地下空间，地面上完全绿化和步行化。为此对地下空间实行整体开发，上面盖上一层整块的钢筋混凝土顶板，形成所谓的“人工地基”。在人工顶板下面，布置了高速铁路和机动车道，并与大都市圈内外形成网络，是一个大型交通枢纽。从 A 区的交通规划上看，这里以前是进入巴黎的国道 13 号线和国道 192 号线的交会点，是法国交通量最大的动脉。人工地基下面有高速公路（A14）、国道（N13 号及 N192 号）和换乘站，还有高速铁路（PRE）与车站、停车场、通风机房，以及与地面联系的自动扶梯、电梯。规划中将上下水道和电气通信的管线进行综合化，全部的管道长度达到 15km。高速铁道在 1986 年开通，从拉德芳斯到爱德华是 5 分钟，到剧院站是 7 分钟，到列阿莱是 10 分钟。地下停车场的容量是 25000 辆。这种地面人流、地下车流完全分离的双层城市，被认为是现代大城市开发的重要手段。

矗立在广场最里端的主体建筑大拱门被誉为“拉德芳斯之首”，也被称为新凯旋门，一边的长度是 110m 的门形的立方体，配有漂亮的大理石和大玻璃，在这幢建筑里，同时驻有国家机关和民间企业。在 A 区内，还有欧洲最大的购物中心，建筑面积 $12\times10^4m^2$，外形为一个大跨度拱顶。

从大都市圈的定位来看，作为新城或副都心，由于开发的成功，拉德芳斯吸引了居住人口，而且使 40 多家知名企业进入该地区，减轻了巴黎市中心的人口压力，实现了产业结构转换（转为第三产业）和职住接近，成为巴黎大都市圈多核心中的一大核心，对有效地保护市中心的历史风貌以及提高居民的生活质量起到重要的作用（图 10.9）。

10.5.3　国内城市新区地下空间规划与建设示例

1. *天津滨海新区*

天津滨海新区是我国继珠江三角洲、长江三角洲之后的又一个巨大的经济增长点，依托京津冀，服务环渤海，辐射三北，面向东北亚，不但对天津市的经济社会发展起关键性的拉动作用，还将带动整个环渤海区域经济的振兴。2006 年，开发天津滨海新区的任务纳入了国家“十一五”规划，随后天津市制订了《天津市滨海新区总体规划》和《天津市滨海新区中心商务商业区总体规划》。

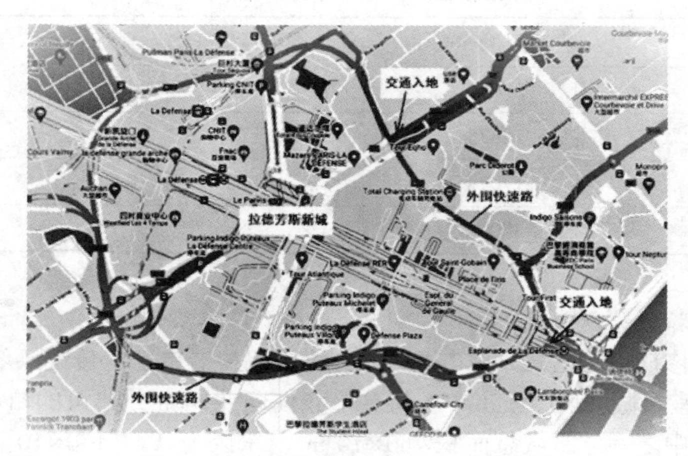

图 10.9　巴黎拉德芳斯新城交通示意图

天津滨海新区中心商务商业区由于家堡中心商务区、解放路-天碱中心商业区、响螺湾商务区、泰达金融区四个紧邻的区域组成。规划用地面积 3.44km^2。其功能定位是滨海新区八大功能区之一的重点地区，是服务于滨海新区乃至环渤海和东北亚地区的以创新性金融服务业为主导，以现代商务服务业为基础，以高端商务商业、高端咨询服务、高端文化教育、居住为特色的滨水型（三面濒临海河的“U”形区域）、综合性现代服务业地区为主体，成为天津市的副中心（图 10.10）。

图 10.10　天津滨海新区中心商务商业区总体规划

在滨海新区中心商务商业区的规划过程中，考虑了地下空间的开发利用，其中，于家堡中心区实行了地上、地下空间统筹规划，而响螺湾商务区在规划时则没有同时进行地下空间规划，在事后补作时，道路等基础设施已开工建设，给地下空间的规划造成一定的困难。在这种情况下，委托了日本一家知名设计公司（NSC）进行了响螺湾商务区的地下空间概念规划，提出的地下空间规划方案由地下交通系统、地下停车系统、地下物流系统和地下人行商业系统 4 个部分组成，体现了日本一次规划、分步开发的规划理念和规划方法，如图 10.11~图 10.13 所示。

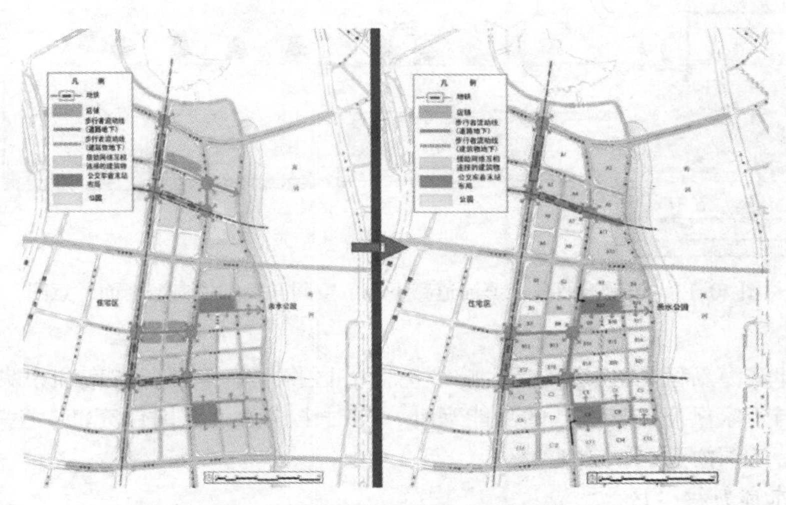

图 10.11　响螺湾商务区地下步行系统规划

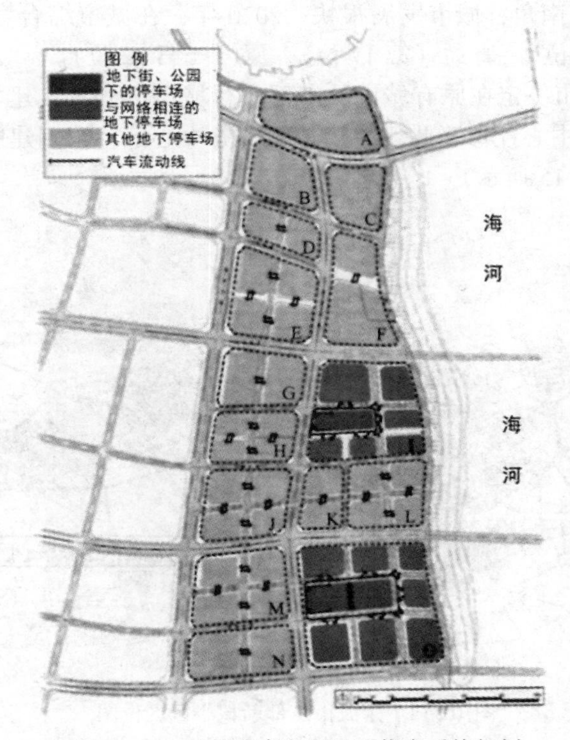

图 10.12　响螺湾商务区地下停车系统规划

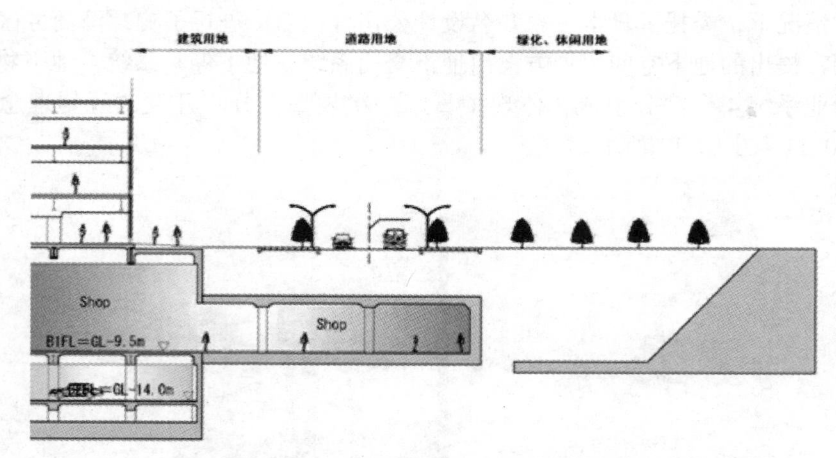

图 10.13　响螺湾商务区滨河道路下地下空间开发利用典型断面示意图

作为天津滨海新区 CBD 启动区，响螺湾商务区将汇集中国各省市和中央企业的驻津机构，实现与于家堡商务核心区的功能互补，同时也成为就业岗位充沛、生态景观和谐、公共设施完善的滨海新区活力地带。

2. 宁波东部新核心区

宁波是浙江省第二大城市，也是我国东南部重要的经济中心城市和海港城市，地处“长三角”经济区的东南角，城市发展很快。2020 年，在城市综合竞争力排名中居第 13 位，高于澳门（第 15 位）、青岛（第 17 位）、厦门（第 22 位）。

21 世纪初，宁波市决定在原有城市的东部实行城市再开发，建立东部新核心区，面积约为 $8km^2$，将行政中心迁移至此，并建新的商务中心区，东侧建中密度和低密度居住区（图 10.14 和图 10.15 所示）。

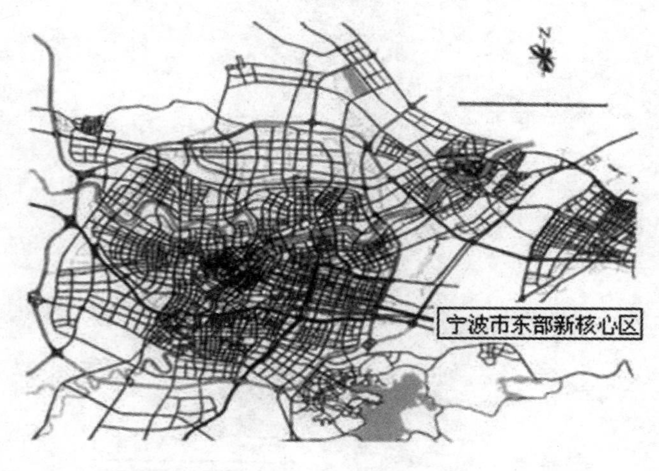

图 10.14　宁波市东部新核心区区位图

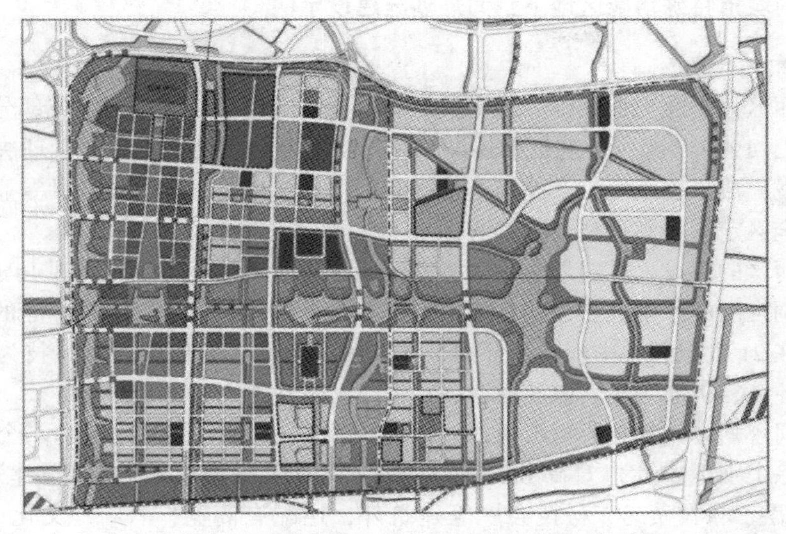

图 10.15　宁波东部新核心区地面及土地利用规划图

在已经完成的东部新核心区总体规划的基础上，宁波市邀请日本株式会社日建设计公司进行该区的地下空间规划（2007 年），对外宣称利用地下空间，再造半个核心区。

东部新核心区地下空间开发重点区域及内容主要包括：中心商务区民安路至宁穿路之间的地下空间综合开发，宁穿路与海晏路两条轨道交通线换乘站附近的地下空间综合开发，行政办公综合区后塘河以北区域地下空间综合开发，宁穿路及江澄路部分区段道路的地下化等。因东部新城范围内规划有两条城市轨道线从地下穿过，规划还结合部分轨道站点布置了一些地下商业街和步行通道。

中心商务区是地下空间开发方式最综合、强度最高的区域。其中，中央广场地下两层为停车场，总建筑面积 $6\times10^4\text{m}^2$；中央公园地下三层（东南角设置了夹层），其中地下一层为商业，地下二、三层为停车场，夹层为公交首末站，总建筑面积 $15\times10^4\text{m}^2$。中央公园地下一层可根据使用需求实现部分商业设施和停车场之间的功能转换。中央广场、中央公园地下一层、地下二层和周边开发地块的地下空间实现通道连通。

核心区地下商业设施位于轨道一号线和轨道五号线海晏路换乘站附近，主要的地下商业设施包括中央公园地下一层商业 $3\times10^4\text{m}^2$，门户区东北部地下一层商业 $3\times10^4\text{m}^2$，伊藤忠宁波中心地块地下一层商业 $2\times10^4\text{m}^2$ 等，所有的商业空间实现便捷的步行连通。

行政办公综合区后塘河以北区域和宁波市国际金融服务中心也是地下空间重点开发区块之一。已建成的金融中心北区总建筑面积 $36\times10^4\text{m}^2$ 中，1/3 是地下建筑面积。正在建设的金融中心南区和北区一样，对区块内部“十”字形城市支路地下进行整体开挖，提高地下空间的利用效率。

此外，浙江省首个综合管廊工程也出现在东部新城核心区。核心区内的惊驾路、宁穿路、中山路、海晏路、江澄路、河清路等道路下，已建成了近 10km 的综合管廊，把绝大部分的市政管线纳入综合管廊，避免了过去管线敷设及维修需开挖城市道路的现象。

10.5.4 国内城市特殊功能区地下空间规划与建设示例

1. 北京中关村西区

中关村西区位于北京西北部，是中关村高科技园区核心区的重要组成部分，占地面积 $51.44\times10^4m^2$，1999 年经国务院批准建设，其功能主要是高科技产业的管理决策、信息交流、研究开发、成果展示中心，是高科技产业资本市场中心、高科技产品专业销售市场的集散中心，全区定性为高科技商务中心区。

中关村西区的建设，从规划阶段起，就明确了实行立体化再开发，地上与地下空间统一规划、协调发展的原则。建设的目标不仅是建一个生产、销售高科技产品的开发区，还要建立一个在 21 世纪领导中国乃至环太平洋地区社会经济发展的以高科技为特征的城市中心，一个环境、机能、空间以及社会、经济高度发达的新型都市中心。

地面空间规划分为 3 个科贸组团区、1 个公建区、1 个公共绿化区和 1 个公共绿地广场。建筑物除个别标志性建筑高 80～120m 外，其他保持在 50～65m，总建筑面积 $100\times10^4m^2$。除金融、科技贸易、科技会展等建筑外，还配有商业、酒店、文化、健身娱乐、大型公共绿地等配套服务设施，此外，根据北京市城市总体规划中确定的商业文化服务多中心格局，该地区还是北京市级商业文化中心区之一（图 10.16）。

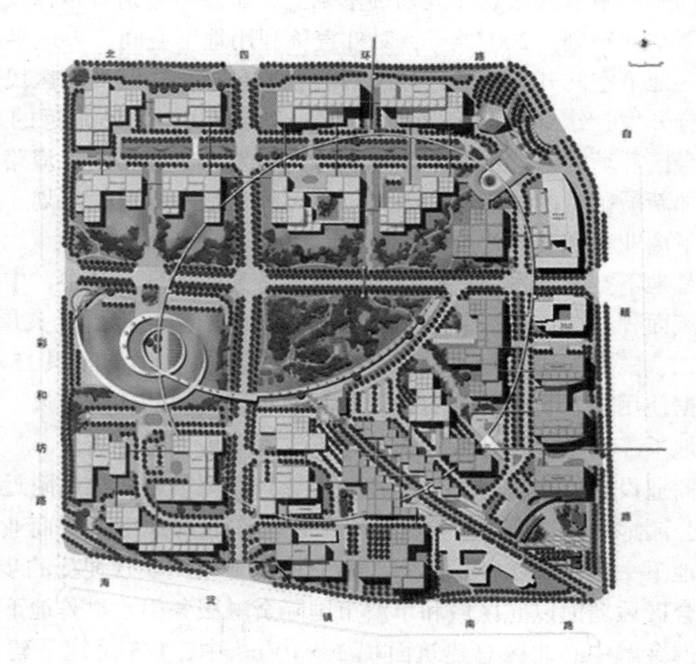

图 10.16 中关村西区规划总平面图

中关村西区采用立体交通系统，实现人车分流，各建筑物地上、地下均可贯通。地下一层的交通环廊，断面净高 3.3m、净宽 7m，有 10 个出入口与地面相连，另外有 13 个出入口与单体建筑地下车库连通，使机动车直接通向地下公共停车场及各地块的地下车库；地下二层为公共空间和市政综合管廊的支管廊，规划建设约 $12\times10^4m^2$ 的商业、娱乐、餐饮等设施；地下一层和地下二层停车场规划建设 10000 个机动车停车位；地下三层主要是市政综合管廊主管廊，约 $10\times10^4\mathrm{m}^2$，地下建筑面积共 $50\times10^4\mathrm{m}^2$。图 10. 17 是地下市政管线综合图，中间扇形为环形综合廊道，上层为交通廊道，与周围的地下停车场相通，下面二、三层为管线综合廊道。

中关村西区现已基本建成。由于高强度整体式开发地下空间，容纳了大量城市功能，使地面上的环境质量保持很高的水平，建筑容积率平均为 2. 6，建筑密度平均为 30%，绿地率达到 35%。中关村西区成为我国城市中心地区立体化再开发的一个范例，也是展示我国城市地下空间和地下综合体建设最新成就的一个窗口。目前在国际上，只有巴黎的拉德芳斯新城可与之相媲美。

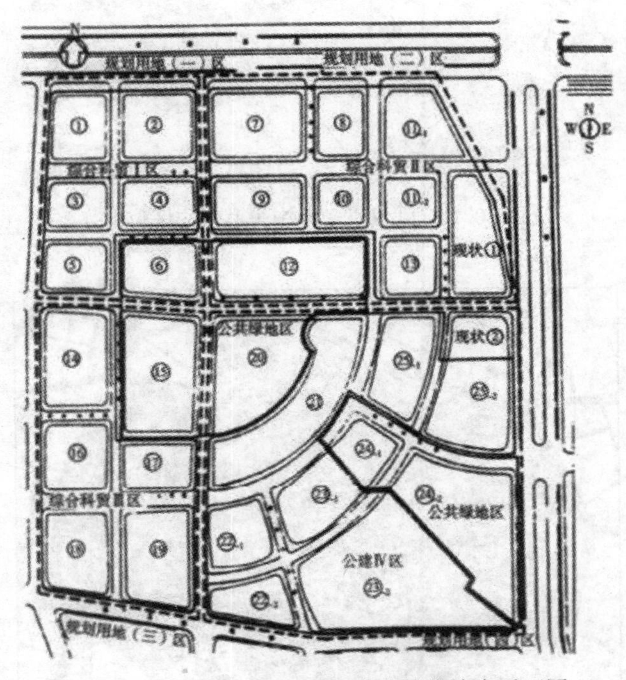

图 10. 17　地块编号及地下市政管线综合平面图

2. 武汉王家墩中央商务区

建设中的武汉王家墩中央商务区（CBD）被武汉市政府确立为华中地区未来的商务中心。依照武汉市总体规划，王家墩地区相关规划和发展方案中的功能定位是：王家墩商务区将建设成为以金融、保险、贸易、信息、咨询等产业为主，立足华中、面向世界、服务全国的现代服务业中心，集办公、会展、零售、酒店、居住等功能于一体，成为中国中部地区具有最便捷的交通、最高的土地价值和最集中的生产生活服务的综合性城市中心区。如图 10. 18、图 10. 19 所示。

王家墩中央商务区总面积 $741\times10^4\mathrm{m}^2$，原为一军用机场，迁出后作为中央商务区建设用地，全区分为四大部分：商务中心区、启动区、综合商业区、高标准居住区，地下空间规划的重点为商务中心区。地下空间的开发利用尤其是城市快速轨道交通的建设，具有改善王家墩商务商业投资环境，提高城市空间品质，完善基础设施建设，优化环境质量等多方面的综合效益。

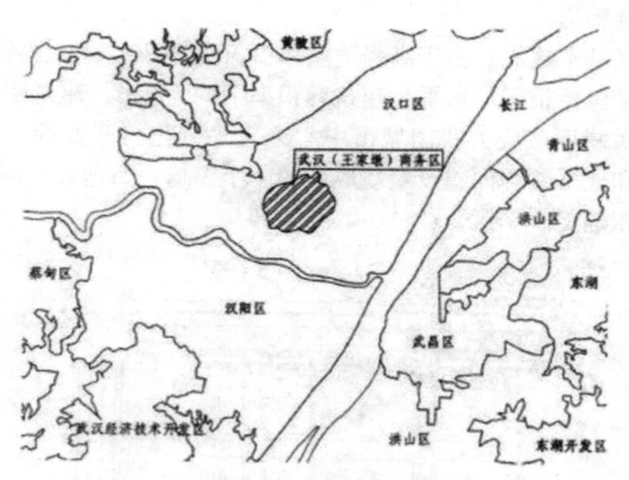

图 10.18　武汉王家墩中央商务区区位图

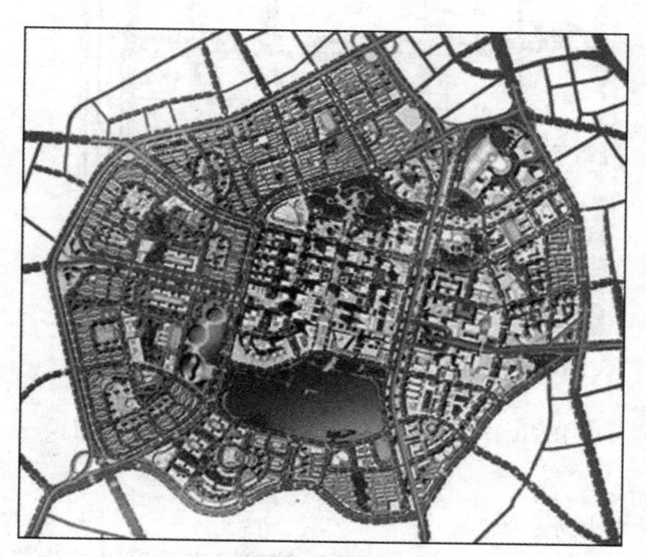
图 10.19　王家墩中央商务区规划总平面图

在王家墩中央商务区地下空间规划的制订过程中，曾对不同地区对地下空间的需求量做了预测，并提出了开发强度的控制指标，详见表 10.3、表 10.4。2010 年 9 月，武汉王家墩商务区地下空间规划确定，整个商务区规划开发地下空间总量达 $260\times10^4m^2$。其中商务核心区地下空间是集地下商业、文化娱乐、交通、基础设施为一体的大型地下综合体，包括：轨道交通三、七号线，地铁王家墩中心站，中心广场，黄海路下穿隧道，地下交通环路及综合管廊，地下商业连廊，地下停车场等 7 个部分，总建筑面积约 $28.57\times10^4m^2$。

核心区地下空间总体布局规划形成“单环双轴”，“单环”即建设以地下环路为主的地下交通转换系统，“双轴”即以地铁中心站为商业核心，形成“T”字形两条商业主轴。总体分为四层，各层分别布置商业设施、地铁中心站站厅、地下环路、地下街、地铁 3 号线站台、地铁 7 号线站台和停车场等，如图 10.20 所示。

图 10.20　核心区地下空间开发利用示意图

表 10.3　武汉王家墩中央商务区地下空间需求量预测

CBD 分区	街区用地			道路、广场、绿地、水面		
	用地面积（10^4m^2）	需求量（10^4m^2）	比重（%）	用地面积（10^4m^2）	需求量（10^4m^2）	比重（%）
中心商务区	187	106	57	113	13	16
综合商业商务区	127	56	44	32	2.5	8
全新生活城	63	20	32	23.5	1.1	5
居住区	364	84	23	120	2.5	2
总计	741	266	36	288.5	19.1	7

表 10.4　武汉王家墩中央商务区地下空间开发控制指标

地下空间功能		开发面积（10^4m^2）	所占比重（%）
静态交通	配建停车	208	80
	社会停车	8.5	3.2
地下铁道		15	5.8
地下道路		6.5	2.5
地下步行道		2	0.7

续表

地下空间功能	开发面积（$10^4 m^2$）	所占比重（%）
地下商业设施	20	7.8
总计	260	100

思 考 题

（1）简述城市中心区的概念、范围和形成过程。现代大城市中心地区有什么特征？

（2）国外城市中心地区立体化再开发规划的主要经验有哪些？

（3）简述城市广场和公共绿地的概念及其城市功能，城市广场、绿地建设和使用中存在的问题、发展趋向。

（4）开发利用城市广场和公共绿地地下空间的目的和作用是什么？城市广场和公共绿地地下空间利用规划应考虑哪些因素？

（5）简述城市居住区建设发展历程和发展趋向。

（6）居住区地下空间开发利用的目的与作用是什么？居住区地下空间利用的主要内容包括哪些？

（7）简述城市历史文化名城与城市历史文化保护区的概念。如何理解历史文化保护区保护与发展的矛盾？地下空间在统一历史文化保护区保护与发展矛盾方面有哪些特殊优势？

（8）从我国城市建设的实际来看，新城和特殊功能区有哪些特点？存在什么问题？

（9）从国内外城市新区及特殊功能区地下空间规划与建设实践中，我们能学到什么？

参考文献

[1] 刘建超．从中国旧石器时代遗迹现象初探古人类行为［D］．太原：山西大学，2016.

[2] 中国社会科学院考古研究所河南第二工作队．河南偃师商城宫城池苑遗址［J］．考古，2006（6）：13-31.

[3] 郭军宁．永清地下古战道考述［J］．军事历史研究，2010（02）：173-176.

[4] 田四明，王伟，巩江峰．中国铁路隧道发展与展望（含截至2020年底中国铁路隧道统计数据）［J］．隧道建设（中英文），2021，41（2）：308-325.

[5] 颜乐．浅谈地下街在各国（地区）的发展［J］．科协论坛（下半月），2011（07）：150-151.

[6] 北京市规划委员会，北京市人民防空办公室，北京市城市规划设计研究院．北京地下空间规划［M］．北京：清华大学出版社，2006.

[7] 沈志敏．现代城市与地下建筑［J］．地下空间，1995，15（2）：129-133.

[8] 王秋蓉．用全新的思路破解大城市交通拥堵难题——访全国政协委员、北京交通发展研究院院长郭继孚［J］．可持续发展经济导刊，2020（7）：38-40.

[9] 杨燕敏．城市大气污染现状、成因及对策研究［J］．环境与发展，2020（5）：52，54.

[10] 胡纹．城市规划概论［M］．武汉：华中科技大学出版社，2015.

[11] 李德华．城市规划原理［M］．北京：中国建筑工业出版社，2001.

[12] 陈立道，朱雪岩．城市地下空间规划理论与实践［M］．上海：同济大学出版社，1997.

[13] 建设部城市规划司．我国设市城市建设用地基本情况［J］．城市规划，1997（2）：36-37.

[14] 陈莹．人均城市建设用地的初步研究［C］．北京：中国科学技术出版社，2005.

[15] 周建高，刘娜．论我国人均城市建设用地标准过低和成因与对策［J］．中国名城，2019（09）：4-12.

[16] 中国社会科学院考古研究所．中国考古学论丛［M］．北京：科学出版社，1993.

[17] 吴志强，李德华．城市规划原理［M］．北京：中国建筑工业出版社，2010.

[18] Yann Le Bohec. Imperial roman army［M］. New York：Routledge Print，1994.

[19] 王克强．城市规划原理［M］．上海：上海财经大学出版社，2008.

[20] 陈志龙，刘宏．城市地下空间总体规划［M］．南京：东南大学出版社，2011.

[21] 朱合华，丁文其，乔亚飞，等．简析我国城市地下空间开发利用的问题与挑战［J］．地学前缘，2019，26（3）：22-31.

[22] 汤宇卿．城市地下空间规划［M］．北京：中国建筑工业出版社，2019.

[23] 陈志龙，王玉北．城市地下空间规划［M］．南京：东南大学出版社，2005.
[24] 门玉明，李凯玲，李寻昌等．地下建筑工程［M］．北京：冶金工业出版社，2014.
[25] 曾亚武．地下结构设计模型［M］．武汉：武汉大学出版社，2013.
[26] 童林旭，祝文君．城市地下空间资源评估与开发利用规划［M］．北京：中国建筑工业出版社，2009.
[27] 陈志龙，张平，龚华栋．城市地下空间资源评估与需求预测［M］．南京：东南大学出版社，2015.
[28] 中国城市轨道交通协会．城市轨道交通 2020 年度统计与分析报告［R］．北京：中国城市轨道交通协会，2020.
[29] 扈颖．武汉市地下空间利用需求分析［D］．武汉：华中科技大学，2008.
[30] 武汉交通院．2020 武汉市交通发展年度报告［EB/OL］．https://baijiahao.baidu.com/s?id=1678619356324817481&wfr=spider&for=pc.
[31] 武汉市统计局．武汉市第七次全国人口普查公报［EB/OL］．https://www.sohu.com/a/469094463_100199096.
[32] 武汉市城乡建设委员会．武汉市综合管廊专项规划（2016-2030）［R］．武汉，2016.
[33] 袁建峰．武汉市地下综合管廊规划建设的思考［J］．土木工程，2019，8（1）：21-26.
[34] 童林旭．地下建筑学［M］．第二版．北京：中国建筑工业出版社，2012.
[35] 周旭，李松年，王峰．探索城市地下空间的可持续开发利用——以多伦多市地下步行系统为例［J］．国际城市规划，2017，32（6）：116-124.
[36] 王恒栋．城市地下市政公用设施规划与设计［M］．上海：同济大学出版社，2015.
[37] 包太，朱可善，刘新荣．国内外城市地下污水处理厂概况浅析［J］．地下空间，2003，23（3）：335-340.
[38] 朱思诚．东京临海副都心的地下综合管廊［J］．中国给水排水，2005，21（3）：102-103.
[39] 蔡凌燕．广州大学城综合管沟工程介绍［J］．广东科技，2008（7）：76-78.
[40] 雷升祥等．综合管廊与管道盾构［M］．北京：中国铁道出版社，2016.
[41] 陈一村，董建军，尚鹏程，陈志龙，任睿．城市地铁与地下物流系统协同运输方式研究［J］．地下空间与工程学报，2020，16（6）：637-646.
[42] 李诚钰．快递公司与地铁协同配送快件的路径优化研究［D］．大连：大连海事大学，2020.
[43] 任睿，胡万杰，董建军，陈志龙．轴辐式城市地铁-货运系统网络布局优化［J］．系统仿真学报，2020-07-13. https://doi.org/10.16182/j.issn1004731x.joss.20-0196.
[44] 李少杰，罗建晖，黄平，等．某新区地下道路、地下物流及综合管廊共建方案研究［J］．城市道桥与防洪，2020（10）：200-202.
[45] 张凌翔．城市地下道路、物流廊道与综合管廊一体化研究［J］．地下空间与工程学报，2020，16（S1）：7-11.
[46] 兰婷，郑立宁．结合人防空间打造城市地下物流系统［J］．建筑设计，2020，49（19）：13-14.

[47] 张梦霞，汤宇卿，鲁斌．地下物流与城市基础设施整合研究［J］. 地下空间与工程学报，2020，16（S1）：30-38.
[48] 刘旭旸，邵楠．地下空间规划案例：巴黎拉德方斯［J］. 国土与自然资源研究，2016（2）：10-12.
[49] 周小山．巴黎拉德芳斯 CBD 交通规划、管理的特点及启示［J］. 城市公用事业，2012，26（4）：64-66+72.
[50] 王滨，吴鹏．天津滨海新区中心商务区商业区总体规划［J］. 建筑学报，2008（6）：6-9.